斜拉桥关键技术文集

——京新高速公路北京段上地桥

北京市首都公路发展集团有限公司◎编

首发集团公司董事长郭普金（左一）到工地检查工作

首发集团公司总经理张闽（左四）到工地检查工作

首发集团公司副总经理张书芳(右三)到工地检查工作

首发集团公司总工程师陈国立(右二)到工地检查工作

主墩承台钢筋安装

桩基钢筋笼吊装

主梁混凝土浇筑

主梁混凝土外观

顶推施工千斤顶布置

顶推施工中控室

顶推施工主梁跨越铁路

塔柱施工过程之一

塔柱施工过程之二

塔柱施工过程之三

夜色效果之一

夜色效果之二

夜色效果之三

斜拉桥关键技术文集
——京新高速公路北京段上地桥

审定委员会

主　任：张　闽
副主任：张书芳　陈国立　卢建中
委　员：王礼旺　张　骐　张　祥　高日和　韩　光　林　轲
徐升桥　赵剑发　韩少民　王东旭　袁　悦　黄才良

编　委　会

主　编：郭建才
副主编：刘　峰　马连友　杨新海　陈建峰
编　委：田　洪　李亮辉　倪江林　刘永锋　孙爱田　井艳明
唐　刚　李荣君

全书策划：中国交通年鉴社
技术顾问：张敬珍
编委会秘书：刘小英

序

上地桥是京新高速公路北京段的控制性工程，为五跨连续独塔单索面预应力混凝土斜拉桥。桥梁以小角度跨越京包铁路、北京城铁十三号线，主跨长230m，主塔高99m，总长510m。上地桥不仅技术复杂，而且地处交通和人员密集的上地信息产业基地，是北京市施工难度最大的特大型桥梁之一。桥梁建设者本着科学、严谨的工作态度，发扬任劳任怨、不畏困难、勇于攻关的敬业精神，先后攻克了深桩基施工、大体积混凝土承台施工、大吨位混凝土箱梁顶推施工、塔柱爬模施工、斜拉索挂索施工等一系列技术难题。特别是主梁顶推法施工，顶推距离213m，顶推重量达2.5万t，如此吨位的混凝土曲线箱梁单点连续顶推施工技术，填补了国内外同类型桥梁施工的空白。

上地桥造型优美，犹如一把巨大的竖琴竖立在地铁线旁，成为京北地区又一标志性建筑。上地桥的建成通车，极大改善了区域交通通行能力，促进了区域经济的快速发展。

上地桥的成功建设是广大参建人员智慧和心血的结晶，充分体现了首都北京现代桥梁建设的水平。为记录上地桥建设过程中的经验和成果，北京市首都公路发展集团有限公司组织参建人员编写了本文集，从设计、施工、科研等方面进行总结。同时，也希望能为广大桥梁建设者提供有益的参考。

在上地桥建设过程中，得到了北京市领导及有关部门的指导和大力支持，也得到了周边群众的理解和配合，在此，对社会各界给予的支持和帮助，表示由衷的感谢。作为北京市高速公路的建设和运营单位，北京市首都公路发展集团有限公司在市委、市政府的领导下，将坚持以科学发展观为指导，通过建设“人文高速、科技高速、绿色高速”，为构建首都现代交通体系和促进社会经济发展做出更大的贡献。

北京市首都公路发展
集团有限公司董事长 郭普金

2012 年 12 月

目录

Mulu

第一篇

工程概况

一、工程简介

上地桥是京新高速公路(原京包高速公路)北京段的控制性工程,位于北京市海淀区,为五跨连续独塔单索面预应力混凝土斜拉桥。桥梁以小角度跨越京包铁路、北京城铁十三号线,主跨长230m,主塔高99m,中心梁高3.52m,桥梁全长510m。

上地桥按六车道高速公路标准设计,设计速度100km/h,全宽35.5m;设计荷载为公路-I级,设计洪水频率为1/100,设计风速为10m高百年一遇,10min平均最大风速28.6m/s;地震烈度为VIII,按IX设防,设计地震加速度为0.2g。

二、基本建设程序

工程严格执行基本建设程序,主要审批情况如下:

(1)《关于京包公路(五环路—德胜口段)道路工程规划方案的批复》(市规发[2005]469号);

(2)《关于京包高速公路(五环路—六环路段)工程项目建议书的批复》(京发改[2007]1171号);

(3)《关于京包高速公路(五环路—六环路段)工程可行性研究报告的批复》(京发改[2008]1751号);

(4)《关于京包高速公路(五环路—六环路段)道路工程初步设计的批复》(市规函[2009]573号);

(5)《规划意见书》(2009规意市政字0950号);

(6)《建设用地规划许可证》(2009规地市政字0006号);

(7)《建设工程规划许可证》(2009规建市政字0134号)。

三、参建单位

建设单位:北京市首都公路发展集团有限公司

设计单位:中铁工程设计咨询集团有限公司

监理单位:北京市高速公路监理有限公司

施工单位:中铁六局集团有限公司

监控单位:大连理工大学

四、工程主要技术难点

(1)桥梁主跨段采用单点连续顶推法施工,顶推距离213m,总重量约2.5万t,

顶推轨迹为曲线,施工难度巨大。

(2)主墩桩基为深孔桩,直径2m,孔深80m,设计要求桩底沉渣厚度不大于50mm,桩顶平面位置偏差不大于30mm,施工精度要求高。

(3)主墩承台为大体积混凝土,一次性浇筑方量达12 000m^3,混凝土裂缝控制和施工组织难度非常大。

(4)主塔塔柱采用液压爬模施工,塔柱外表面为双曲线,爬模系统的设计、爬升是塔柱施工的难点。另外,中塔柱合龙前双斜柱的附加应力及变形控制、上塔柱锚区斜拉索的精确定位也是塔柱施工的重点。

(5)斜拉索最长222m,重26t,最大张拉力1 200t,挂索及张拉作业难度大。

五、工程管理目标

经过参建各方共同努力,工程圆满完成了预期的管理目标:

(1)工程质量评分为97分,评定等级为合格;

(2)工程于2010年6月8日开工,2011年12月28日交工,按期通车;

(3)工程结算不超概算;

(4)工程施工现场达到北京市文明安全工地标准,未发生重大责任事故。

第二篇

工程技术

上地斜拉桥设计

徐升桥　刘永锋

（中铁工程设计咨询集团有限公司　北京　100055）

［摘　要］　上地斜拉桥为五跨（46m + 46m + 230m + 98m + 90m）连续独塔单索面预应力混凝土曲线斜拉桥，上跨既有京包铁路、城铁十三号线，为避免对铁路及城铁运营的干扰，主跨 B 段 212m 长主梁采用单点曲线顶推施工。本文从方案构思、主梁、主塔、复杂曲线宽体箱梁顶推系统等方面，阐述该桥的设计特点及要点。

［关键词］　曲线顶推　斜拉桥　预应力混凝土　曲线桥

1　概述

上地斜拉桥是京新高速公路（五环路—六环路段）工程的一部分，为五跨（46m + 46m + 230m + 98m + 90m）连续独塔单索面预应力混凝土曲线斜拉桥。上跨既有京包铁路、城铁十三号线、规划京张城际铁路，桥梁全长 510m，主梁采用预应力混凝土箱梁，宽 35.5m，中心梁高 3.52m；主塔采用钢筋混凝土结构，主塔桥面以上高 88m，总高 99m。全桥位于圆曲线（半径 920m）+ 缓和曲线（A = 474.76m）+ 直线及纵坡（2.0%）+ 竖曲线（半径 11 000m）+ 纵坡（－1.478%）上，如图 1、图 2 所示。其中主跨 B 段 212m 箱梁，采用塔后支架现浇预制，以下塔柱为反力座，采用 12 台连续牵引千斤顶同力不同速曲线顶推 213m 就位，顶推重力 250 000kN；其余段主梁则采用原位支架现浇。顶推段箱梁自重 250 000kN 和梁宽 35.5m 均为曲线混凝土箱梁顶推施工的世界第一，63m 的最大悬臂也刷新了国内曲线混凝土箱梁顶推跨度的纪录。

2　设计标准

（1）道路等级：高速公路。

（2）桥面宽度：桥梁全宽 35.5m。桥面布置为：0.75m（栏杆）+ 3.5m（右侧路肩）+ 3 × 3.75m（车行道）+ 0.75m（左侧路缘带）+ 3.0m 中央分隔带 + 0.75m（左侧路缘带）+3×3.75m（车行道）+3.5m（右侧路肩）+0.75m（栏杆）=35.5m。

（3）设计荷载：公路－Ⅰ级。

（4）地震基本烈度：Ⅷ度，按Ⅸ度设防，设计基本地震加速度值为0.2g。

（5）设计风速：10m高百年一遇，10min平均年最大风速为28.6m/s。

（6）铁路净空：桥下铁路净高不小于9m。

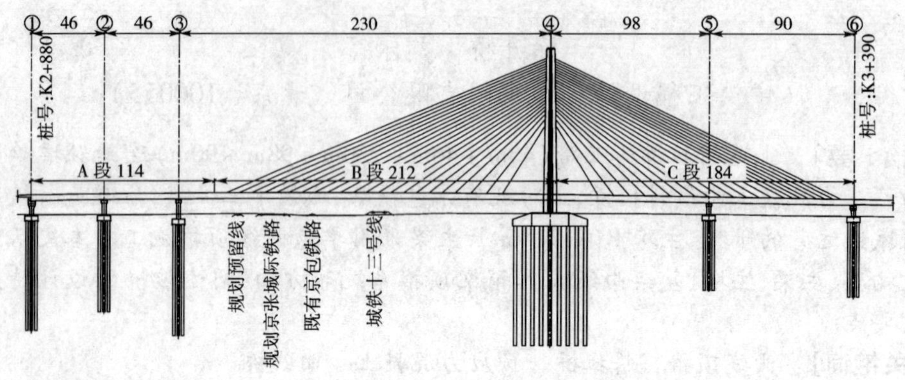

图1　北京市京新高速公路上地斜拉桥立面布置（单位：m）

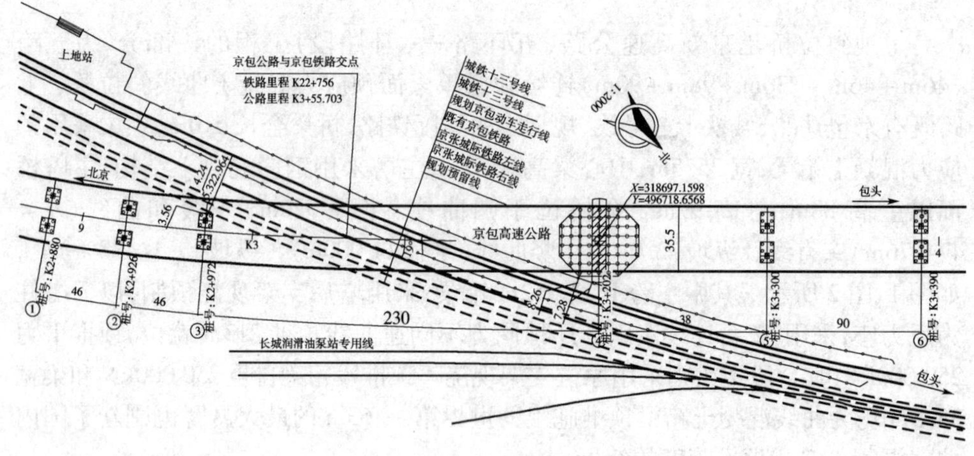

图2　北京市京新高速公路上地斜拉桥平面布置（单位：m）

3　方案选择

本桥以19°的斜交角度跨越既有京包铁路、京张城际铁路及城铁十三号线，

设计时首先考虑对铁路运营影响较小的结构形式和施工方案，结合工程造价、结构性能、施工工艺、维修养护、景观等因素，做了多种方案的比较。桥型方案包括独塔预应力混凝土斜拉桥、独塔钢 + 混凝土混合梁斜拉桥、高低塔预应力混凝土斜拉桥、框架墩预应力混凝土连续梁桥。施工方法包括：顶推法、悬臂浇筑法、转体法、预制吊装法，如图 3 所示。

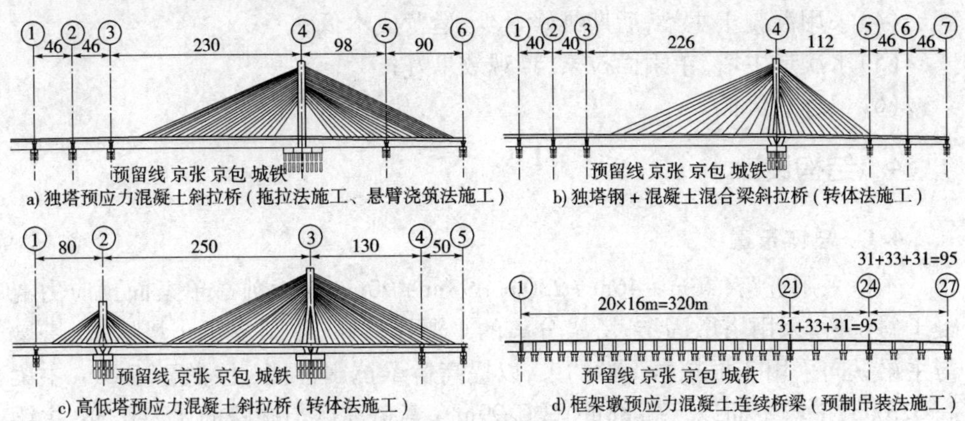

图 3　方案立面图（单位：m）

预制吊装法施工的框架墩预应力混凝土连续梁桥方案采用 13 跨 57.5m 的钢 + 混凝土组合框架墩跨越铁路，吊装重量大、吊梁次数多，施工时对铁路和城铁运营影响大，钢盖梁后期维修养护困难、费用高，不宜采用。

本桥与铁路的夹角仅为 19°，主跨达 230m，采用斜拉桥方案可以大幅降低主梁的高度，便于线路纵坡的设计并降低引桥的造价。斜拉桥方案中可行的有转体法施工的独塔钢 + 混凝土混合梁斜拉桥、转体法施工的高低塔预应力混凝土斜拉桥、顶推法或悬臂法施工的独塔预应力混凝土斜拉桥。

钢 + 混凝土混合梁斜拉桥钢与混凝土结合部构造复杂，受力不易保证，多条铁路运营，钢箱梁后期维修养护困难、费用高，主跨采用钢箱梁，造价较高，转体场地临时占地增加了征地拆迁费用。

高低塔预应力混凝土斜拉桥有两个桥塔，造价高，两侧转体场地临时占地增加了征地拆迁费用，主墩转体长度达 360m，转体重量 3.5 万 t，国内外还没有先例，技术风险大。

悬臂法施工工期长，在很长一段时间内严重影响铁路和城铁的运营安全，标准节段重 660t，桥宽 35.5m，施工控制复杂，技术要求高。

结合本桥条件，采用顶推法施工的独塔预应力混凝土斜拉桥方案有以下优势：

(1)沿桥位支架预制顶推段主梁，临时征地少，主梁施工简便，质量有保证；

(2)顶推施工技术成熟可靠；

(3)顶推施工对铁路及城铁运营的影响小；

(4)采用混凝土主梁，后期维修量少，运营成本低；

(5)水滴形主塔、单索面拉索，景观效果好；

(6)工程造价低。

4 结构设计

4.1 总体布置

本桥采用五跨(46m + 46m + 230m + 98m + 90m)连续独塔单索面预应力混凝土斜拉桥，采用塔墩固结、塔梁分离的半漂浮体系，主梁支承于塔墩上，塔墩与主梁纵向采用2根拉索弹性约束，以提高桥梁抗震性能，主梁宽35.5m，主梁高3.37m，主塔桥面以上高88m(总高99m)，索塔高度与中跨的比为0.38，主梁主跨的跨高比为1/68。

4.2 主梁

主梁采用预应力混凝土的大悬臂单箱五室截面，采用C55混凝土，主梁中间设四道直腹板，两侧设斜腹板，外侧为翼缘板，全宽为35.5m，顶板宽35.26m，底板宽21m，箱梁中心线处梁高为3.52m；中间室顶板厚55cm，其他室顶板厚28cm，底板厚28cm，外、次中腹板厚30cm，中腹板厚35cm。曲线超高由主梁结构实现。横隔梁间距4m，斜拉索处横隔梁厚度为40cm，无索处横隔梁厚度为30cm。为平衡主跨侧恒载，辅助跨截面腹、顶、底进行了加厚。图4为主梁标准横断面。

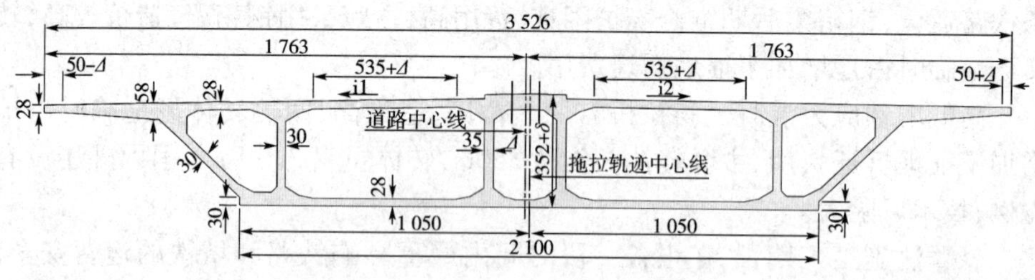

图4 主梁标准横断面(单位：cm)

B 段主梁采用顶推法施工，为降低顶推难度，设计中把顶推段梁体的线形缓和曲线 + 直线用最接近的圆曲线(R = 3 500m)来模拟，其差值用调整箱顶板的悬臂长度来补偿。箱梁外斜腹板距梁底 30cm 高度内做成竖直的，方便顶推时横向限位；对于竖曲线则通过改变箱高使梁底保持在同一个纵坡上。

主梁设纵、横、竖三向预应力，纵向预应力筋为极限强度 1 860MPa 高强低松弛 ϕ15-27、ϕ15-19 钢绞线，采用 M(L、P)15-27、M(L、P)15-19 张拉端、连接器、固定端锚具；横向预应力筋为 1 860MPa 高强低松弛 ϕ15-5、8、19 钢绞线，锚具为 BM15-5(P)、M15-8、M15-19；在主梁斜拉索锚固点两侧中腹板设竖向预应力筋，为 PSB930ϕ32 精轧螺纹钢筋，锚具为 JLM-32。

4.3 主塔

主塔为钢筋混凝土结构，由上塔柱(斜拉索锚固区)、中塔柱、下塔柱组成，混凝土采用 C55。主塔承台以上高 99m，桥面以上高 88m，中上塔柱为适应中心索面格局而采用倒 Y 形构造，其首先有很好的横向稳定性，其次是不占用桥面宽度，适用于跨度很大的单索面斜拉桥，而且桥面上视野开阔。下塔柱考虑高度较小、作为横梁兼作牵引反力座而采用单箱五室截面，并与上、中塔柱采用圆角顺滑过渡，整座主塔酷似天上落下的“水滴”，整座斜拉桥又像一把硕大的竖琴，雄伟壮美，已成为北京市新的景观，如图 5 所示。

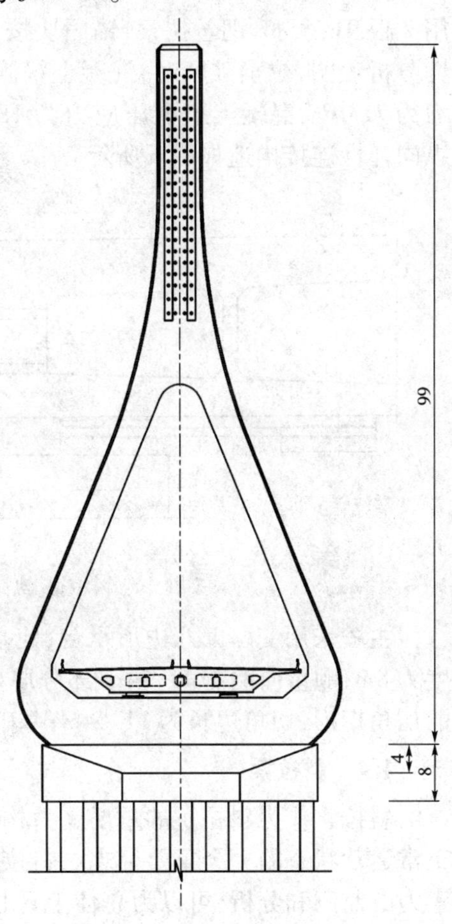

图 5 桥塔立面布置(单位：m)

上塔柱高 48m，为拉索锚固区，刻槽矩形变截面，上缘截面为 5m × 6.6m，下缘截面为 6.627m × 14.748m，直线 + 圆曲线变化，斜拉索在塔上交错锚固，小里程侧的拉索锚固在截面中部，其锚槽尺寸为 2.4 × 1m，大里程侧的拉索锚固在截面两侧，分别设置锚槽，其尺寸为 1.2 × 1m。这样布置使混凝土基本受压，发挥材料强度优势，无需另加预应力，且对称布置也可避免混凝土受扭；中塔柱40m，分为双斜柱，矩形变截面，截面横桥向高4.55m，宽由6.627～8.0m线性变化；下塔柱高度为11m，主梁段高4.32m，其余高6.68m，上部3m，为横梁，下部3.68m，为整体箱形截面。

横梁采用预应力混凝土结构，布置了ϕ15-27钢束以抵抗中塔柱传来的拉力。横梁横向两侧设置了强大的防落梁挡块，主梁顶推期间可作为纠偏千斤顶的反力座。横梁纵向小里程侧设有牵引千斤顶反力座，可以满足12个连续牵引千斤顶同时操作，最大牵引力可达24 000kN，运营期间亦作为小里程侧纵向弹性拉索的锚固块。大里程侧设有纵向弹性拉索的锚固块。纵向弹性拉索采用2根91丝ϕ7钢丝拉索，锚固块按拉索破断力进行设计，锚固块的局部弹塑性分析表明，拉索破断时，混凝土锚固块裂缝平均宽度为0.35mm，钢筋最大应力为71MPa，混凝土最大压应力为18.2MPa，锚固块具有足够的强度和刚度。纵向弹性连接构造如图6所示。

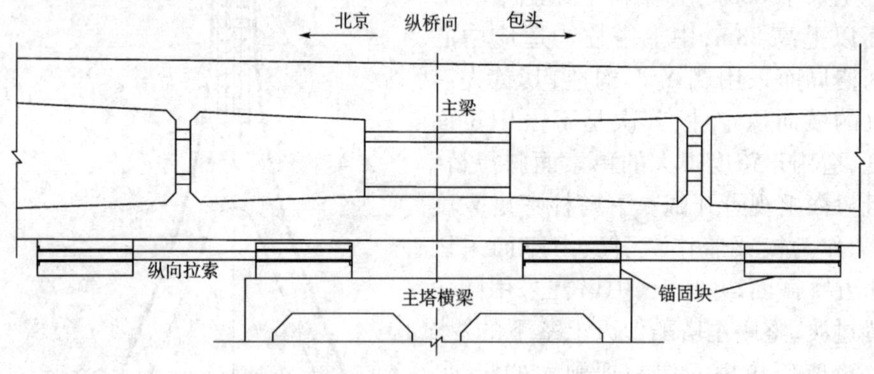

图6　纵向弹性连接构造

主塔采用变厚度八边形承台，使基础尽量远离铁路，顺桥向中部22.52m厚度为8m，顺桥向两侧11.54m部分厚度由8m变为4m，平面为45.6m×40.3m的切角矩形，切角边长为11.54m；基础采用60根长72m的ϕ2.0m钻孔桩。

4.4　斜拉索

斜拉索作为斜拉桥的重要受力构件，斜拉索索力状态是衡量桥梁是否处于正常运营状态的一个重要标志。斜拉桥的使用性能主要取决于斜拉索，通过对索力的监测和分析，可以为总体上评估大桥的安全性和耐久性提供重要依据。在斜拉桥的运营期内，准确掌握斜拉索索力分布和索力变化有助于监测斜拉索的状态、分析索力对斜拉桥结构内力的影响，正确指导索力校正，为拉索的正常运营提供评判依据。通过索力监测系统的长期监测和适时统计分析,为斜拉索在运营期间可能发生的异常情况提供预警机制。

索力监测采用磁通量索力在线测量系统,设两个数据采集站,将磁弹仪通过485或232接至GPRS通信模块,通过互联网将数据传输到监控计算机,运行监控系统软件,实现自动数据采集、存储管理、分析、预警等。磁通量传感器需要在拉索制索过程中,未安装锚头之前套到拉索上,并利用拉索出厂前的超张拉工艺逐一进行标定。传感器需在梁内走线。

索体的耐久性能将直接影响桥梁结构的使用寿命,为提高耐久性,斜拉索采用新型低应力防腐索,冷铸镦头锚为与之相配套的低应力防腐索专用锚具。

斜拉索采用半平行钢丝拉索,主塔每侧设斜拉索22对,横向每根斜拉索由2根拉索组成,主梁上斜拉索间距主跨侧为10m、8m,边跨侧为10m、8m和5m,塔上斜拉索间距为2m、1.6m、1.5m。

拉索由337、349、367、379、409根钢丝5种规格组成,最长索约222m,最大索重约260kN。张拉端设在主塔上,锚固端设在梁上。斜拉索在套筒内设置内置橡胶圈减振器,在梁端设外置永磁调节式磁流变阻尼器提高减振效果。

4.5 复杂曲线宽体箱梁顶推系统

4.5.1 复杂曲线顶推箱梁结构设计

顶推过程中顶推力的大小与梁底平整度、梁底与滑块契合度、梁体曲线密切相关,顶推段B段主梁为单箱五室截面,顶宽35.5m,底宽21m,总长212m,总重250 000kN,顶推距离213m,平曲线为缓和曲线+直线,纵曲线为半径11 000m圆曲线,横坡由4%单坡变化至2%双坡,为复杂的空间曲线,且要通过主塔,顶推施工的难度极大。为此箱梁结构设计做如下处理。

(1)平面上,将B段主梁的线路线形(缓和曲线+直线)拟合出一条$R=$ 3 500m圆曲线,线路线形与拟合圆曲线比较,向圆曲线内侧最大偏移$\Delta=0.343$m,向圆曲线外侧最大偏移$\Delta=-0.304$m。以拟合圆曲线作为箱梁底板中线,即顶推前进的轨迹线。以线路线形作为顶板中线,这样,既保证了线路线形的平顺,又有效地降低了顶推前进限位的难度。

(2)纵断上,将B段主梁首尾的最低点相连,得到一条-0.376%直线,该直线作为箱梁底面线,也就是顶推前进的竖向轨迹线。这样,主梁首尾两端梁高为3.52m,与前后A、C梁段平顺相接,中间则为变高段,最高处加高0.511m。这样就使主梁顶推轨迹竖向在0.376%的上坡直线上。

(3)对于横坡通过箱梁腹板的高度变化实现。

(4)将主梁边斜腹板下0.3m设置成垂直段，以利于顶推前进中的限位和纠偏。

(5)为保证顶推过程中各墩受力均匀并保持桥梁线形，要求预制平台的底模与箱梁位于同一平纵曲线上，且预制平台为箱梁的延伸部分。

通过主梁结构设计使顶推轨迹位于等曲率等斜率的平纵曲线上，大大简化了滑道和限位装置设计，显著地提高了主梁顶推轨迹的准确性和可靠性。

4.5.2 顶推箱梁关键构造精细设计

B段主梁采用顶推法进行施工，由于施工条件的限制，纵向最大顶推跨度为63m，滑道按顶推轨迹中心线对称布置，间距为18m，钢导梁长44m。在顶推过程中，主梁受力性能复杂，尤其在以下三个位置，局部应力复杂，直接影响主梁在顶推过程中抗裂性能和安全性能。

(1)导梁与主梁间的钢混过渡段。

对导梁与主梁间的钢混过渡段进行详细分析与设计，提出了合理的导梁预埋段长度和栓钉布置，得到控制工况下栓钉界面位移场和承载力安全储备V/V_u，栓钉剪力和承载力设计值的比值最大为0.63，栓钉有较高的安全储备，界面连接可靠，设计合理；将主梁本身的纵向预应力束直接锚固到导梁端板上，增强了导梁与主梁结构的整体连接；提出了合理的横隔板厚度及腹板过渡尺寸，并在横隔板、底板中设置适当的横向预应力，显著降低了底板和腹板的主拉应力，保证了整个顶推过程中结合部的安全。

(2)主梁后端牵引索锚点设计。

顶推过程中，12根牵引索(最大牵引力24 000kN)直接锚固于B段主梁端部底板，同时主梁端部由于预应力筋集中锚固的部位，剪力滞后效应导致的应力集中现象十分明显，配置横向预应力以减小横向拉应力的大小，并加强横向配筋以限制裂缝宽度。

(3)B段主梁顶推过程空间应力精细分析。

纵、横向顶推跨度均较大，纵向跨度最大为63m，横向跨度为18m，支点反力大，最大支反力为28 000kN，主梁采用单箱五室截面，顶宽35.5m，底宽21m，纵向每4m设一道横隔板，隔板厚度40cm，采用普通横隔板平面模型及格子梁模型进行检算，隔板应力失真较大，不满足规范要求，采用实体模型进行分析并设应力测点监控，结果表明实测应力与计算应力吻合，满足规范要求，因此，在跨度较大隔板间距较小隔板厚度较薄的情况下不适宜采用平面模型来模拟。

4.5.3 滑道系统

滑道系统采用了由新型MGE材料滑块和镜面不锈钢板组成的摩擦副，具

有摩擦系数小,抗压强度高,且动静摩擦系数相近,不易出现窜动、爬行的现象,并在滑道进出口处做船头坡过渡,方便了滑块的喂送与滑出。滑块厚度为3cm,压缩模量为345MPa,可以调整滑道顶面高程及梁底施工误差,平面尺寸约为40cm(宽)×40cm(长),重量较小,工人可以方便地进行喂送。新型滑道系统不但减小了摩阻力,操作方便,并且适应较大的施工误差,保证了顶推施工的安全。滑道系统布置图如图7所示。

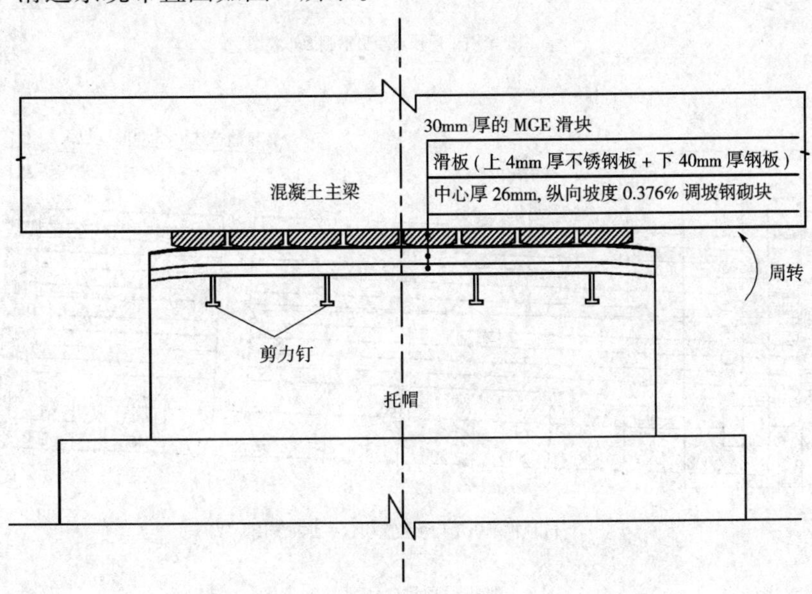

图7　滑道系统布置图

4.5.4　曲线梁顶推牵引系统

顶推系统由连续牵引泵站系统、牵引反力座、牵引索、挂索器、梁端锚固块等组成。在主塔墩设牵引反力座,后锚点设置在B段主梁尾端,与主梁同时施工。牵引索采用19-7ϕ5钢绞线,f_{pk} = 1 860MPa。采用临时托索钢筋防止牵引索发生下垂,浇筑主梁时从距离牵引反力座进索口外30m外开始布置第一道临时托索钢筋,其后间距5m布置直至后锚点位置。曲线梁顶推牵引系统布置图如图8所示。

使用12台200t连续牵引千斤顶,12台液压泵站和1套计算机控制的中控台及6个分控台系统组成的牵引系统对主梁进行顶推牵引,最大连续牵引力2 400t,牵引速度10～15m/h。

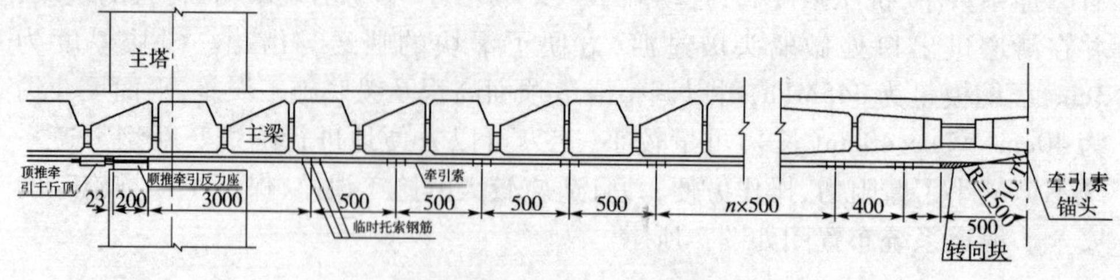

a) 顶推牵引千斤顶及牵引索侧面布置图

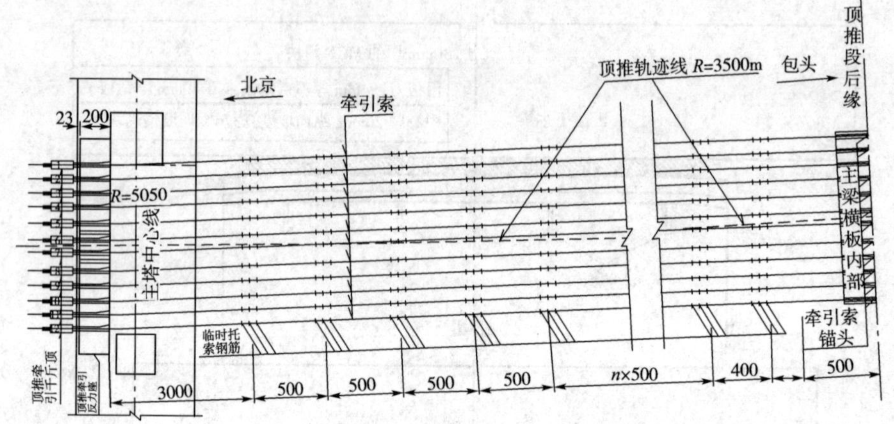

b) 顶推牵引千斤顶及牵引索平面布置图

图 8　曲线梁顶推牵引系统布置图

在牵引过程中，为了实现12台连续牵引千斤顶的牵引力均衡，在每台牵引千斤顶上安装压力传感器，利用压力传感器检测各个牵引千斤顶的牵引力，反馈给计算机控制系统，计算机控制系统通过调节比例阀来调节各台牵引千斤顶的压力，保持各台牵引千斤顶的牵引力差控制在5%范围之内，实现牵引力均衡。系统设置了超差自动报警功能，一旦某点牵引千斤顶牵引力差超过某一设定值，系统将自动报警停机，以便检查，通过手动干预调节。

为了使主梁沿顶推轨迹同步前进，必须保证曲线内外各千斤顶的角速度相同，线速度各不相同。12套连续牵引油缸形成12条牵引轨迹，曲线最内侧和最外侧牵引轨迹相差800mm，在牵引过程中须适应轨迹的曲线变化。利用连续牵引油缸内部的机械限位垫板，控制各个牵引点的最大有效行程，机械限位垫板加工精度在0.1mm之内，通过上述机械限位垫板，通过多个行程的累积，使主梁的牵引轨迹满足设计要求。

4.5.5 限位纠偏

采用两点限位的方式，即顶推过程每个状态仅在最靠近顶推梁段的首端和尾端的支承墩上设置限位及纠偏装置。由于两点限位平面上为静定结构，作用点和方向确定，根据简单的力平衡原理计算确定顶推过程各状态在顶推力作用下曲线梁横向的作用力的大小。同一限位点上，受压一侧安置限位装置，使箱梁的前进紧贴着限位装置进行，另一侧安置纠偏装置，以防止顶推过程中由于顶推力的不均衡性而引起梁体的横向位移，顶推过程中如果梁体偏离限位装置，则采用纠偏装置使梁体返回顶推轨迹线正常运行。

顶推过程中为防止梁体横向偏移，在墩顶的曲线内外侧均设置横向纠偏装置，该装置分为纠偏千斤顶和限位滚轴两种，由限位架、千斤顶、钢滚轴、工具滑板、工作滑块组成。纠偏时千斤顶紧压滑板，在滑板和梁体间喂送滑块，滑块随梁体滑动，顶推时交替转换滑块。

限位滚轴为直径15cm钢滚轴，为减小对顶推梁体的压强，钢滚轴外包工程硬塑，同时采用2个滚轴为一排并列布置，该装置既便于连续顶推限位又保护了混凝土表面不损伤。

顶推施工时顶推力的方向是沿圆弧弦线方向，因此相对结构重心的弯矩方向在顶推过程中是会发生改变的，限位力的方向会在顶推过程中改变，根据两点限位的原理，顶推梁体呈现摆头甩尾的轨迹，因此在箱梁的前后、曲线内外侧均布置纠偏限位装置。箱梁跑偏的一侧使用限位滚轴，保证基本和梁体密贴，另一端使用纠偏千斤顶，和梁体预留5cm的间隙，随时可以进行纠偏调整，控制顶推梁体中线在10mm以内。

4.5.6 顶推施工实时监测

由于在B段主梁顶推过程中需要对主梁和临时墩的应变进行不间断的实时测量，应变测点多，测点间距较大，部分测点观测持续时间较长，传统的监测技术和方法已不能完全满足监测要求，因此采用了光纤光栅传感器技术，实现了高速动态监测，保证了测量的准确性和可靠性。本桥顶推施工共使用光缆8 340m，140个埋入式应变计，86个表面应变计，熔接点300多处；FBG8600调制解调仪2台，FBG8210调制解调仪1台，监测过程中利用数据线连接光纤光栅解调仪至计算机，实现了监测数据自动转化与保存。实时监测为顶推过程中的各项指挥决策提供了科学依据，保证了结构及施工人员的安全。

4.5.7 顶推完成情况

由于跨越城铁和国铁，根据要点情况，每天夜间0:00~3:00施工，经过20d(60h)顶推，于2011年5月8日成功精确就位，前端偏差7mm，尾端偏差4mm，梁体未开裂。整个拖拉施工过程中,根据现场各项监测数据,主梁、各临时墩的应力、变形均与计算结果吻合较好。

5 结语

京新高速公路上地斜拉桥已于 2011 年 12 月 28 日通车运行,大吨位长顶程复杂曲线宽体箱梁顶推创新了我国的桥梁设计与施工技术,并以其雄伟壮丽的英姿成为北京市的一处新地标。

参考文献

[1] 焦亚萌,刘永锋,钟建辉. 京新高速上地斜拉桥顶推施工设计[J]. 铁道标准设计,2012,(07):69-74.

[2] 聂建国,陶慕轩,徐升桥,刘永锋. 斜拉桥塔梁弹性连接拉索锚固块局部受力性能分析[J]. 铁道科学与工程学报,2010,(增刊):36-40.

[3] 钟建辉,刘永锋,焦亚萌. 京包高速公路上地斜拉桥总体结构静力分析[J]. 铁道勘察,2011,(3):99-101.

上地斜拉桥主塔受力性能分析

刘永锋[1]　黄庆春[2]　姜东明[2]

(1. 中铁工程设计咨询集团有限公司　北京　100055;

2. 北京市首发高速公路建设管理有限责任公司　北京　100071)

[摘　要]　上地斜拉桥为五跨(46m + 46m + 230m + 98m + 90m)连续独塔单索面预应力混凝土曲线斜拉桥。主塔顺桥向为单柱式,横桥向为宝塔形结构,采用圆角过渡,形似“水滴”,主塔是全桥设计的关键,由于主塔塔形复杂,塔柱与横梁交界处受力状态复杂,采用杆系模型分析很难准确地反应主塔的实际受力状态。本文对主塔各施工阶段及运营阶段进行精细有限元分析,结果表明,主塔在成桥状态及运营阶段的最大主拉应力发生在横梁与下塔柱交接区域的内侧拐角,配置斜向预应力筋后主拉应力显著降低,最大主拉应力 2.5MPa,中塔柱合龙处最大主拉应力 0.4MPa,上塔主斜拉索锚固区由于两侧拉索锚固位置不同,对拉索锚固区域产生剪切作用,导致锚固区一侧受拉,一侧受压,最大主拉应力 1.5MPa,由上可知主塔主拉应力较小,不会开裂。

[关键词]　斜拉桥　主塔　局部应力　精细有限元　桥梁设计

1　概述

上地斜拉桥是京新高速公路(五环路—六环路段)工程的一部分,为五跨(46m + 46m + 230m + 98m + 90m)连续独塔单索面预应力混凝土曲线斜拉桥,上跨既有京包铁路、城铁十三号线、规划京张城际铁路,桥梁全长 510m,如图 1 所示。全桥位于圆曲线(半径 920m) + 缓和曲线(A = 474.76m) + 直线及纵坡(2.0%) + 竖曲线(半径 11 000) + 纵坡(-1.478%)上。其中主跨 B 段 212m 箱梁,采用塔后支架现浇预制,以下塔柱为反力座,采用 12 台连续牵引千斤顶同力不同速曲线顶推 213m 就位,顶推重量 250 000kN;其余段主梁则采用原位支架现浇。

斜拉桥按公路双向 6 车道、公路 - Ⅰ级设计,设计速度 100km/h,地震基本烈度Ⅷ度。采用塔墩固结、塔梁分离的半漂浮体系,主梁支承于塔墩上,塔墩与主梁纵向采用2根拉索弹性约束，以提高桥梁抗震性能，主梁宽35.5m，主梁高3.37m，主塔桥面以上高88m(总高99m)，索塔高度与中跨的比为0.38，主梁主跨的跨高比为1/68。

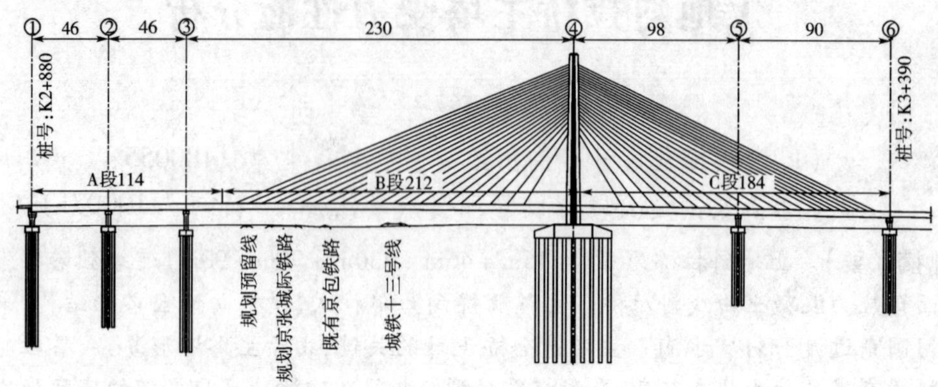

图1 京新高速公路上地斜拉桥立面布置(单位:m)

2 主塔结构

主塔为钢筋混凝土结构，由上塔柱(斜拉索锚固区)、中塔柱、下塔柱组成，混凝土采用C55。主塔承台以上高99m，桥面以上高88m，中上塔柱为适应中心索面格局而采用倒Y形构造，其首先有很好的横向稳定性，其次是不占用桥面宽度，适用于跨度很大的单索面斜拉桥，而且桥面上视野开阔。下塔柱考虑高度较小、作为横梁兼作牵引反力座而采用单箱六室截面，并与上、中塔柱使用圆角顺滑过渡，整座主塔酷似天上落下的“水滴”，整座斜拉桥又像一把硕大的竖琴，雄伟壮美，已成为北京市新的景观。图2为主塔结构图。

上塔柱高48m，为拉索锚固区，刻槽矩形变截面，上缘截面为5m×6.6m，下缘截面为6.627m×14.748m，直线+圆曲线变化，斜拉索在塔上交错锚固，小里程侧的拉索锚固在截面中部，其锚槽尺寸为2.4×1m，大里程侧的拉索锚固在截面两侧，分别设置锚槽，其尺寸为1.2×1m。这样布置使混凝土基本受压，发挥材料强度优势，无需另加预应力，且对称布置也可避免混凝土受扭；中塔柱40m，分为双斜柱，矩形变截面，截面横桥向高4.55m，宽由6.627~8.0m线性变化；下塔柱高度为11m，主梁段高4.32m，其余高6.68m，上部3m，为横梁，下部3.68m，为整体箱型截面。为了增加线条轮廓以改善外观，塔柱纵向变宽，塔柱横向采用圆角过渡，塔柱外侧面角部采用了200cm×30cm倒圆角，外侧面中部做了宽100cm深30cm的装饰槽。

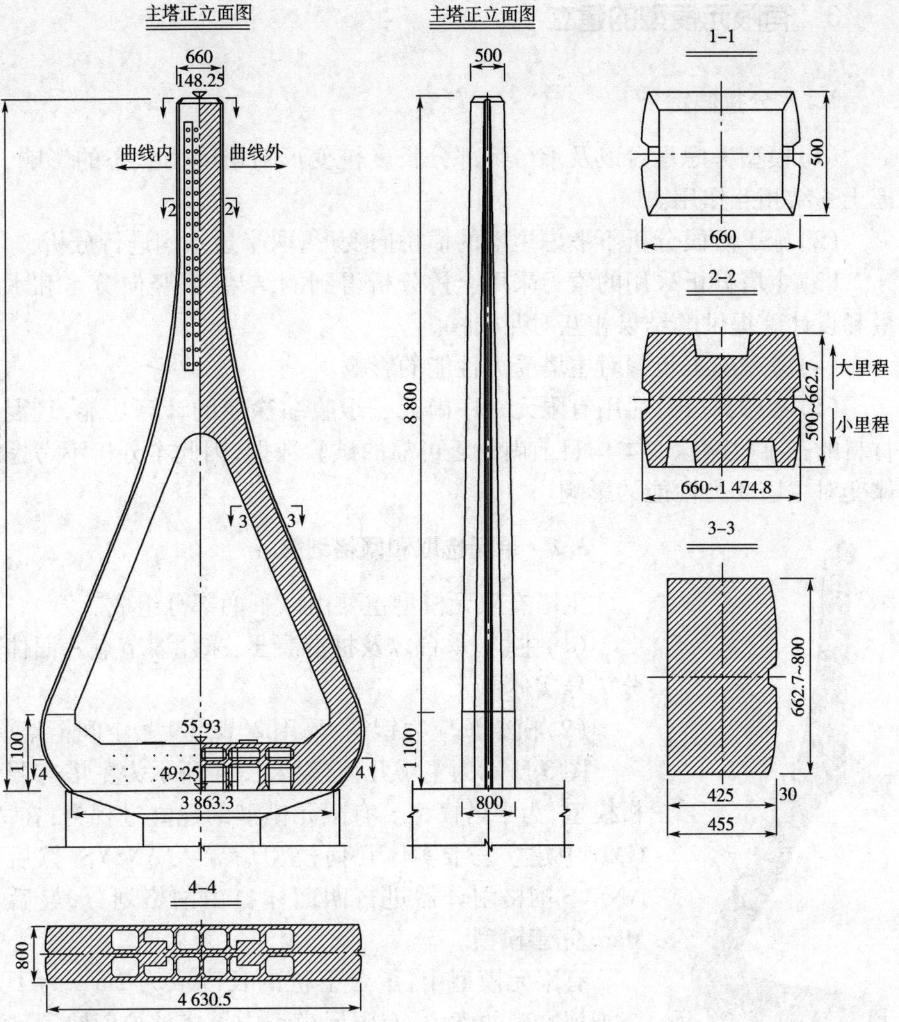

主塔正立面图

660
148.25
曲线内
曲线外
9 900
55.93
49.25
1 100
3 863.3

主塔正立面图

500
8 800
1 100
800

1-1

500
660

2-2

大里程
小里程
500~662.7
660~1 474.8

3-3

662.7~800
425
30
455

4-4

800
4 630.5

图 2　主塔结构图(单位:cm)

横梁采用预应力混凝土结构,布置了 ϕ15-27 钢束以抵抗中塔柱传来的拉力。横梁横向两侧设置了防落梁挡块和支座垫石,防落梁挡块在主梁顶推期间可作为纠偏千斤顶的反力座。横梁纵向小里程侧设有牵引千斤顶反力座,可以满足 12 个连续牵引千斤顶同时操作,最大牵引力可达 24 000kN,运营期间亦作为小里程侧纵向弹性拉索的锚固块。大里程侧设有纵向弹性拉索的锚固块。纵向弹性拉索采用 2 根 91 丝 ϕ7 钢丝拉索,锚固块按拉索破断力进行设计。

3 有限元模型的建立

3.1 分析假定

(1)模型考虑承台以及承台下部分长度桩变形对塔受力状态的影响,不考虑土—结相互作用。

(2)施工阶段分析不考虑主塔的横桥向变形,取半边结构进行分析。

(3)主塔分析采用的索力采用全桥分析得到的结果,其竖向分量和水平分量和设计院提供的结果相互对照校核。

(4)考虑施工步骤对主塔受力性能的影响。

(5)考虑到目前通用有限元程序尚无三维收缩徐变的计算功能,且混凝土材料的三维收缩徐变本构目前尚缺乏可靠的试验数据,因此本分析不考虑收缩徐变对主塔受力性能的影响。

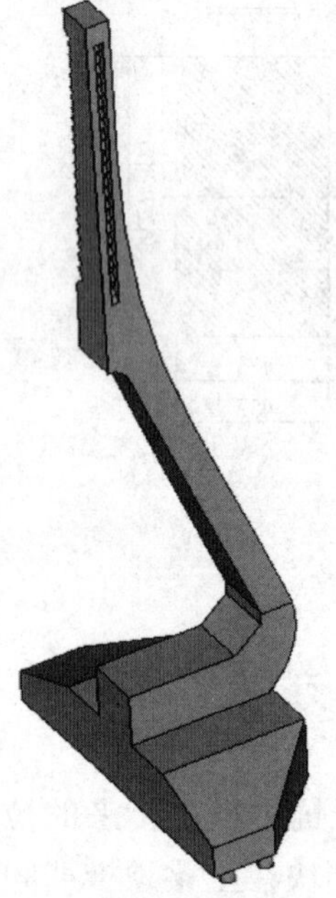

图3 主塔几何模型

3.2 单元选取和网格划分

主塔有限元模型主要由以下两部分组成。

(1)主塔、承台以及桩混凝土:采用8节点六面体全积分7号实体单元。

(2)横梁预应力钢筋:采用2节点9号空间桁架单元。

图3所示为主塔几何模型,图4所示为主塔有限元分析模型,为半塔模型。有限元模型的建立过程为:在AutoCAD中建立三维实体几何模型后导入ANSYS,然后采用ANSYS网格划分器进行四面体自由网格划分,最后导入Marc完善模型。

有限元模型中,承台下桩的长度取为2m。为了对主塔施加准确的索力,有限元模型中上塔柱拉索锚固区按照原结构实际尺寸建立。预应力筋单元严格按照其在实际结构中的位置建立,如图4b)所示。

为保证预应力筋和主塔变形协调,采用Insert功能将预应力筋单元埋入混凝土单元,该模型为组合式钢筋混凝土模型,预应力筋单元节点位移自由度不在整体刚度矩阵中出现,计算时通过位移差值自动满足位移协调条件,该模型能准确模拟预应力筋的位置,但预应力筋和混凝土之间的滑移效应无法考虑。

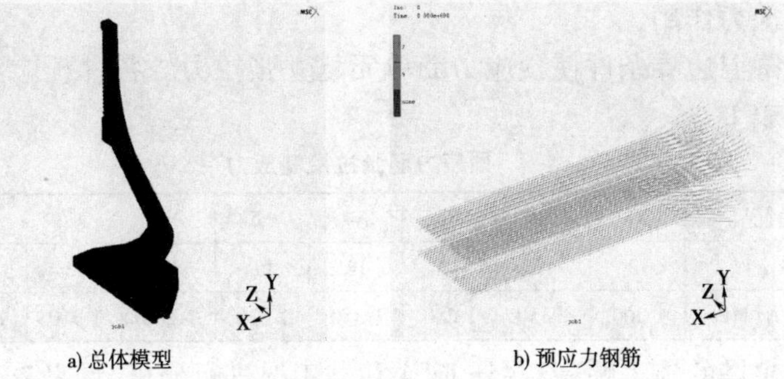

a) 总体模型　　b) 预应力钢筋

图4　主塔有限元模型

3.3　材料参数

主塔混凝土采用C55,弹性模量取3.55×10^{4}MPa,泊松比取0.2,材料重度取$26kN/m^{3}$。

承台和桩混凝土采用C30,弹性模量取3.0×10^{4}MPa,泊松比取0.2,材料重度取$26kN/m^{3}$。

预应力筋弹性模量取1.95×10^{5}MPa,泊松比取0.3。计算中采用降温法施加预应力,因此还需定义线膨胀系数为1.2×10^{-5}/℃。

3.4　几何参数

需要设置几何参数的单元为模拟预应力筋的桁架单元,采用27-7ϕ5,截面积为3 780mm^{2}。

3.5　荷载工况和边界条件

(1)对模型主要施加的边界条件。

①桩底部固结,约束所有位移自由度。

②半结构对称边界条件。

(2)施工阶段主塔主要承受的荷载

①自重。

②索力。按照全桥施工过程分析得到的索力结果分解为竖向分量和水平分量,加至对应的上塔柱锚固块上,如图5所示。初张完所有拉索后,索力的竖向合力为133 229kN,水平合力为181kN;终张所有拉索后,索力的竖向合力为193 519kN,水平合力为2 045kN。

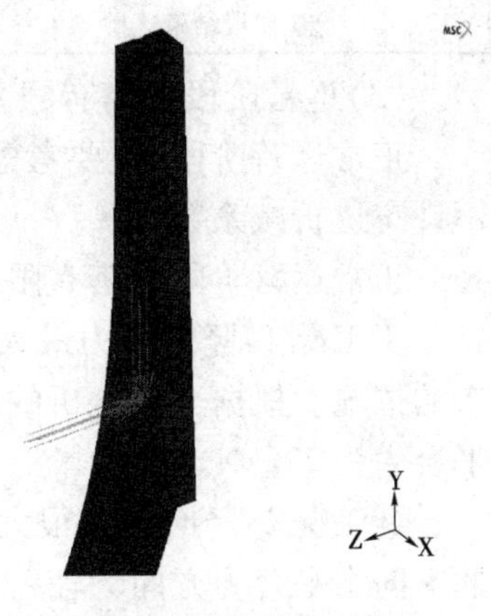

图5　索力的施加方法

③预应力作用。

通过降温边界条件使预应力筋单元建立张拉力。各种预应力筋的张拉控制应力见表1。

预应力筋张拉控制应力　　表1

预应力筋	N1	N2	N3	N4	N5	N6	N7	N8	N9
根数	13	12	13	12	11	12	13	12	13
张拉控制应力(MPa)	1 300	1 350	1 250	1 350	1 320	1 260	1 350	1 370	1 350

按照主塔的施工顺序,共分12个荷载工况进行分析,见表2。

主塔分析的荷载工况　　表2

编号	施工阶段	激活单元	激活索力	激活预应力
1	浇注下塔柱,张拉预应力	下塔柱	无	N4,N8
2	浇筑中塔柱	下、中塔柱	无	N4,N8
3	张拉2对应预应力	下、中塔柱	无	N2,N4,N6,N8
4	浇筑上塔柱	全塔	无	N2,N4,N6,N8
5	张拉4对应预应力	全塔	无	N2,N4,N5,N6,N8
6	初张索C(C′)1~7	全塔	C(C′)1~7初张力	N2,N4,N5,N6,N8
7	张拉6对应预应力	全塔	C(C′)1~7初张力	N2,N4,N5,N6,N8,N9
8	初张索C(C′)8~14	全塔	C(C′)1~14初张力	N2,N4,N5,N6,N8,N9
9	张拉8对应预应力	全塔	C(C′)1~14初张力	N1,N2,N4,N5,N6,N8,N9
10	初张索结束	全塔	C(C′)1~22初张力	N1,N2,N4,N5,N6,N8,N9
11	张拉10对应预应力	全塔	C(C′)1~22初张力	N1~N9,M1,M2
12	施工阶段结束成桥	全塔	C(C′)1~22终张力	N1~N9,M1,M2

(3)运营阶段主塔有限元分析

正常运营阶段,主要考虑汽车荷载对索力的影响,按横向布置6列车计算,不计车道折减系数。

正常运营阶段主塔有限元分析主要考虑以下两种最不利的工况。

①工况1:竖向合力最大工况。该工况对应的是汽车荷载在主跨和辅跨满布的情况。根据全桥分析的结果,该工况索力竖向合力最大,为204 570kN,水平合力为295kN。

②工况2:竖向合力很大,水平纵向合力最大工况。施工结束后,主塔索力的纵向水平合力方向为辅跨方向,故当汽车荷载在辅跨满布时为最不利,根据全桥分析的结果,该工况索力竖向合力194 774kN,水平合力3 259kN。

4 施工阶段主塔有限元分析结果

各施工阶段有限元分析结果见表3。

施工阶段有限元分析结果　　表3

施工阶段	最大主拉应力(MPa)	最大主压应力(MPa)
1	位于主塔根部,3.6	5.1
2	1.6	5.1
3	位于主塔根部,3.0	8.3
4	位于主塔根部,1.2	7.1
5	位于主塔根部,2.8	9.7
6	位于主塔根部及下塔柱内拐角处,1.3	9.7
7	位于主塔根部,1.5	9.6
8	位于下塔柱内侧拐角处,1.6	位于塔根部,13.7
9	位于主塔根部,1.5	位于塔根部,10.3
10	位于下塔柱内侧拐角处,2.0	位于塔根部,18.2
11	位于主塔根部及下塔柱内拐角处,2.0	位于塔根部,16.0
12	位于下塔柱内侧拐角处,3.3,见图6	位于塔根部,24.4,见图7

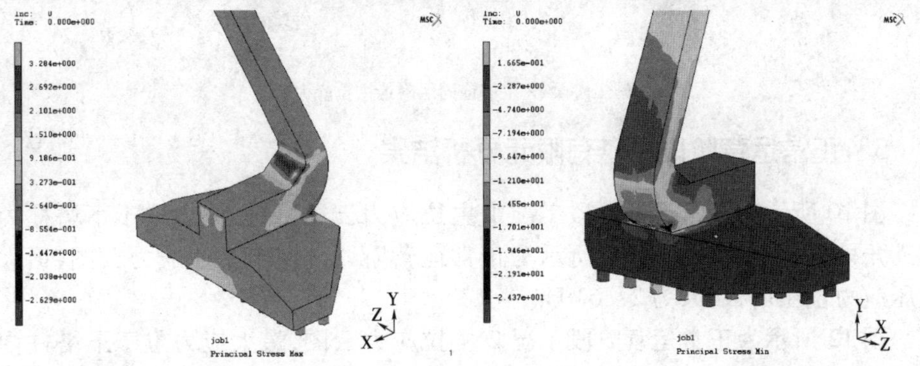

图6　施工阶段12主拉应力云图　　图7　施工阶段12主压应力云图

图8所示为施工阶段12上塔臂合龙处主拉应力云图,最大拉应力仅为0.4MPa,不会开裂。

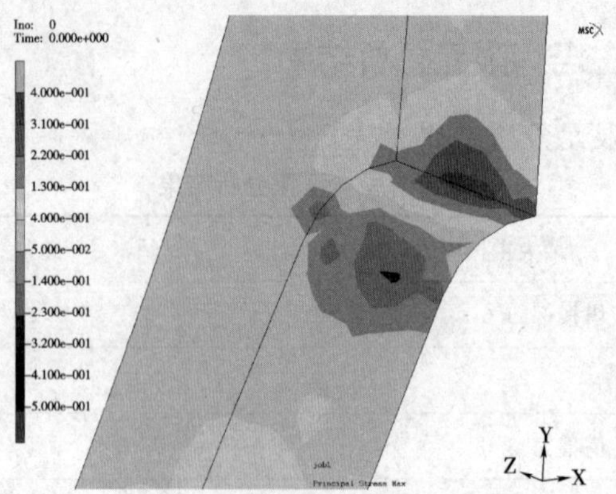

图 8　施工阶段 12 上塔臂合龙处主拉应力云图

图 9 所示为施工阶段 12 主塔锚固区附近的主拉应力局部分析结果，由于两侧拉索锚固位置不同，对拉索锚固区域产生剪切作用，导致锚固区一侧受拉，一侧受压，从图中可知，主塔锚固区附近的最大主拉应力不超过 1.2MPa，不控制设计。

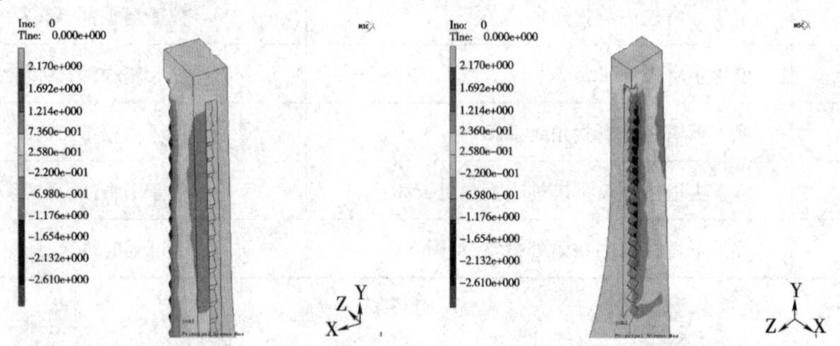

图 9　施工阶段 12 主塔锚固区附近主拉应力云图

5　正常运营阶段主塔有限元分析结果

图 10 所示为正常运营阶段工况 1 主拉应力云图，最大应力位于下塔柱内侧拐角处，为 3.4MPa。图 11 所示为正常运营阶段工况 1 主压应力云图，最大主压应力位于塔根部，为 27.6MPa。

图 12 所示为正常运营阶段工况 2 主拉应力云图，最大应力位于下塔柱内侧拐角处，为 3.7MPa，由于桥梁纵向水平分力的存在，桥塔发生了平面外弯曲，主拉应力有所增加。图 13 所示为正常运营阶段工况 2 主压应力云图，最大主压应力位于塔根部，为 23.6MPa。

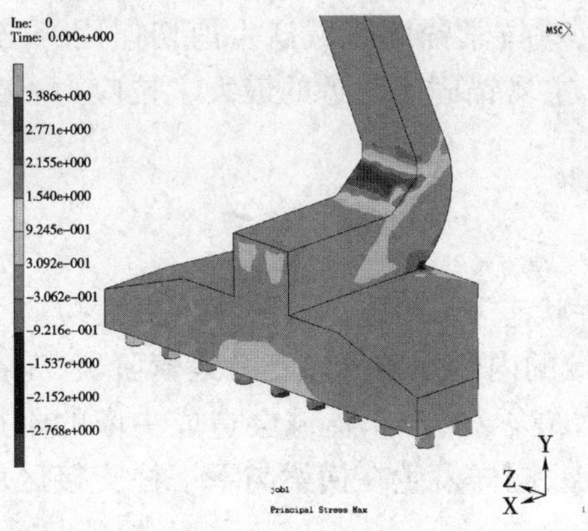

图 10　正常运营阶段工况 1 主拉应力云图

图 11　正常运营阶段工况 1 主压应力云图

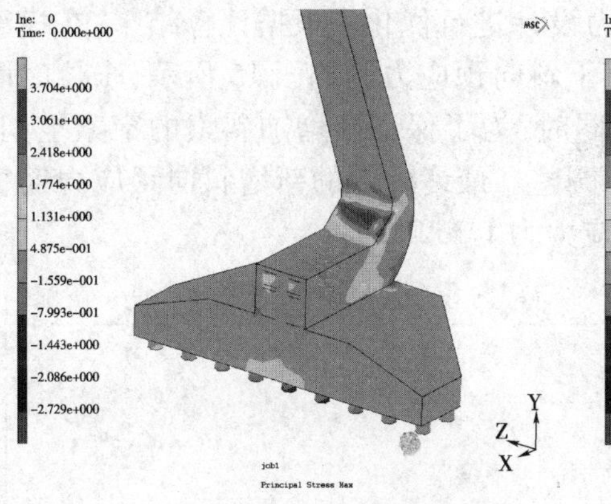

图 12　正常运营阶段工况 2 主拉应力云图

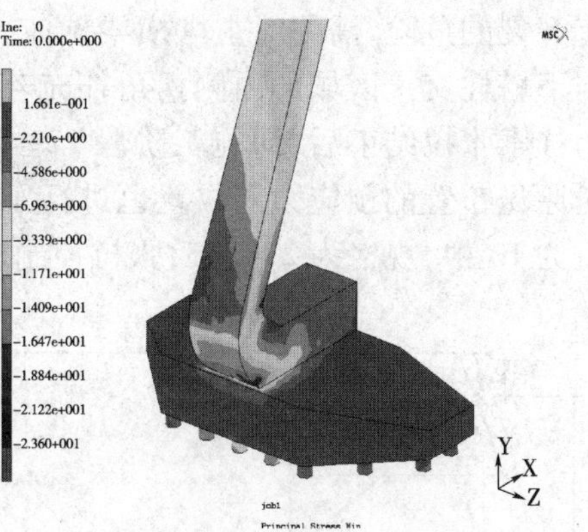

图 13　正常运营阶段工况 2 主压应力云图

图 14 所示为正常运营阶段工况 2 主塔锚固区附近的主拉应力局部分析结

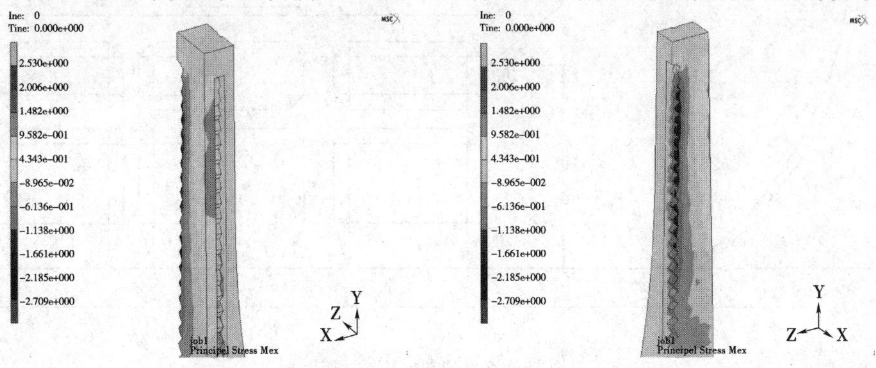

图 14　正常运营阶段工况 2 主塔锚固区附近主拉应力云图

果，同样的，由于两侧拉索锚固位置不同，对拉索锚固区域产生剪切作用，导致锚固区一侧受拉，一侧受压，从图中可知，主塔锚固区附近的最大主拉应力不超过 1.5MPa，不控制设计。

6 主塔的优化设计

由上述的分析结果可知，主塔在成桥状态下(即施工阶段 12)最大拉应力为 3.3MPa，发生在横梁与下塔柱交接区域的内侧拐角。在正常运营阶段，工况 2(即汽车仅满布辅跨工况)对主塔的受力最不利，汽车荷载会造成主塔的附加平面外弯曲，使最大主拉应力达到 3.7MPa，同样发生在横梁与下塔柱交接区域的内侧拐角。

由于主塔在成桥状态以及正常运营阶段最大拉应力均超过了 3MPa，可能有开裂的危险，需要对主塔横梁预应力设计进行优化。根据计算结果，在横梁与下塔柱交接区域的内侧拐角补充若干斜向预应力筋如图 15 所示，张拉时间为挂索张拉结束后，即施工阶段 12。同时，为了保证新增加斜索的穿索空间，对原先布置的预应力筋位置也进行了调整。最终确定的新增斜向预应力筋根数为 10 根，规格为 27-7ϕ5，张拉控制应力为 1 350MPa。

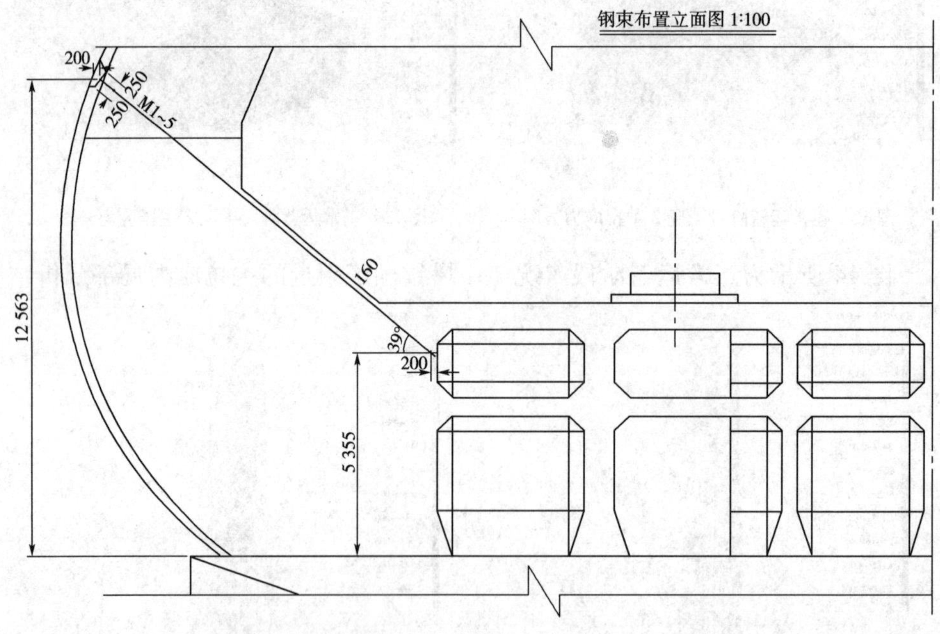

图 15 增加的斜向预应力筋

图16所示为优化后的横梁预应力筋空间布置情况。考虑到预应力筋的布置重新进行了调整，需要针对优化后的预应力筋位置重新对施工阶段和运营阶段的主塔局部应力进行重新分析，以检验优化后的效果。

表4为优化后主塔施工阶段的主拉应力分析结果，可见成桥状态下主塔的最大主拉应力为2.2MPa，拉应力显著减小，优化效果明显。图18所示为优化后主塔正常运营阶段最不利工况的主拉应力分析结果，最大主拉应力2.5MPa，优化效果明显。

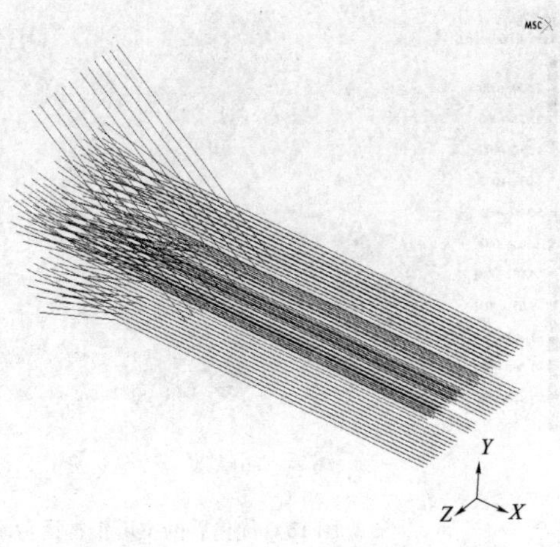

图16 优化后的横梁预应力筋空间布置

施工阶段有限元分析结果 表4

施工阶段	最大主拉应力(MPa)	施工阶段	最大主拉应力(MPa)
1	3.3	7	1.8
2	0.6	8	1.8
3	2.6	9	1.7
4	1.1	10	2.1
5	2.8	11	2.3
6	1.8	12	2.2，见图17

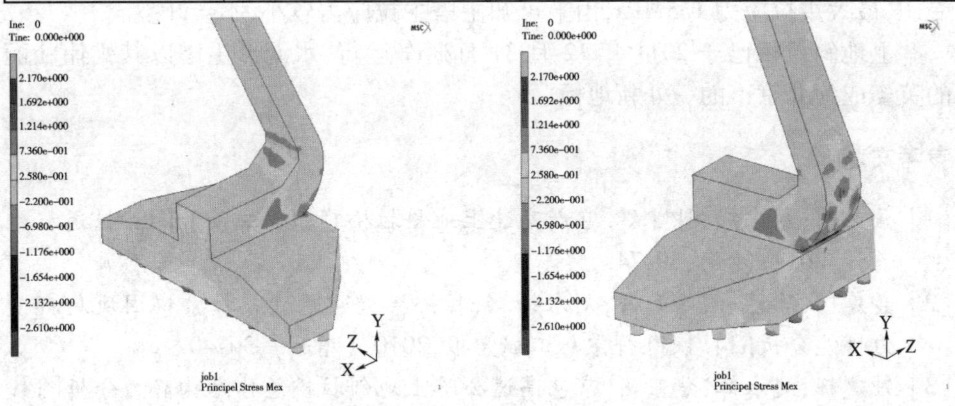

图17 优化后施工阶段12主塔锚固区附近主拉应力云图

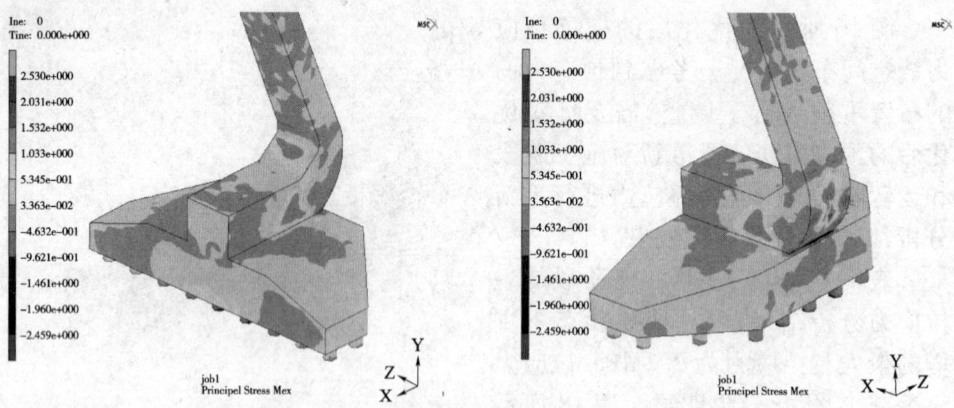

图 18 优化后的主塔正常运营阶段最不利工况主拉应力分析结果

对主塔施工阶段和正常运营阶段的受力性能进行精细有限元分析,结果表明主塔成桥状态最大主拉应力为 3.3MPa,正常运营阶段最不利工况下最大主拉应力为 3.7MPa。最大主拉应力均发生在横梁与下塔柱之间的拐角附近。通过增设斜向预应力筋进行优化,最大拉应力分别降为 2.2MPa 和 2.5MPa,优化效果明显。

7 结语

主塔在成桥状态及运营阶段的最大主拉应力发生在横梁与下塔柱交接区域的内侧拐角,配置斜向预应力筋后主拉应力显著降低,最大主拉应力 2.5MPa,中塔柱合龙处最大主拉应力 0.4MPa,上塔主斜拉索锚固区由于两侧拉索锚固位置不同,对拉索锚固区域产生剪切作用,导致锚固区一侧受拉,一侧受压,最大主拉应力 1.5MPa,由上可知主塔主拉应力较小,不会开裂。

上地斜拉桥已于 2011 年 12 月 31 日通车运行,水滴形主塔以其雄伟壮丽的英姿成为北京市的一处新地标。

参考文献

[1] 焦亚萌,刘永锋,钟建辉. 京新高速上地斜拉桥顶推施工设计[J]. 铁道标准设计,2012,(07):69-74.

[2] 聂建国,陶慕轩,徐升桥,刘永锋. 斜拉桥塔梁弹性连接拉索锚固块局部受力性能分析[J]. 铁道科学与工程学报,2010,(增刊):36-40.

[3] 钟建辉,刘永锋,焦亚萌. 京包高速公路上地斜拉桥总体结构静力分析[J]. 铁道勘察,2011,(3):99-101.

上地斜拉桥抗震设计分析

辛 兵[1] 王克海[2] 滕 达[3]

(1. 中铁工程设计咨询集团有限公司 北京 100055;

2. 交通运输部公路科学研究所 北京 100088;

3. 北京市首发高速公路建设管理有限责任公司 北京 100071)

[摘 要] 本文以上地斜拉桥为对象,采用 MIDAS 建立了斜拉桥的动力有限元模型,考虑 E1 和 E2 两种地震动水平的作用,采用反应谱法对斜拉桥的自振特性和抗震性能作了数值分析。研究表明,考虑活动盆式支座的影响,主塔根部截面的内力减小,支座的水平力减小,而桥墩墩底处的内力增大,全桥纵向位移小;不考虑活动盆式支座的影响,主塔根部截面的内力增大,支座固定方向水平力增大可能导致剪坏,桥墩墩底内力减小但全桥纵向位移增大,需要采取减隔震措施来减小纵向位移。

[关键词] 高速公路 斜拉桥 抗震

1 引言

斜拉桥由于跨越能力大,造型优美流畅,布局较容易与周围环境相协调统一,近年来在城市桥梁建设中被广泛采用,既能满足结构要求,又具有景观效果,往往成为城市具有标志性的建筑。大跨径斜拉桥作为城市交通路线上的枢纽工程和生命线工程,若遭受地震灾害破坏,无论重建还是改线绕行都较为困难,并影响救灾工作的顺利进行,增加了次生灾害,造成重大的经济损失,因此对大跨径斜拉桥进行合理、有效的抗震设计,以确保其在大震中的安全性,具有十分重要的社会和经济意义。

2 工程概况

上地铁路分离式立交公路大桥位于京包高速公路(北京市五环路—六环路)上,本桥采用五跨(46m+46m+230m+98m+90m)连续独塔单索面预应力混凝土半漂浮体系斜拉桥，全桥长510m，主塔为倒Y形塔，采用塔、墩固结体系，主梁支承于塔墩上，塔高99m，索塔高度与中跨的比为0.38，主梁主跨的跨高比为1/68，如图1所示。

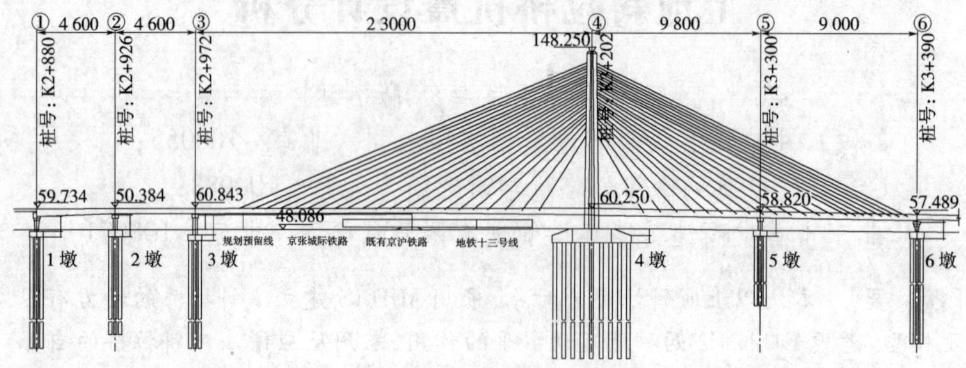

图1　全桥结构形式(单位:cm)

由于本桥需跨越城铁十三号线、既有京包铁路以及京张城际铁路，因此本桥的抗震性能安全问题显得尤为重要。根据《中国地震参数区划图》(GB 18306—2001)，本区地震动峰值加速度为0.20g，地震基本烈度为Ⅷ度，按Ⅸ度设防。按照现行《公路桥梁抗震设计细则》(JTG/TB02-01—2008)，其抗震设防类别为A类，抗震设防目标既要保证桥梁的抗震安全性，又不致使造价增加太多，需要在经济性与安全性之间进行合理平衡，这是桥梁抗震设防的合理原则。

根据本桥桥梁结构各部分的重要性，以及地震破坏后桥梁结构的性能要求、修复(抢修)的难易程度，主桥采用50年超越概率10%(E1)、2%(E2)地震作用输入作为设防标准，抗震校核准则见表1。

桥梁抗震校核准则　　表1

地震水准	校核准则
50年超越概率10%(E1)	除支座外，各构件保持弹性
50年超越概率2%(E2)	(1)主塔结构可发生局部轻微损伤，不允许发生剪切破坏；桩基抗弯能力大于地震需求，基本保持弹性； (2)过渡墩和辅助墩允许出现可修复损伤；桩基基本保持弹性

3　全桥空间有限元模型

采用MIDAS有限元程序，建立三维有限元动力计算模型进行抗震性能分析，计算模型均以顺桥向为 X 轴，横桥向为 Y 轴，竖向为 Z 轴；主梁采用单梁模拟，拉索采用桁架单元模拟，主塔采用三维梁单元模拟，承台按梁单元模拟；进入土体的桩基础部分考虑桩—土—结构相互作用，采用六自由度土弹簧进行模拟，土弹簧刚度采用"m"法确定。

本桥在所有桥墩墩顶及桥塔处分别设置了纵向（ZX）或多向（DX）活动盆式橡胶支座，根据《公路桥梁抗震设计细则》（JTG/T B02-01—2008），有限元建模时应考虑活动盆式支座的影响，活动盆式支座可用双线性理想弹塑性弹簧单元模拟，其初始刚度 k 按下式计算：

$$k = \frac{F_{\max}}{x_{y}}, F_{\max} = \mu_{d} R$$

式中：μ_d——滑动摩擦系数，一般取 0.02；

R——支座承担的上部结构重力；

x_y——活动盆式支座屈服位移，一般取 0.002 ~ 0.005m。

图 2 为斜拉桥动力计算有限元模型示意图。

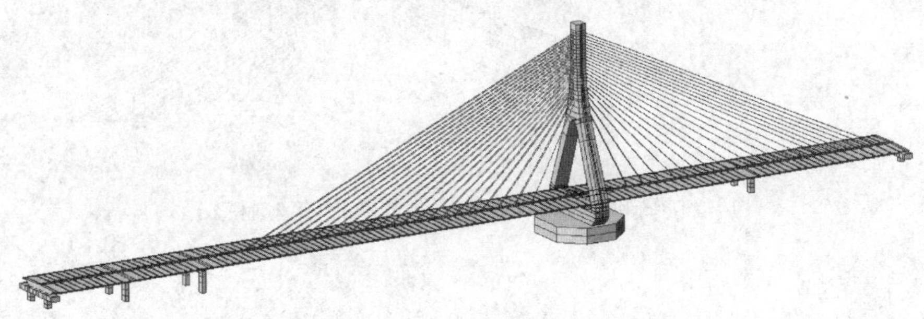

图2　斜拉桥动力计算有限元模型示意图

4　自由振动特性分析

分析和认识桥梁的动力特性是进行桥梁抗震性能分析的基础。在小震作用下考虑盆式支座水平摩擦力提供的初始刚度，对本桥（模型一）进行模态分析得到全桥前 100 阶周期与振型，取前 10 阶模态的频率与振型，见表 2，前 4 阶振型图如图 3 ~ 图 6 所示。在大震作用下主梁与盆式支座在活动方向发生滑动，支座不能提供水平刚度约束，按不考虑支座的影响（模型二）对本桥进行模态分析得到全桥前 100 阶周期与振型，取前 10 阶模态的频率与振型，见表 2，前 4 阶振型图如图 3 ~ 图 6 所示。

表2

前10阶频率及振型

模态号	模型一(考虑活动支座影响)			模型二(不考虑活动支座影响)		
	频率(Hz)	周期(s)	振型描述	频率(Hz)	周期(s)	振型描述
1	0.43	2.33	主梁1阶竖弯	0.16	6.36	全桥纵漂
2	0.69	1.44	全桥纵漂	0.43	2.33	主梁1阶竖弯
3	0.78	1.28	主梁2阶竖弯	0.77	1.30	主梁反对称侧弯
4	0.80	1.25	主梁反对称侧弯	0.78	1.29	主梁2阶竖弯
5	0.87	1.15	主梁2阶竖弯	0.86	1.16	主梁2阶竖弯
6	1.11	0.90	主梁3阶竖弯	1.11	0.90	主梁3阶竖弯
7	1.30	0.77	主梁4阶竖弯	1.28	0.78	主塔侧弯主梁正对称侧弯
8	1.34	0.75	主梁正对称侧弯	1.30	0.77	主梁4阶竖弯
9	1.69	0.59	主塔侧弯	1.61	0.62	主塔侧弯主梁正对称侧弯
10	1.78	0.56	主塔侧弯主梁正对称侧弯	1.72	0.58	主塔侧弯

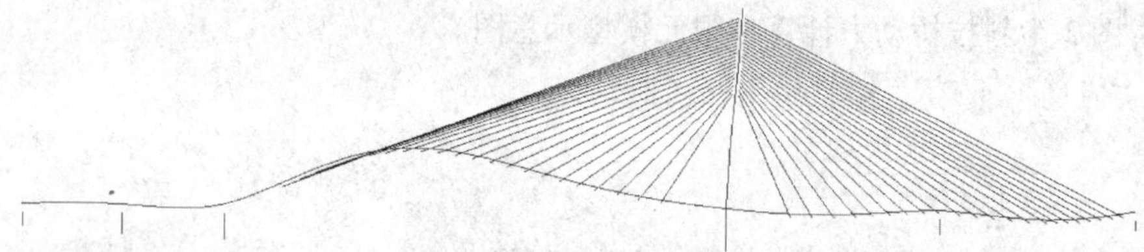

图3　主梁一阶竖弯(模型一第1阶模态、模型二第2阶模态)

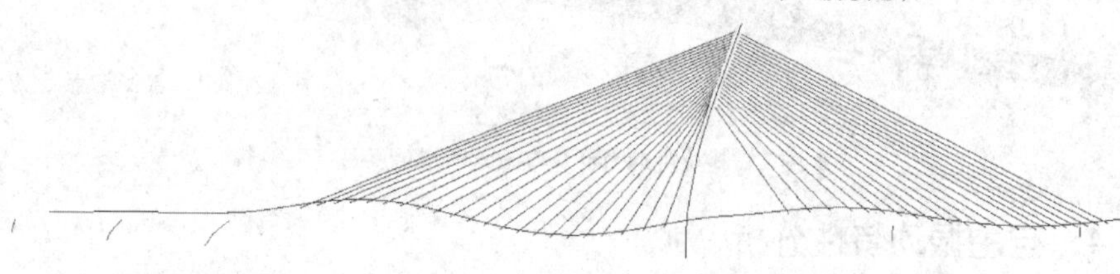

图4　全桥纵漂(模型一第2阶模态、模型二第1阶模态)

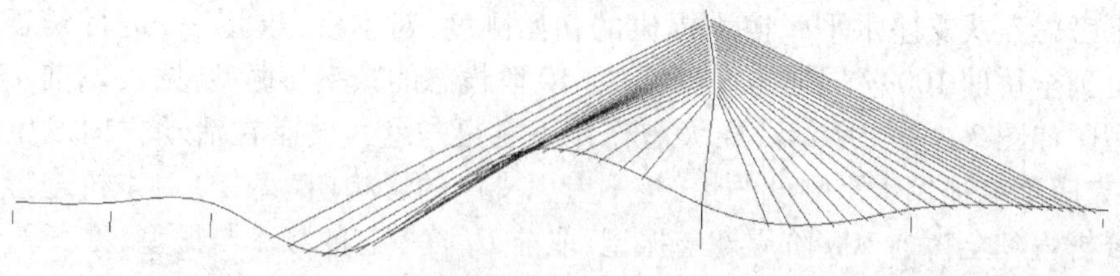

图5　主梁二阶竖弯(模型一第3阶模态、模型二第4阶模态)

图 6 主梁反对称侧弯(模型一第 4 阶模态、模型二第 3 阶模态)

从以上斜拉桥自振特性分析可知,对于模型一,考虑盆式支座的影响,在振动时对主梁提供水平约束,因此表现出斜拉桥的第 1 阶模态为主梁的竖向弯曲振型,第 2 阶振型才出现全桥纵漂振型,表明斜拉桥全桥竖向刚度小于纵向刚度;第 3 阶仍为主梁的竖向振动振型,第 4 阶为主梁反对称侧弯振型,第 9 阶为主塔侧弯振型,说明斜拉桥桥塔横桥向刚度大,对抵抗地震动作用非常有利。对于模型二,是基于大震作用下,盆式支座在活动方向主梁与支座发生相对滑动,支座不能提供水平约束,纵向刚度小于全桥的竖向和横向刚度,其第 1 阶模态表现为全桥纵漂振型,第 2 阶模态为主梁竖弯振型,第 3 阶模态为主梁侧弯振型,表明主梁横向刚度大于竖向刚度;第 7 阶模态出现桥塔的侧弯振型,表明桥塔横向刚度大。

5 反应谱分析

5.1 反应谱输入

反应谱理论也称动力法,是目前世界各国应用最为广泛的抗震分析方法,其优点是考虑了地震时地面的运动特性与结构物自身的动力特性,计算量少,且加速度反应谱值是加速度反应的最大值,用它来控制设计一般是安全的。

本桥位处地震基本烈度为Ⅷ度,按Ⅸ度设防,地震动峰值加速度为 $0.20g$,E1 地震作用下水平设计加速度反应谱最大值 $S_{max}=0.45g$,E2 地震作用下水平设计加速度反应谱最大值 $S_{max}=0.765g$,对于竖向地震系数取水平向的 0.67 倍,如图 7 所示。

采用多振型反应谱法计算,所考虑的振型阶数应在计算方向获得 90% 以上的有效质量。本文计算了前 100 阶自振周期和振型参与系数,其累积振型参与质量见表 3,其中顺桥向 X、横桥向 Y、竖向 Z。

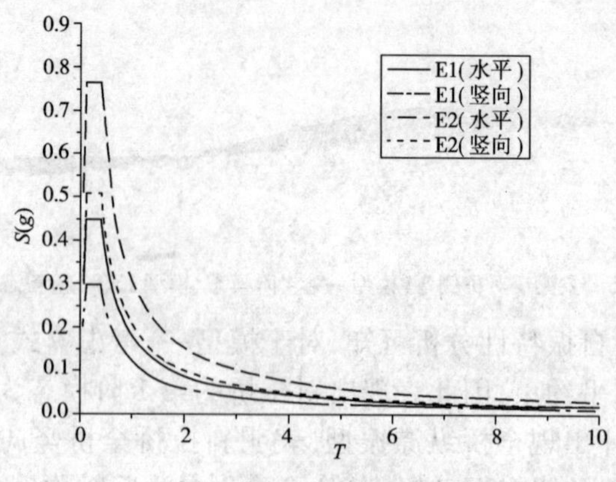

图7 反应谱

累积振型参与质量

表3

模型一				模型二			
模态号	X方向	Y方向	Z方向	模态号	X方向	Y方向	Z方向
1	0.05	0	11.89	1	57.86	0	0.19
2	58.44	0	11.96	2	59.01	0	11.85
4	61.16	14.1	12.1	3	59.01	14.01	11.85
8	61.46	47.23	33.75	8	60	47.57	33.73
14	62.71	64.97	34.38	14	61.84	63.07	34.38
22	63.77	66.19	41.76	30	64.87	71.43	51.16
29	65.47	66.61	51.16	46	68.53	72.31	83.08
45	68.73	72.41	83.09	61	94.7	74.41	87.2
61	94.77	74.62	88.59	68	94.77	78.84	91.23
67	94.87	79.14	91.23	69	94.77	93.76	91.23
69	94.87	93.82	91.23	88	96.06	97.2	99.27
100	99.1	97.37	99.39	100	99.11	97.35	99.39

从表3中数据可知,各振动方向在第100阶模态的累积振型参与质量达到95%以上,满足反应谱分析模态数量的要求。结构的振型组合采用CQC法,同时考虑顺桥向X、横桥向Y与竖向Z的地震作用,方向组合采用SRSS法。

5.2 计算结果分析

5.2.1 模型一(考虑活动支座的影响)

本斜拉桥在地震作用下验算的关键截面主要是两侧桥塔根部和边跨各桥

墩墩底截面，以及验算盆式支座的位移和水平承载力，计算结果见表4～表6。

关键截面内力　　表4

墩台位置		荷载工况	轴力(kN)	横向剪力(kN)	纵向剪力(kN)	扭矩	横向弯矩	纵向弯矩
1号墩	左墩柱	恒载+E1	-36 064.0	12 247.3	-9 010.0	-38 054.9	-59 503.7	4 304.7
	右墩柱	恒载+E1	-36 069.5	-11 797.4	-8 981.8	36 083.3	-59 459.0	-1 731.0
2号墩	左墩柱	恒载+E1	-35 213.7	2 942.2	-10 948.5	-26 272.2	-98 435.7	0.0
	右墩柱	恒载+E1	-35 212.0	2 942.2	-10 947.8	-26 272.2	-98 420.0	0.0
3号墩	左墩柱	恒载+E1	-50 661.6	-9 113.2	-8 939.1	87 943.8	-100 722.4	1 233.3
	右墩柱	恒载+E1	-50 625.1	10 006.5	-8 933.5	-86 239.5	-100 663.4	1 233.6
4号塔	左塔根	恒载+E1	-286 490.3	174 737.9	12 308.3	167 317.1	-361 291.1	-479 436.9
	右塔根	恒载+E1	-286 218.3	174 704.7	-12 219.3	-166 886.8	359 170.3	-480 882.5
5号墩	左墩柱	恒载+E1	-14 833.1	-1 978.5	3 277.7	13 831.3	22 936.2	0.0
	右墩柱	恒载+E1	-14 832.8	-1 976.8	3 274.9	13 819.9	22 917.1	0.0
6号墩	左墩柱	恒载+E1	-22 178.8	17 201.7	4 370.9	47 313.8	-23 063.7	9 797.5
	右墩柱	恒载+E1	-21 088.7	-15 306.0	4 405.5	-39 937.5	-23 290.0	-6 804.6
1号墩	左墩柱	恒载+E2	-41 974.0	19 899.6	-14 285.3	-64 487.2	-90 838.6	7 316.1
	右墩柱	恒载+E2	-41 982.5	-19 136.8	-14 238.3	61 142.4	-90 765.9	-2 942.0
2号墩	左墩柱	恒载+E2	-40 671.3	5 000.8	-16 390.4	-44 654.4	-147 342.5	0.0
	右墩柱	恒载+E2	-40 670.0	5 000.8	-16 390.2	-44 654.4	-147 324.8	0.0
3号墩	左墩柱	恒载+E2	-56 771.0	-15 349.3	-13 994.4	149 226.9	-157 644.2	2 095.0
	右墩柱	恒载+E2	-56 741.8	16 869.4	-13 986.0	-146 347.4	-157 556.6	2 095.6
4号塔	左塔根	恒载+E2	-306 753.4	18 847.0	190 631.3	226 720.0	-585 446.8	-486 115.6
	右塔根	恒载+E2	-306 447.1	-18 769.0	190 593.3	-226 291.6	-586 884.9	484 003.9
5号墩	左墩柱	恒载+E2	-21 142.6	-3 362.7	4 804.9	23 508.2	33 621.5	0.0
	右墩柱	恒载+E2	-21 145.1	-3 359.9	4 800.9	23 488.7	33 593.3	0.0
6号墩	左墩柱	恒载+E2	-29 122.9	28 596.2	7 224.0	79 139.0	-34 656.7	16 655.3
	右墩柱	恒载+E2	-27 270.8	-25 371.0	7 282.9	-66 605.7	-35 040.9	-11 567.7

恒载 + E1 地震作用下支座反力 表 5

墩号	支座型号	轴向(kN)	横向剪力(kN)	纵向剪力(kN)	最大摩擦力(kN)	支座滑动
1 号墩	TPZX-15000-ZX-0.3g	−16 411.7	15 294.2	−7 042.4	328.2	是
	TPZX-15000-DX	−16 418.6	−1 632.4	−7 039.2	328.4	是
2 号墩	TPZX-35000-DX	−33 309.7	2 874.2	−10 911.1	666.2	是
	TPZX-35000-DX	−33 308.3	2 874.2	−10 909.0	666.2	是
3 号墩	TPZX-40000-ZX-0.3g	−46 244.7	−17 229.5	−8 824.8	924.9	是
	TPZX-40000-DX	−46 205.0	1 130.8	−8 817.5	924.1	是
4 号墩	TPZX-40000-DX	−45 072.0	50 980.6	19 276.3	901.4	是
	TPZX-40000-ZX-0.3g	−44 747.0	1 377.5	19 099.5	894.9	是
5 号墩	TPZX-12500-DX	−13 329.6	−1 970.1	3 274.1	266.6	是
	TPZX-12500-DX	−13 329.6	−1 968.5	3 271.3	266.6	是
6 号墩	TPZX-10000-ZX −0.3g	−6 522.7	−28 103.6	716.1	130.5	是
	TPZX-10000-DX	−6 594.3	−24.5	715.1	131.9	是

地震作用下梁端及塔顶位移 表 6

荷载工况	位置	纵桥向(cm)	横桥向(cm)
恒载 + E1	左梁端	8.6	2.2
	右梁端	−10.6	0.7
	塔顶	−19.1	−3.4
恒载 + E2	左梁端	12.9	3.7
	右梁端	−15.1	1.1
	塔顶	−25.3	−5.7

从表 5 可知，在 E1 地震作用下，盆式支座的活动方向所受的水平力大于支座能提供的最大静摩擦力，主梁体与支座在活动方向发生相对滑动，因此在 E1 地震作用下不应考虑盆式支座的水平刚度影响。

5.2.2 模型二（不考虑活动支座的影响）

不考虑盆式支座活动方向的水平刚度影响，重新计算全桥结构关键截面内力，计算结果见表 7 ~ 表 9。

关键截面内力 表7

墩台位置		荷载工况	轴力（kN）	横向剪力（kN）	纵向剪力（kN）	扭矩	横向弯矩	纵向弯矩
1号墩	左墩柱	恒载+E1	-36 077.1	12 161.1	-5 764.0	-37 496.6	-40 968.5	5 005.5
	右墩柱	恒载+E1	-36 091.1	-11 605.5	5 739.7	35 065.1	-40 916.6	-1 853.0
2号墩	左墩柱	恒载+E1	-35 240.9	467.0	330.1	2 978.2	2 109.8	0.0
	右墩柱	恒载+E1	-35 238.3	421.4	571.8	2 687.5	3 654.3	0.0
3号墩	左墩柱	恒载+E1	-51 061.6	-10 174.7	868.7	99 156.1	8 263.4	720.9
	右墩柱	恒载+E1	-51 019.1	11 320.8	868.7	-96 985.0	8 263.4	720.9
4号塔	左塔根	恒载+E1	-289 892.6	175 280.3	14 782.5	272 027.4	-469 864.0	-597 506.9
	右塔根	恒载+E1	-289 662.5	175 254.3	14 781.3	-271 586.7	-471 279.5	595 333.6
5号墩	左墩柱	恒载+E1	-14 324.1	0.0	0.0	0.0	0.0	0.0
	右墩柱	恒载+E1	-14 331.1	0.0	0.0	0.0	0.0	0.0
6号墩	左墩柱	恒载+E1	-20 812.6	17 220.6	-4 116.5	47 291.9	-24 263.9	7 749.9
	右墩柱	恒载+E1	-20 550.2	-15 077.1	4 165.9	-40 027.8	-24 474.9	-3 135.3
1号墩	左墩柱	恒载+E2	-41 881.0	19 752.5	-9 798.6	-63 536.4	-65 343.7	8 508.5
	右墩柱	恒载+E2	-41 903.0	-18 811.3	9 757.2	59 414.2	-65 256.9	-3 150.1
2号墩	左墩柱	恒载+E2	-40 785.3	793.9	561.3	5 062.9	3 586.7	0.0
	右墩柱	恒载+E2	-40 782.9	716.4	972.1	4 568.8	6 212.4	0.0
3号墩	左墩柱	恒载+E2	-57 512.7	-17 152.9	1 476.8	168 291.9	14 047.7	1 225.5
	右墩柱	恒载+E2	-57 472.6	19 102.5	1 476.8	-164 614.9	14 047.7	1 225.5
4号塔	左塔根	恒载+E2	-311 218.9	190 726.6	25 094.2	460 476.4	-567 141.9	-1 010 554.2
	右塔根	恒载+E2	-310 981.4	190 700.6	25 092.1	-460 025.4	-568 545.7	1 008 328.3
5号墩	左墩柱	恒载+E2	-21 688.5	0.0	0.0	0.0	0.0	0.0
	右墩柱	恒载+E2	-21 702.8	0.0	0.0	0.0	0.0	0.0
6号墩	左墩柱	恒载+E2	-26 727.9	28 629.0	-6 997.8	79 099.8	-35 957.3	13 173.9
	右墩柱	恒载+E2	-26 283.4	-24 981.3	7 081.8	-66 760.7	-36 316.5	-5 329.8

地震作用下支座反力　表8

墩号	支座型号	恒载 + E1		恒载 + E2	
		轴向(kN)	横向剪力(kN)	轴向(kN)	横向剪力(kN)
1号墩	TPZX-15000-ZX-0.3g	-16 461.1	16 957.8	-18 956.1	28 824.8
	TPZX-15000-DX	-16 471.7	0	-18 973.6	0
2号墩	TPZX-35000-DX	-33 331.6	0	-38 768.0	0
	TPZX-35000-DX	-33 329.5	0	-38 766.4	0
3号墩	TPZX-40000-ZX-0.3g	-46 422.0	-20 627.8	-51 631.9	-35 066.0
	TPZX-40000-DX	-46 377.0	0	-51 587.5	0
4号墩	TPZX-40000-DX	-44 368.9	51 362.7	-51 657.1	87 306.2
	TPZX-40000-ZX-0.3g	-43 991.3	0	-51 231.4	0
5号墩	TPZX-12500-DX	-12 906.1	0	-20 233.3	0
	TPZX-12500-DX	-12 912.8	0	-20 247.2	0
6号墩	TPZX-10000-ZX-0.3g	-6 288.5	-28 302.8	-10 059.3	-48 111.1
	TPZX-10000-DX	-6 169.0	0	-9 857.0	0

地震作用下梁端及塔顶位移　表9

荷载工况	位置	纵桥向(cm)	横桥向(cm)
恒载 + E1	左梁端	40.1	2.3
	右梁端	32.8	0.7
	塔顶	-33.0	-3.8
恒载 + E2	左梁端	60.2	4.0
	右梁端	52.6	1.1
	塔顶	-56.0	-6.5

5.2.3　计算结果分析

通过对比模型一和模型二的模态分析和反应谱计算结果，可以得出以下结论。

(1)模型一的刚度比模型二大，因此其基频比模型大，对应于相同的反应谱函数，模型一所受到的地震加速度大于模型二。

(2)考虑盆式支座活动方向主梁与支座之间静摩擦影响所产生的水平刚度，将增大全桥结构纵向刚度，导致大跨柔性的斜拉桥体系第一阶模态表现为主梁竖弯振型，其次是由纵向刚度引起的纵漂振型。模型二的结构纵向刚度完全由主塔提供，其刚度一般小于全桥竖向和横向刚度，表现出第一阶模态为纵

漂振型,其次是主梁竖向弯曲振型。

(3)模型一在地震作用下,由于考虑了盆式支座的影响,在支座活动方向将有水平力通过支座传递到下部结构,引起墩底相应方向的水平力和弯矩;而模型二不考虑支座活动方向刚度的约束,其墩底剪力和弯矩比模型一小。对于桥塔结构两侧的根部截面,由于纵向活动支座不分担由地震荷载引起的水平力,因此模型二在该截面处的纵桥向剪力和弯矩均大于模型一。

(4)地震作用下的支座的水平反力,模型一在支座纵向活动方向承担了部分水平力,减小了主塔的纵向受力,在横向活动方向支座的水平刚度减小了横向固定的盆式支座水平剪力,有利于保护横向固定支座不被剪坏;模型二的纵向水平力全部由桥塔承受,横向水平力则由横向固定支座及桥塔承受。

(5)大跨度斜拉桥在地震作用下的梁端及塔顶位移,横向位移基本相同,而对于纵向位移,不考虑支座影响的模型二的位移量是考虑支座影响的模型一的位移量的3倍。

(6)在E1地震动作用下,采用弹簧单元模拟的盆式支座活动方向临界滑动摩擦力 $F_{max}=\mu_d R$ 的计算结果小于弹簧单元的水平剪力,表明主梁与盆式支座活动方向发生相对滑动,因此活动盆式支座不能采用规范推荐的双线性理想弹塑性弹簧单元来模拟,即在E1地震作用下应不考虑支座的影响来建立全桥模型模拟在地震作用下的反应谱响应。

6 结语

(1)考虑活动支座影响的斜拉桥模型比不考虑活动支座影响的模型基本振动周期短、刚度大,两模型之间前4阶自振模态变化大,第5阶之后的振型基本相同。

(2)考虑地震作用下支座的影响,能够减小盆式支座固定方向的水平力,也能减小桥塔根部截面的剪力和弯矩,但增加了其他桥墩墩底的内力。因此在设计时应平衡考虑上部结构和下部结构之间的受力关系,在确保桥墩地震安全的前提下合理选用和布置支座,尽量减小桥塔的受力,保证主塔在大震作用下发生局部轻微损伤或不发生损伤。

(3)在小震作用下,盆式支座在活动方向受到的水平力小于临界滑动摩擦力,则需要考虑活动支座对全桥结构的影响。在大震甚至设计地震时,盆式支座的活动方向受到的水平力大于临界滑动摩擦力,应将支座活动方向的刚度完全释放。

(4)不考虑支座影响的斜拉桥结构,在地震作用下以纵漂振型为主,导致全桥纵向位移较大，需要采取相应的措施来减小全桥的纵向位移，防止主梁与附近桥跨发生碰撞损坏。

参考文献

[1] 王克海. 桥梁抗震研究[M]. 北京：中国铁道出版社，2006.

[2] 邹立华，王克海，赵人达. 大跨 RC 斜拉桥的非线性地震响应分析[J]. 铁道学报，2004，26(6)：95-99.

[3] 王克海，朱晞. 斜拉桥基于模态分析的滑动状态减震控制研究[J]. 桥梁建设，2001，6：1-4.

[4] 范立础. 桥梁抗震[M]. 上海：同济大学出版社，1997.

[5] 孙利民，张晨南，潘龙等. 桥梁桩土相互作用的集中质量模型及参数确定[J]. 同济大学学报，2002，30(4)：409-415.

[6] 戴鹏，郝宪武，狄谨. 大跨径 P 斜拉桥地震响应非线性分析[J]. 郑州大学学报(工学版)，2006，27(4)：79-83.

[7] 叶爱君，胡世德，范立础. 斜拉桥抗震结构体系研究[J]. 桥梁建设，2002，4：1-4.

上地桥主梁钢—混过渡段的设计分析

刘永锋[1]　李亮辉[2]　杨　毅[2]

(1. 中铁工程设计咨询集团有限公司　北京　100055;

2. 北京市首发高速公路建设管理有限责任公司　北京　100071)

[摘　要]　上地桥的曲线混凝土主梁采用单点顶推法施工,顶推总重25 000t,顶推距离213m,顶推过程最大悬臂长度63m。钢导梁预埋于主梁前端,通过剪力连接件和混凝土箱梁连接成整体,以传递顶推过程中的弯矩和剪力。对钢—混凝土过渡段顶、底、腹板的连接件受力性能进行了设计分析,并建立实体模型详细分析了最不利工况下关键部位的局部应力,结果表明界面连接可靠,钢—混凝土过渡段变形协调、应力分布均匀,设计合理。

[关键词]　顶推　钢导梁　钢—混凝土过渡段　局部应力　设计分析

1　引言

京新高速公路上地桥位于圆曲线(半径920m)+缓和曲线(A=474.76m)+直线及纵坡(2.0%)+竖曲线(半径11 000m)+纵坡(-1.478%)上。大桥采用46m+46m+230m+98m+90m独塔单索面预应力混凝土斜拉桥,以19°的斜交角度跨越既有地铁十三号线、京包铁路和在建的京张城际铁路,跨越上述铁路的主梁主跨B段212m的现浇预应力混凝土箱梁(图1),采用塔后预制、单点顶推213m就位,顶推箱梁自重25 000t、宽35.5m和最大悬臂63m的综合技术指标刷新了国内外混凝土曲线箱梁顶推(拖拉)施工的纪录。图1为上地斜拉桥主梁顶推施工起始状态。

钢导梁预埋于混凝土箱梁端部,通过剪力连接件和混凝土箱梁连接成整体,以传递顶推过程中的弯矩和剪力。钢导梁预埋段长度为4m,为保证钢—混凝土过渡段钢梁与混凝土箱梁共同工作,确保可靠传力,钢梁顶板、底板以及腹板和混凝土接触面均设置了剪力连接件。由于预埋段结合部受力性能复杂,抗剪连接件的设计对确保顶推施工中的安全性具有重要意义,而现行规范尚缺乏相关的设计公式,需要对钢导梁预埋段结合部进行精细有限元分析,重点关注钢梁与混凝土的界面行为，为综合评价结合部连接件设计的安全性与可靠性提供依据。

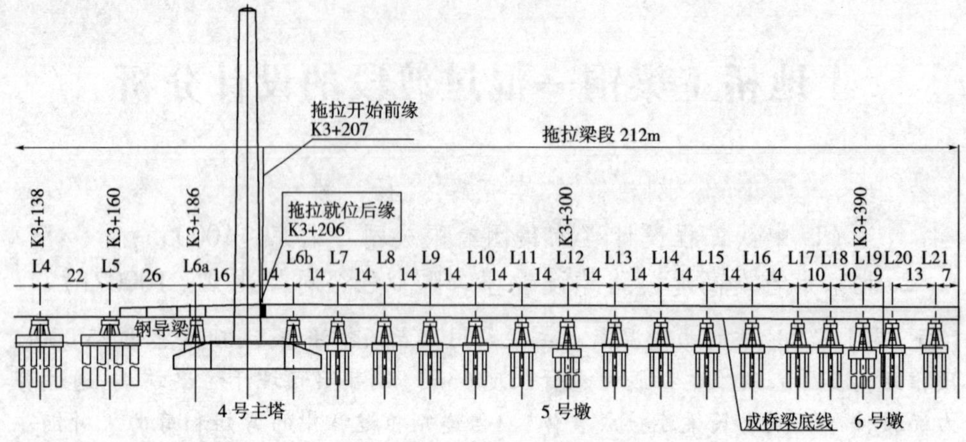

图 1　上地斜拉桥主梁顶推施工起始状态

2　有限元模型的建立

2.1　分析假定

钢导梁全长 44m，分三段预制，现场高强螺栓拼装，结合部长度为 4m，如图 2 所示。图 3 所示为预埋段结合部横断面图，钢导梁沿横向设置两道，采用闭口箱形截面，顶板和底板通过栓钉连接件与混凝土上下翼缘相连，混凝土箱梁腹板增厚至 1 780mm 与钢梁的两道腹板通过栓钉连接件相连。

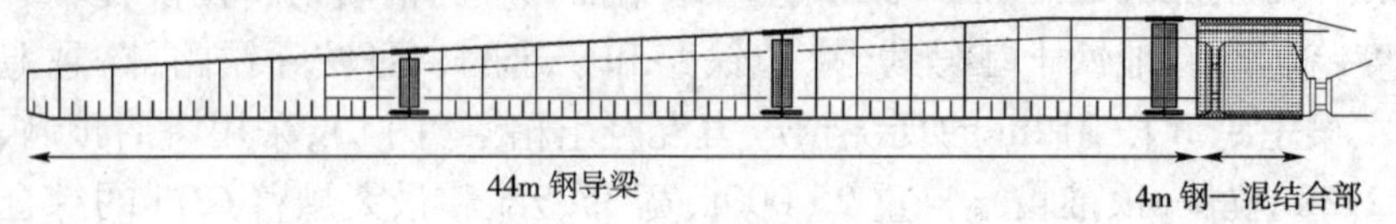

图 2　钢导梁纵向布置图

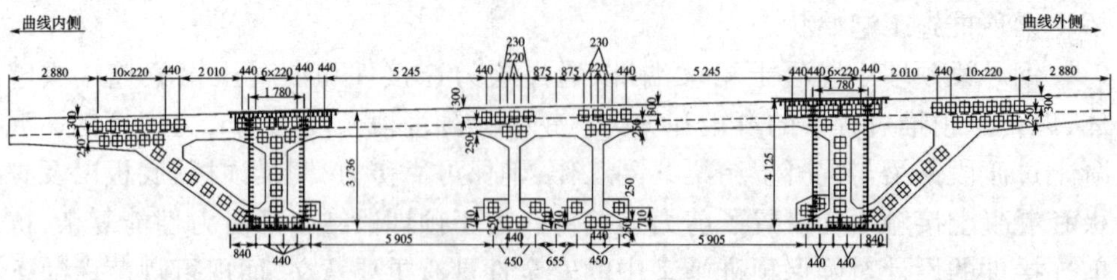

图 3　结合部横断面图

对钢—混过渡段的分析作如下假定。

(1)仅选取结合部范围内的钢梁和混凝土箱梁进行分析,采用的最不利内力按照设计单位在钢导梁设计说明中提供的设计内力选取。

(2)不计横坡对结构的影响。

(3)选取半侧结构进行分析,钢导梁截面高度取实际两根导梁的平均值,对应的设计内力也按平均值选取。

(4)为简化计算,同时偏于安全考虑,不考虑钢板与混凝土自然粘结对界面抗剪的贡献,仅考虑栓钉对界面抗剪的贡献。由于端部锚垫板以及钢导梁上下翼缘加劲肋均未和混凝土之间设置抗剪连接件,故在模型中不予考虑。

(5)栓钉在平面内两个正交方向的抗剪刚度均按下式计算:

$$k = 0.66V_u$$

式中,V_u 为栓钉抗剪承载力设计值,按《钢结构设计规范》的建议取值。V_u 以单位 N 代入上式,栓钉刚度 k 的单位为 N/mm。

(6)不计算栓钉的抗掀起作用。

2.2 单元选取和网格划分

局部模型主要由以下四部分组成。

(1)混凝土箱梁:采用 8 节点六面体全积分 7 号实体单元。

(2)钢导梁和加载梁:采用 4 节点四边形 75 号空间厚壳单元,能考虑壳的剪切变形。

(3)预应力钢筋:采用 2 节点 9 号空间桁架单元。

(4)栓钉:采用线性弹簧单元模拟平面内剪切滑移效应,平面外自由度采用节点连接进行耦合,每个栓钉位置建立两个平面内弹簧和一个平面外节点连接。

为保证预应力筋和混凝土箱梁变形协调,将预应力筋单元埋入混凝土单元,该模型为组合式钢筋混凝土模型,预应力筋单元节点位移自由度不在整体刚度矩阵中出现,计算时通过位移差值自动满足位移协调条件,该模型能准确模拟预应力筋的位置,但预应力筋和混凝土之间的滑移效应无法考虑。

2.3 荷载工况和边界条件

(1)正弯矩工况边界条件。

图 4 为正弯矩工况边界条件示意图。采用悬臂梁的支座静定边界条件,结合部通过界面弹簧将混凝土箱梁和钢导梁连接在一起,加载梁和钢导梁在另一侧相连。由于结合部承受最大正弯矩的时候,处于连续梁的跨中位置,因此剪

力较小，主要以弯矩控制设计，因此，通过在加载梁端施加一对力偶，使结合部范围内承受均匀的最大正弯矩 $M_{max,P}$，其值为 53 210.5kN·m，施加的荷载只需满足下式即可：

$$M_{max,P}=P\cdot l$$

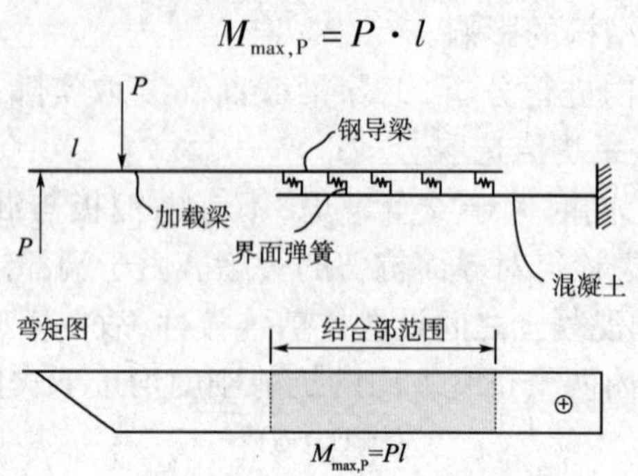

图4　正弯矩工况边界条件示意图

(2)负弯矩工况边界条件。

采用悬臂梁的支座静定边界条件，结合部通过界面弹簧将混凝土箱梁和钢导梁连接在一起，加载梁和钢导梁在另一侧相连。钢导梁梁端承受最大负弯矩的时候，恰好是支座位于钢导梁梁端，钢导梁全长处于悬臂状态，此时，钢导梁截面不仅承受负弯矩，而且还承受较大的剪力，结合部承受弯矩和剪力的共同作用。最大负弯矩 $M_{max,N}$ 取 40 369.5kN·m，最大剪力 V_{max} 取 12 180.5kN。

如图5所示，通过在加载梁施加荷载 P_1 和 P_2，同时对结合部施加自重荷载 W，当 P_1 和 P_2 满足下式时，即可保证结合部承受与实际结构相同的弯矩和剪力。

$$M_{max,N}=P_1\cdot(l_1+l_2)-P_2\cdot l_2$$

$$V_{max}=P_2-P_1$$

此外，由于取一般结构进行分析，还需对结构施加对称边界条件；为了施加预应力，对预应力筋单元施加降温边界条件。

3　正弯矩工况有限元分析结果

3.1　整体变形

结构总体变形云图如图6所示，由于纵向预应力的存在以及钢导梁梁端正弯矩的施加，结构纵向（Z 向）有明显的压缩变形，竖向（Y 向）发生了局部弯曲变形。

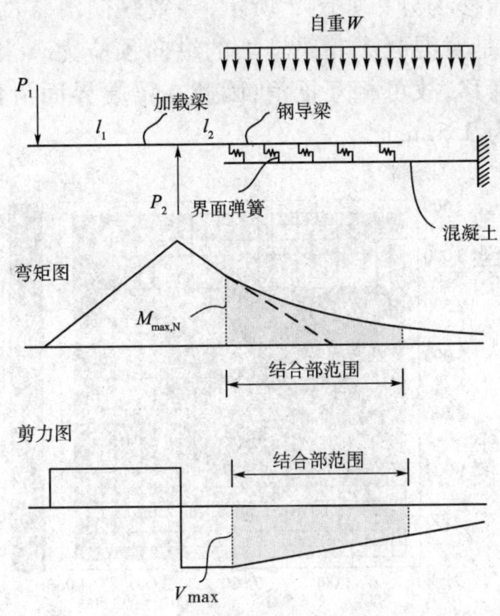

图5　负弯矩工况边界条件示意图

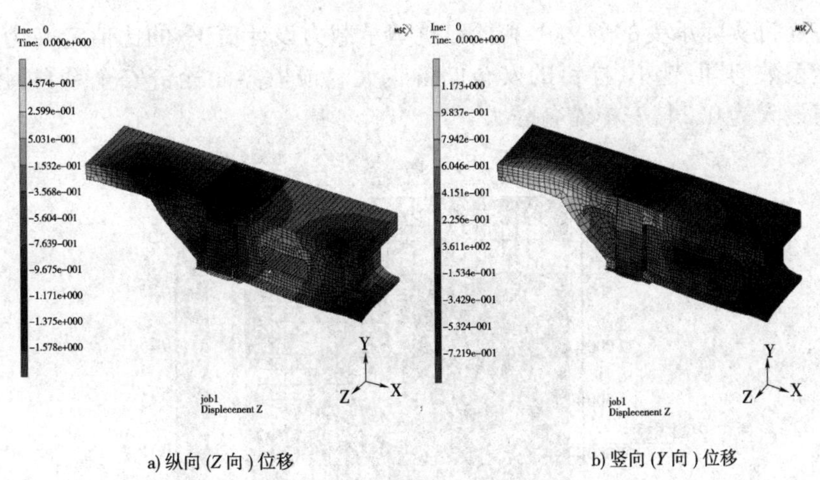

a) 纵向 (Z 向) 位移　　　　b) 竖向 (Y 向) 位移

图6　结构总体变形云图

3.2　界面滑移和剪力分布

由于正弯矩工况结合部仅承受纯弯作用,因此钢导梁预埋段各界面主要发生纵向(Z 向)滑移,其界面剪力也沿纵向分布。

顶板界面纵向滑移场分布如图 7 所示，导致纵向滑移的因素有两个：一是导梁传来的弯矩，二是对混凝土箱梁施加的纵向预应力。当为正弯矩时，两者产生的滑移为反向滑移，故可相互抵消，因此在梁端界面滑移较小。顶板界面的最大纵向滑移约为 0.52mm。

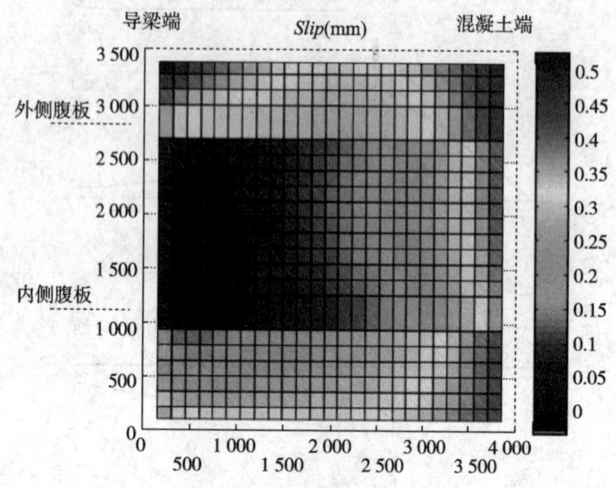

图 7　顶板界面纵向滑移场

将栓钉实际承受的剪力 V 和栓钉抗剪承载力设计值 V_u 的比值定义为栓钉的安全系数，其值越小，栓钉的安全储备越大。顶板界面栓钉安全系数（图 8）绝对值最大为 0.34，安全储备较大。

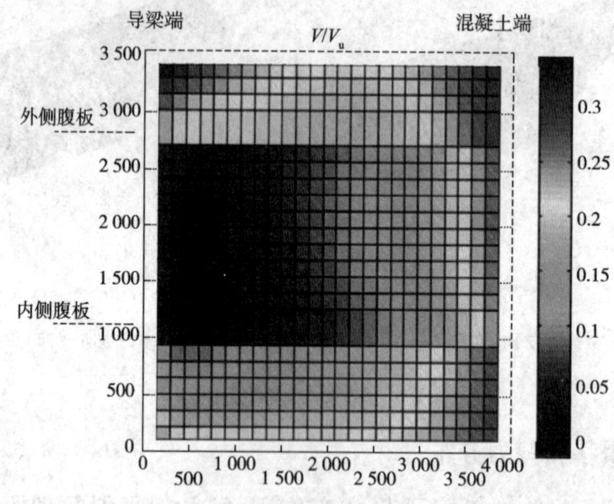

图 8　顶板界面栓钉安全系数

底板界面纵向滑移场如图9所示,纵向预应力和正弯矩导致的底板滑移同向,因此两者叠加,对栓钉受力更为不利,在导梁端部,底板纵向滑移较大,约为0.95mm。底板栓钉承载力安全系数(图10)绝对值最大为0.63,有较大的安全储备。

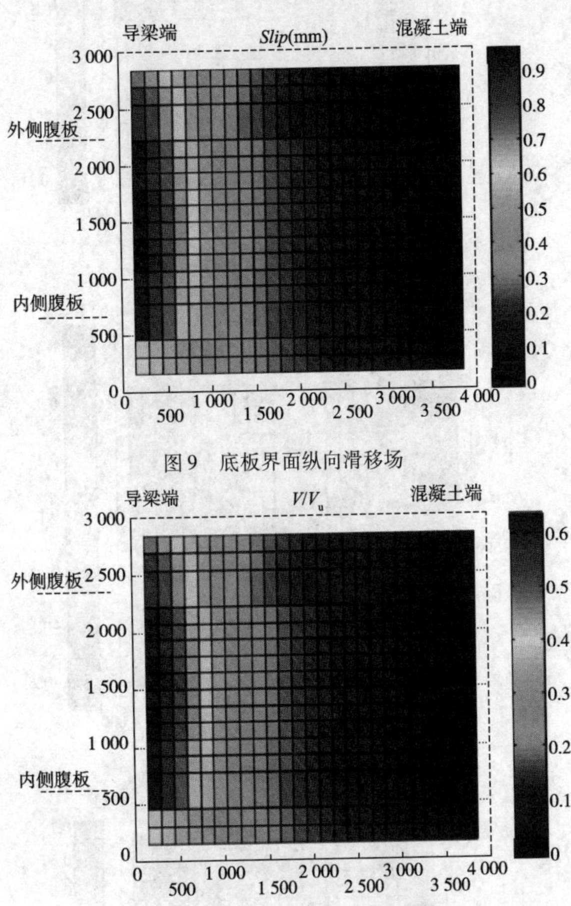

图9　底板界面纵向滑移场

图10　底板界面栓钉安全系数

外侧腹板界面纵向滑移场如图11所示,纵向滑移最大发生于钢导梁端底板附近角部,约为0.65mm。外侧腹板栓钉承载力安全系数(图12)绝对值最大为0.43,有较大的安全储备。

内侧腹板界面纵向滑移场如图13所示,纵向滑移最大发生于钢导梁端底板附近角部,约为0.71mm。内侧腹板栓钉承载力安全系数(图14)绝对值最大为0.47,有较大的安全储备。

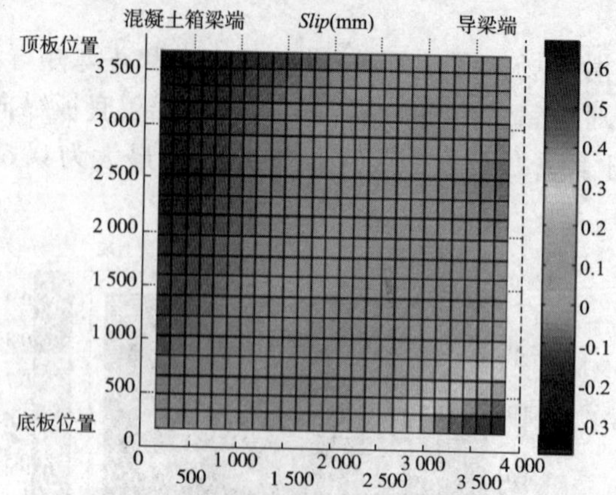

图 11 外侧腹板界面纵向滑移场

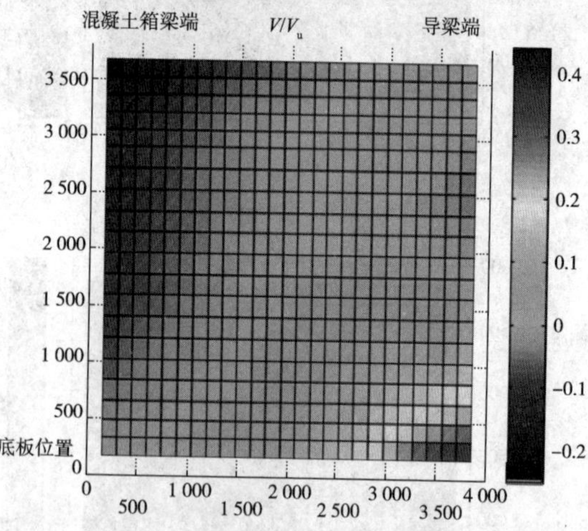

图 12 外侧腹板界面栓钉安全系数

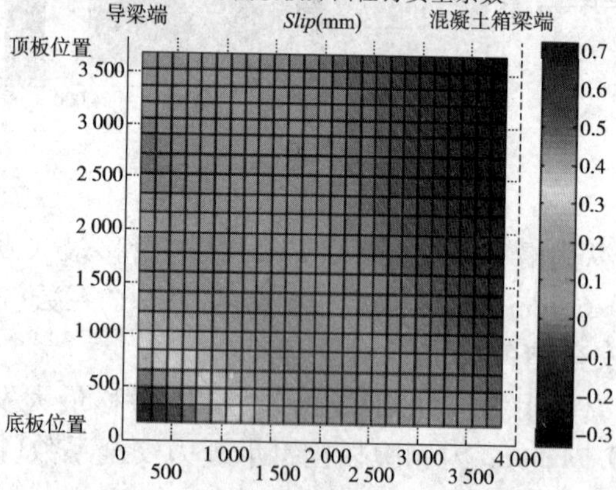

图 13 内侧腹板界面纵向滑移场

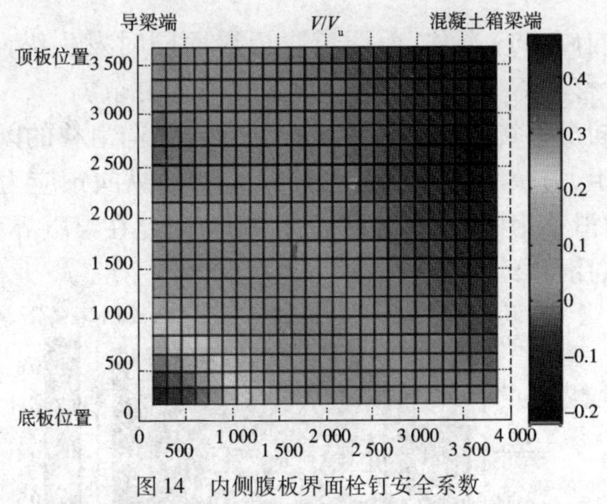

图 14　内侧腹板界面栓钉安全系数

4　负弯矩工况有限元分析结果

4.1　整体变形

结构总体变形云图如图 15 所示，由于纵向预应力的存在以及钢导梁梁端负弯矩的施加，结构纵向（Z 向）有明显的压缩变形，竖向（Y 向）发生了局部弯曲变形。

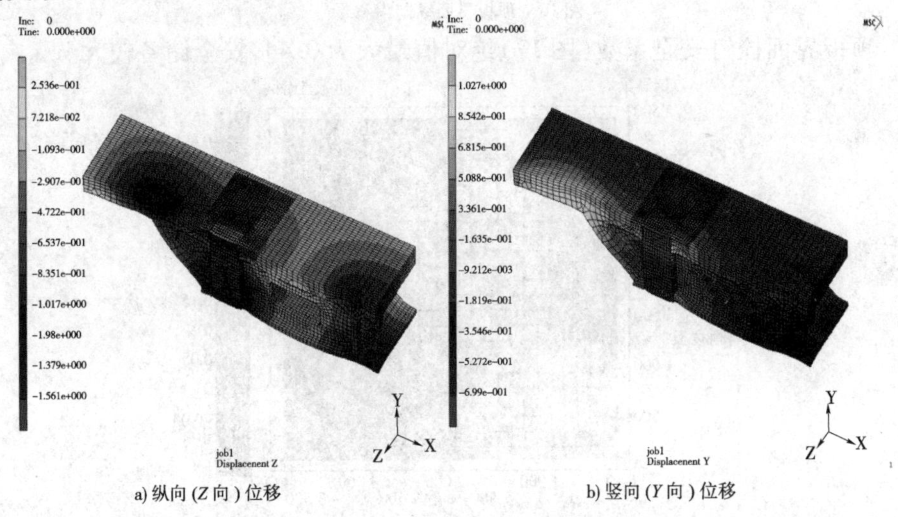

a) 纵向 (Z 向) 位移　　b) 竖向 (Y 向) 位移

图 15　结构总体变形云图

4.2　界面滑移和剪力分布

由于负弯矩工况结合部承受弯矩和剪力的复合作用，钢导梁预埋段顶底板界面主要发生纵向（Z 向）滑移，而两道腹板界面同时发生纵向（Z 向）和竖向（Y 向）滑移，其滑移和剪力分布较正弯矩工况更为复杂。

顶板界面纵向滑移场分布如图 16 所示，导致纵向滑移的因素有两个，一个是导梁传来的弯矩，另一个是对混凝土箱梁施加的纵向预应力，当弯矩为负弯矩时，两者产生的滑移为同向滑移，两者相叠加，因此在梁端界面滑移较大。顶板界面的最大纵向滑移约为 0.67mm。

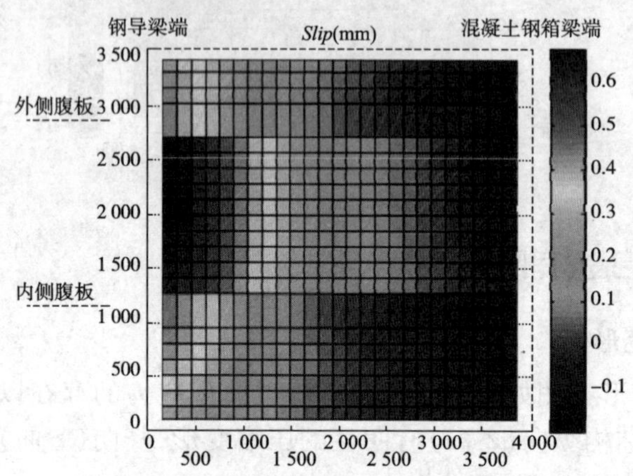

图 16　顶板界面纵向滑移场

顶板界面栓钉安全系数（图 17）绝对值最大为 0.44，安全储备较大。

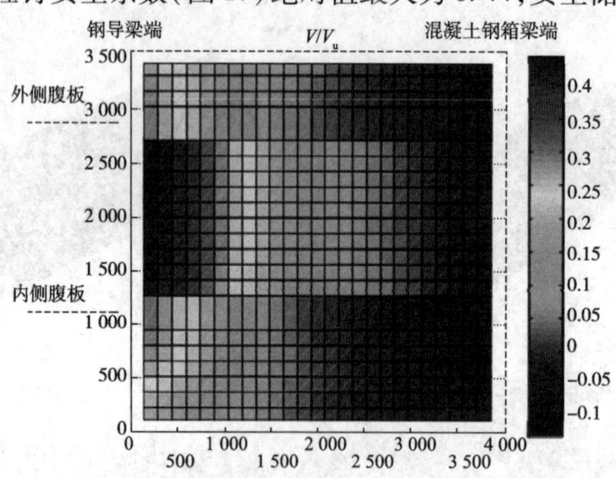

图 17　顶板界面栓钉安全系数

底板界面纵向滑移场如图 18 所示，纵向预应力和正弯矩导致的底板滑移反向，因此两者抵消，在导梁端部，底板纵向滑移较小，底板界面的最大纵向滑移约为0.38mm。底板栓钉承载力安全系数(图19)其绝对值最大为0.25,有较大的安全储备。

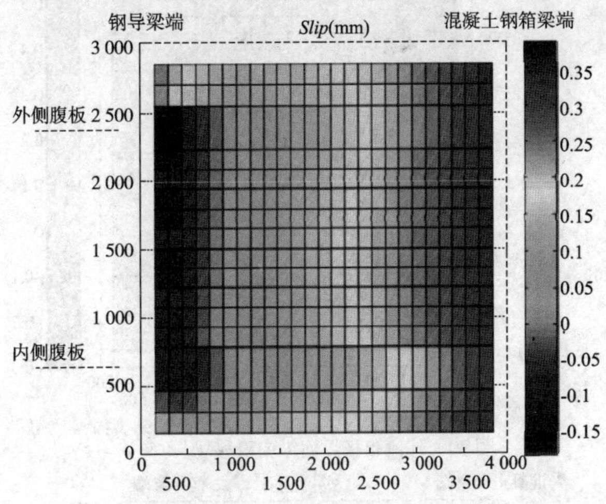

图18 底板界面纵向滑移场

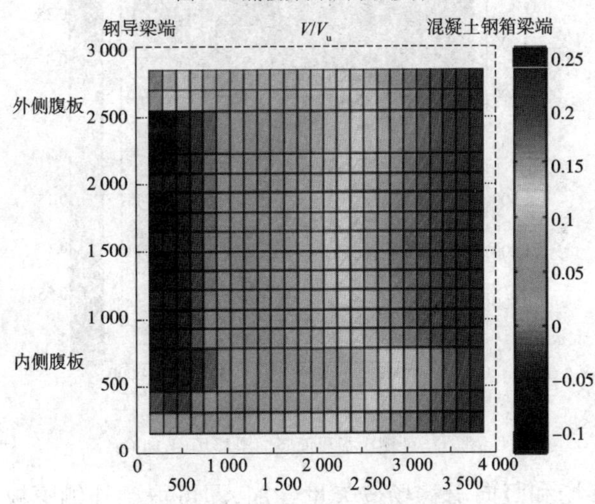

图19 底板界面栓钉安全系数

外侧腹板界面纵向滑移场如图20所示,该滑移主要由弯曲作用引起,纵向滑移最大发生于钢导梁端顶板附近角部,约为0.6mm;外侧腹板界面竖向滑移场如图21所示,该滑移主要由剪切作用引起,竖向滑移最大发生于钢导梁端附近,约0.4mm,当剪力由钢导梁传递至混凝土箱梁后,界面竖向滑移量就很小。

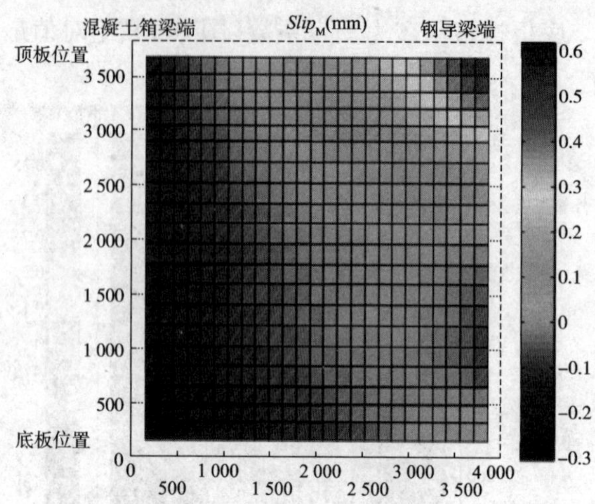

图20　外侧腹板界面纵向滑移场(Z向)

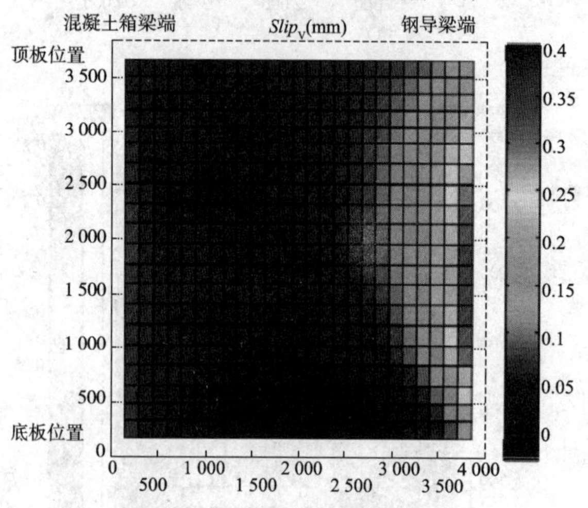

图21　外侧腹板界面竖向滑移场(Y向)

将纵向滑移场和竖向滑移场按矢量叠加,即可得到外侧腹板界面的总滑移场(图22),最大总滑移发生在钢导梁端顶板附近角部,约为0.63mm;外侧腹板栓钉承载力安全系数(图23)绝对值最大为0.42,有较大的安全储备。

内侧腹板界面纵向滑移场如图24所示,该滑移主要由弯曲作用引起,纵向滑移最大发生于钢导梁端顶板附近角部,约为0.56mm;内侧腹板界面竖向滑移场如图25所示,该滑移主要由剪切作用引起,竖向滑移最大发生于钢导梁端附近,约0.44mm,当剪力由钢导梁传递至混凝土箱梁后,界面竖向滑移量就很小。

图 22　外侧腹板界面总滑移场

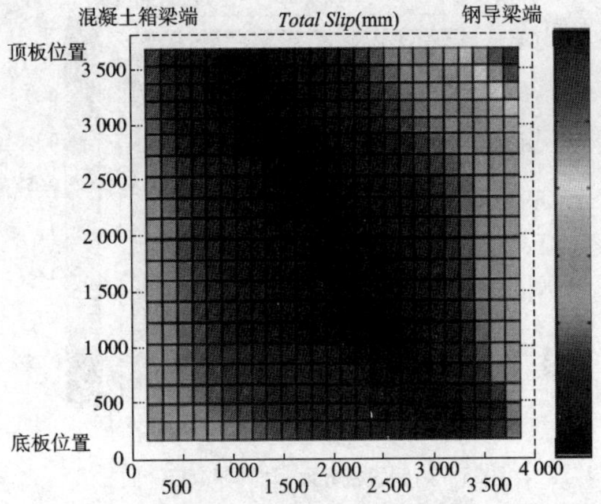

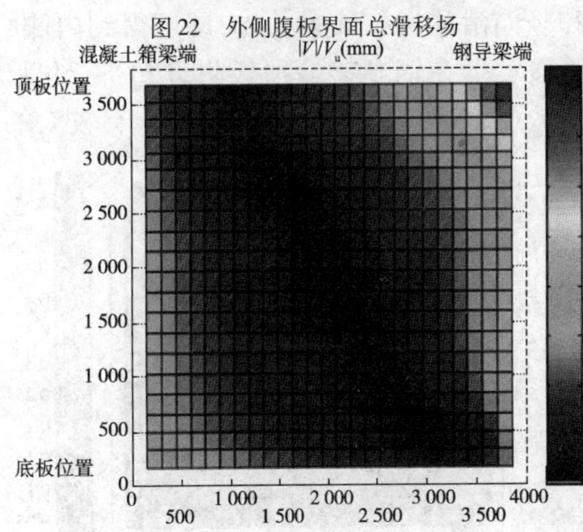

图 23　外侧腹板界面栓钉安全系数

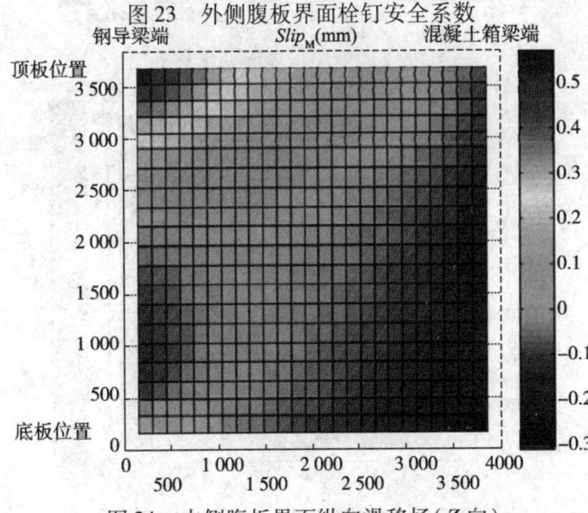

图 24　内侧腹板界面纵向滑移场（Z 向）

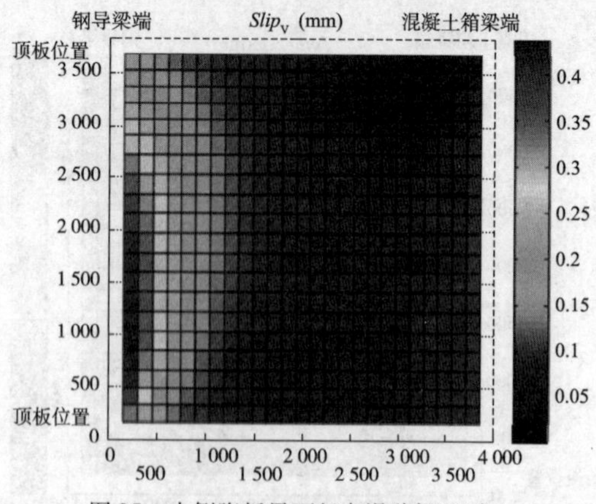

图 25　内侧腹板界面竖向滑移场(Y 向)

将纵向滑移场和竖向滑移场按矢量叠加,即可得到内侧腹板界面的总滑移场(图 26),最大总滑移发生在钢导梁端顶板附近角部,约为 0.58mm。内侧腹板栓钉承载力安全系数(图 27)绝对值最大为 0.38,有较大的安全储备。

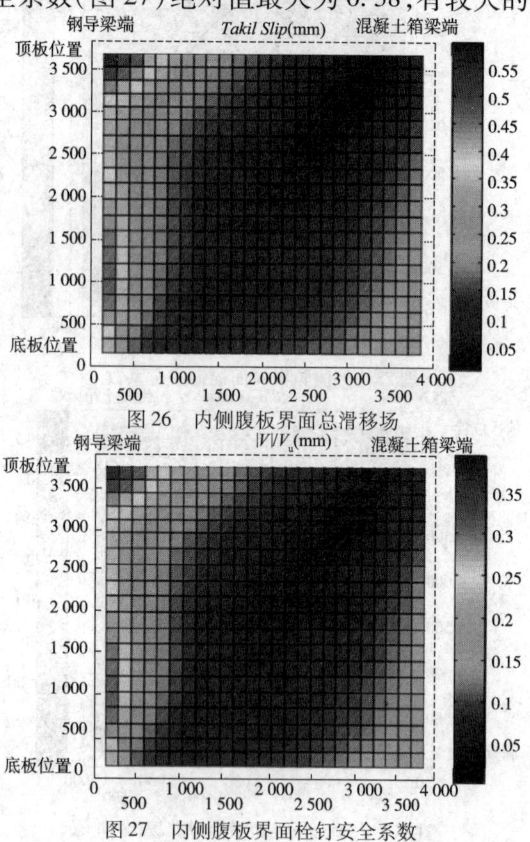

图 26　内侧腹板界面总滑移场

图 27　内侧腹板界面栓钉安全系数

5 最大悬臂时的局部应力

主梁 B 段顶推过程的最不利荷载工况为悬臂 63m 时，该种工况下的钢—混凝土过渡段主拉应力云图如图 28 所示，最大主拉应力不大于 2.9MPa。

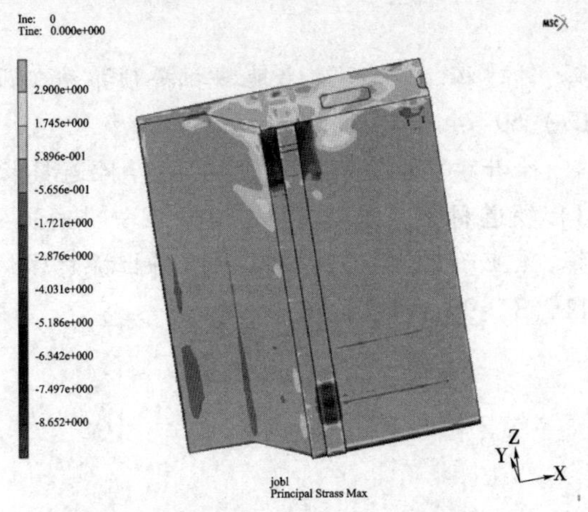

图 28 钢—混凝土过渡段主拉应力云图

6 结语

对钢导梁预埋段结合部界面受力性能进行分析，得到了最大正弯矩工况和最大负弯矩工况的钢—混凝土界面滑移分布场、栓钉承载力安全储备 V/V_u 以及安全系数 $K = V_u/V$，见下表。

栓钉安全储备计算结果汇总表

荷载工况	位置	V/V_u	K
最大正弯矩工况	顶板	0.34	2.94
	底板	0.63	1.59
	外侧腹板	0.43	2.33
	内侧腹板	0.47	2.13
最大负弯矩工况	顶板	0.44	2.27
	底板	0.25	4.00
	外侧腹板	0.42	2.38
	内侧腹板	0.38	2.63

从上表中可知栓钉的安全系数在 1.59 ~ 4.00，大于钢桥施工阶段的安全系

数1.7 / 1.25 = 1.36，界面连接可靠，钢—混凝土过渡段变形协调、应力分布均匀，设计合理。2011年5月，大桥的曲线混凝土主梁顶推顺利完成，钢—混凝土过渡段工作性能优良，没有出现裂缝。

参考文献

[1] 焦亚萌，刘永锋，钟建辉. 京新高速上地斜拉桥顶推施工设计[J]. 铁道标准设计，2012，(07)：69-74.

[2] 聂建国，陶慕轩，徐升桥，刘永锋. 斜拉桥塔梁弹性连接拉索锚固块局部受力性能分析[J]. 铁道科学与工程学报，2010，(增刊)：36-40.

[3] 钟建辉，刘永锋，焦亚萌. 京包高速公路上地斜拉桥总体结构静力分析[J]. 铁道勘察，2011，(3)：99-101.

上地斜拉桥拉索的亮化系统抗风设计与MR阻尼器减振

陈政清[1] 徐升桥[2] 资道铭[3]
(1. 湖南大学风工程研究中心 长沙 410012；
2. 中铁工程设计咨询集团有限公司 北京 100055；
3. 柳州OVM集团公司 柳州 545005)

[摘 要] 上地斜拉桥拉索最大长度230m，且安装了LED亮化灯具。经抗风研究后优化了灯具系统设计，使拉索截面仍保持圆形。为抑制拉索可能发生的风雨驰振与涡激振动，在全部拉索上安装了湖南大学开发、OVM公司制造的永磁式磁流变阻尼器(MR阻尼器)。经过近两年的现场风雨环境考验，达到了预期的拉索抗风要求。

[关键词] 斜拉桥 拉索 振动控制 磁流变阻尼器 亮化工程

1 拉索亮化工程的抗风研究

上地独塔斜拉桥主梁为单箱五室预应力混凝土箱梁，桥宽为35.5m，主梁中心高为3.52m。桥塔为混凝土桥塔，采用塔、墩固结体系，主梁支撑于塔墩上，塔高99m，拉索布置为双索面22对斜拉索，拉索纵向呈扇形布置，总体布置如图1所示，最长斜拉索长度为222m。为了美化桥梁及周围环境，计划在斜拉

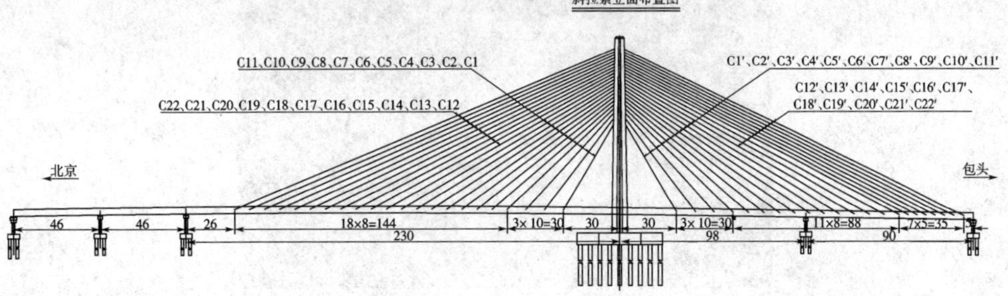

图1 上地斜拉桥总体布置图

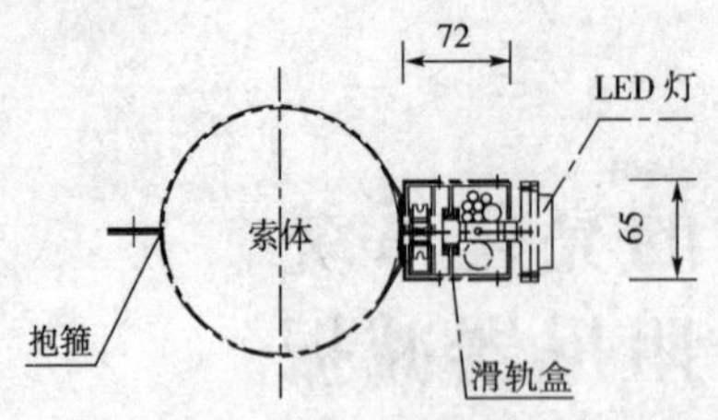

图 2　景观灯具布置的原设计方案截面图

索上布置景观灯具，亮化工程承担单位提出的原设计的景观灯具布置截面图如图 2 所示。该方案计划在每根拉索上加装一根通长的矩形轨道，在轨道上安装灯具。这一方案将拉索截面由圆形变为了圆形与矩形截面的组合。计算流体力学的模拟分析和文献资料调研表明，此截面形状对拉索抗风极为不利。依据抗风要求重新修改了亮化系统设计。优化后的设计方案（图 3）拉索截面保持为圆形，仅每隔 4.5m 设置的直流电源在局部位置稍有突出。考虑到安装灯具后拉索截面直径有所增加，风荷载与涡振风速也会相应有所增加，为慎重起见，对最后确定的灯具安装方案进行了节段模型风洞试验（图 4）和全桥风荷载效应的计算。

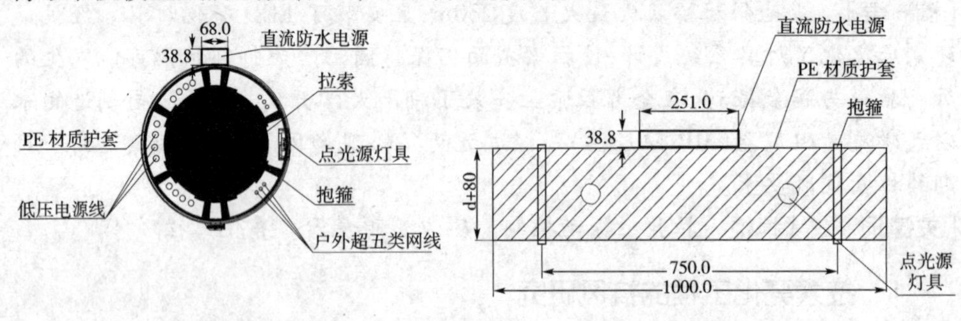

a) 斜拉索外灯具断面示意图　　b) 斜拉索外灯具正面示意图

图 3　按抗风要求优化后的灯具安装方案（单位：mm）

图 4　带灯具的斜拉索节段模型风洞试验

研究表明：

(1)在设计风速 $V_d=27.01\text{m/s}$ 时，成桥状态横桥向风荷载作用下，4 号桥塔塔顶横桥向位移为 $7.63\times10^{-4}\text{m}$，3 号墩与 4 号桥塔之间主梁跨中横桥向位移为 $1.28\times10^{-4}\text{m}$，主梁在 4 号塔塔梁交接处的横桥向弯矩为 $-2.17\times10^{6}\text{N}\cdot\text{m}$；

(2)在设计风速 $V_d=27.01\text{m/s}$ 时，成桥状态在顺桥向风荷载作用下，4 号桥塔塔顶顺桥向位移为 $3.52\times10^{-3}\text{m}$，梁端顺桥向位移为 $2.84\times10^{-3}\text{m}$；4 号桥塔 12 截面顺桥向弯矩为 $-6.08\times10^{6}\text{N}\cdot\text{m}$；

(3)如果将拉索阻尼比提高到 0.005 以上，可以将拉索涡振的最大振幅控制在 $0.01D$ 以下，D 是拉索直径；

(4)考虑到拉索可能发生的风雨驰振和涡振，建议在拉索与主梁之间安装永磁式磁流变阻尼器(MR 阻尼器)，经计算分析，可以达到抑制拉索振动的要求。

2　永磁式磁流变阻尼器的拉索减振系统

磁流变阻尼器(Magneto Rheological Damper，简称 MR 阻尼器)是利用磁流变液在磁场作用下的快速可变特性而制造的一种智能装置，通过对磁场强度的调节来改变阻尼力大小。2002 年，MR 阻尼器用于抑制洞庭湖斜拉桥拉索的剧烈风雨振，收到了很好的效果，被评价为是在 MR 阻尼器世界上首次应用于桥梁工程[1]。电控式的 MR 阻尼器[2]，需要持续的供电，其供电线路在某些应用场合(如开放式的桥梁)易受到人为破坏。为此湖南大学风工程研究中心设计开发了一种新型 MR 阻尼器，使用永磁体直接调节磁场强度来改变阻尼力的大小，并将其应用于长沙洪山大桥的拉索减振，经八年使用证明，收到了非常好的减振效果。由于这种 MR 阻尼器不需要供电，有效地解决了其他 MR 阻尼器需要供电系统所带来的问题，并且使得这一种 MR 减振系统更加简单、可靠，也更加美观。

与油阻尼器相比，MR 阻尼器的阻尼力连续逆顺可调，通过改变阻尼力的大小可改变拉索的模态阻尼比，使每根拉索都达到最优的减振效果，结构简单，安装方便；将阻尼器工作介质置换为普通液压油或硅油而制成的油阻尼器同样能够控制拉索的振动，但油阻尼器的阻尼力大小调节比较困难，难以保证每根拉索都达到最优的减振效果。

2.1　永磁式磁流变阻尼器的性能

为了检验 MR 阻尼器的阻尼性能，制作了一个专用的阻尼器加载试验台。

试验装置与测量仪器包括：试验台、变频器、电动机、力传感器、位移传感器、东华数据采集系统等，如图 5 所示。为了对比分析 MR 阻尼器与一般的油阻尼器的性能，我们同时制作了具有相同机械参数的两个液压油、两个硅油阻尼器进行对比试验。阻尼器在振幅为 ±2.5mm，频率为 2.0Hz 时的 MR 阻尼器与油阻尼器位移—阻尼力滞回曲线分别如图 6a）、图 6b）所示。这一工况是阻尼器抑制拉索振动的一种典型工作状态。由图 6 可见，MR 阻尼器的滞回曲线近似为矩形，油阻尼器的滞回曲线近似为椭圆。在相同的最大阻尼力的情况下，前者循环一周所消耗的能量比后者大 12% ~ 16%，这是 MR 阻尼器的优点之一。

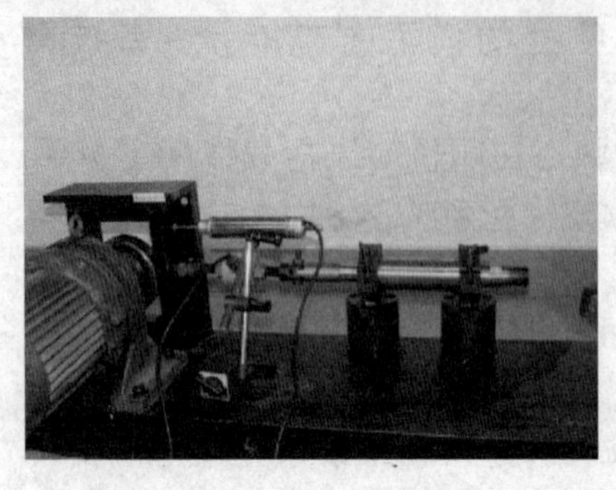

图 5　阻尼器测力实验

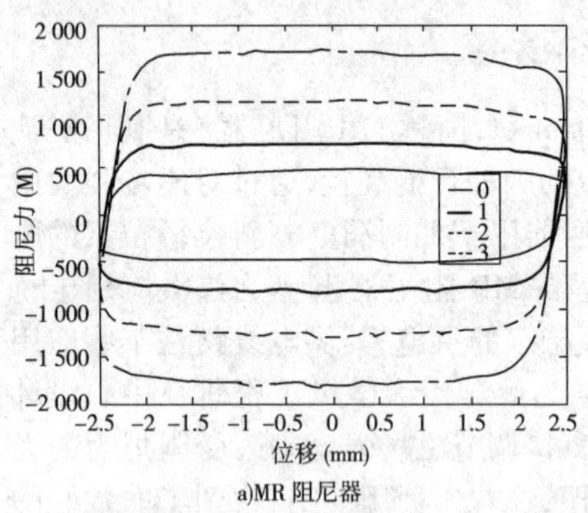

a)MR 阻尼器

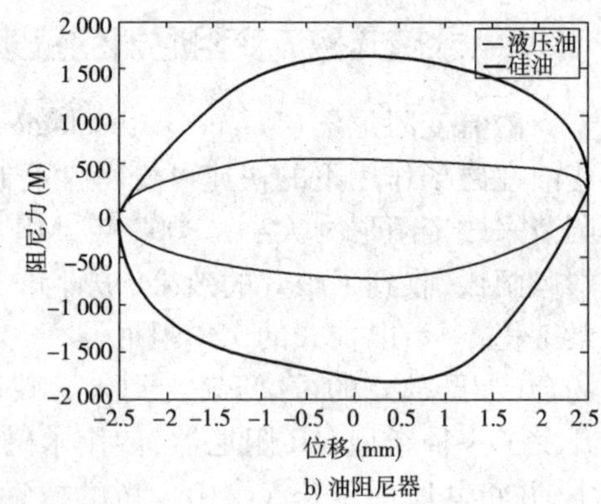

b) 油阻尼器

图 6　阻尼力与活塞位移的关系

MR 阻尼器与油阻尼器活塞杆的运动速度与阻尼力的关系分别如图 7a）、图 7b）所示。从图 7a）可知：速度对 MR 阻尼器阻尼力的影响较小，主要决定于磁场强度，即 MR 阻尼器主要表现为可控库仑阻尼。从图 7b）可知：油阻尼器的阻尼力与活塞杆的运动速度近似呈线性关系，即油阻尼器表现为黏滞阻尼，在小速度、小位移下阻尼力非常小。因此，在拉索小幅振动的情况下，MR 阻尼器的阻尼力特性能够保证其提供足够的阻尼力来控制拉索的振动，这是 MR 阻尼器的优点之二。第三，测试表明，MR 阻尼器比液压油阻尼器具有更好的温度稳定性。

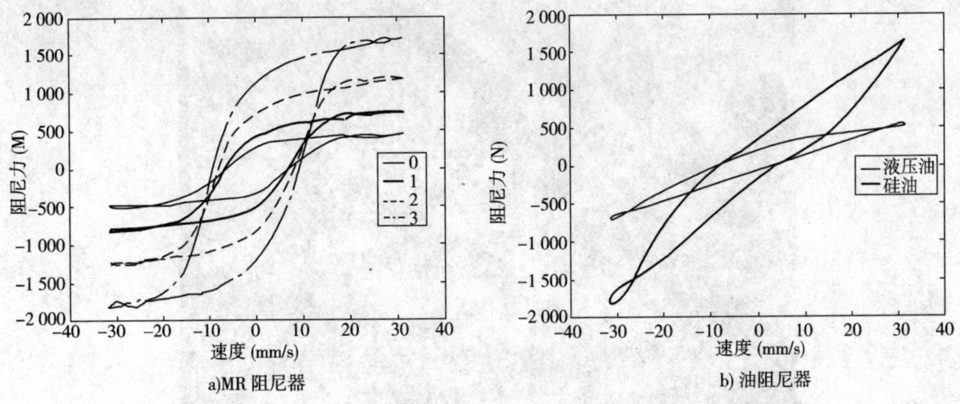

图7 阻尼力与活塞速度的关系

2.2 MR 阻尼器在长沙洪山桥拉索减振中的应用

长沙洪山桥是一座无背索斜塔竖琴式斜拉桥[3]，它横跨浏阳河，连接长沙北二环线。其主跨 206m，全桥共设有拉索 13 对，其中最长拉索 289.3m。在大桥施工期间拉索发生了较大幅度的风致振动，为了从根本上解决拉索的大幅振动问题，湖南大学风工程研究中心提出了在高出人行道面 1.5m 处安装 MR 阻尼器是解决该桥拉索大幅振动的最佳方案（图 2），并承担了该桥的拉索减振工程。2005 年全桥拉索安装了永磁式磁流变阻尼器，7 年来减振性能良好，经历过 2006 年 30m/s 的大风雨考验。阻尼器不仅抑制了拉索振动，而且对重型车辆引起的桥面振动也有明显的减振效果。2009 年，OVM 公司获得湖南大学风工程研究中心的专利使用许可，掌握了永磁式 MR 阻尼器的全套制造安装技术，形成了生产和检验能力，具备了承担拉索减振工程的能力，产品定名为 HD-MR 阻尼器。

2.3 上地斜拉桥的永磁式 MR 阻尼器减振工程

经考察上述研究工作和洪山桥样板工程，业主和设计方确定采用永磁式 MR 阻尼器抑制上地斜拉桥拉索可能发生的大幅风致振动。OVM 公司中标承担了全部拉索的减振器制造和安装工程。项目于 2011 年 11 月开工，2012 年 2 月完成，共安装 88 套拉索减振器，每索一套，每套由两个 HDMR 阻尼器、索夹和支柱构成，如图 8 所示。图 9 为阻尼器出厂检验实况。

图8　安装在上地斜拉桥的 HDMR 拉索减振器

图9　OVM 公司逐件检验 HDMR 阻尼器

2012 年 2 月 24 日至 3 月 2 日，湖南科技大学对安装了 HDMR 永磁调节式磁流变阻尼器的部分拉索进行了减振效果的实桥检测试验。试验采用了能准确测定拉索模态等效阻尼比的稳态激振试验法，图 10 为试验系统示意图。图 11 是稳态激振后 C11-N 拉索有无减振器的振动信号衰减曲线对比图。C11′N 号拉索前二阶模态减振时程曲线表明：没有安装阻尼器时拉索的第一阶模态对数衰减率(对数衰减率是模态阻尼比的6.28倍)为2.38%,第二阶模态对数衰减率为1.13%;而安装了HDMR1挡永磁调节式磁流变阻尼器后,拉索的第一阶模态对数衰减率为7.35%,第二阶模态对数衰减率为5.65%。对其他拉索的试验情况类似。

通过对该桥拉索减振的抽样检测,所检测的拉索在安装了HDMR永磁调节式磁流变阻尼器后,阻尼器对拉索减振的对数衰减率均≥3.2%,较阻尼器未安装时的对数衰减率有明显提高,可以满足拉索减振要求。

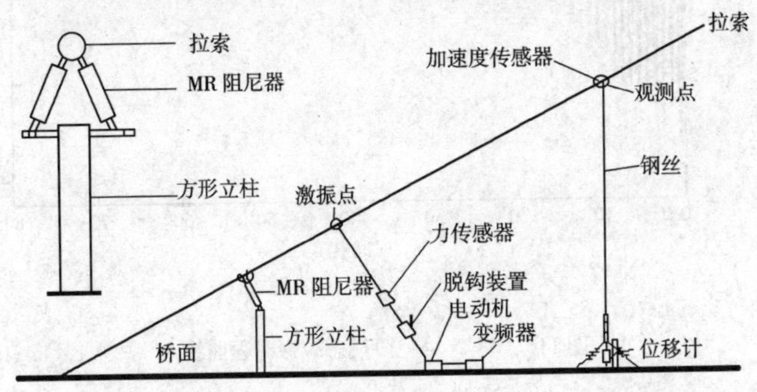

图10 试验布置图

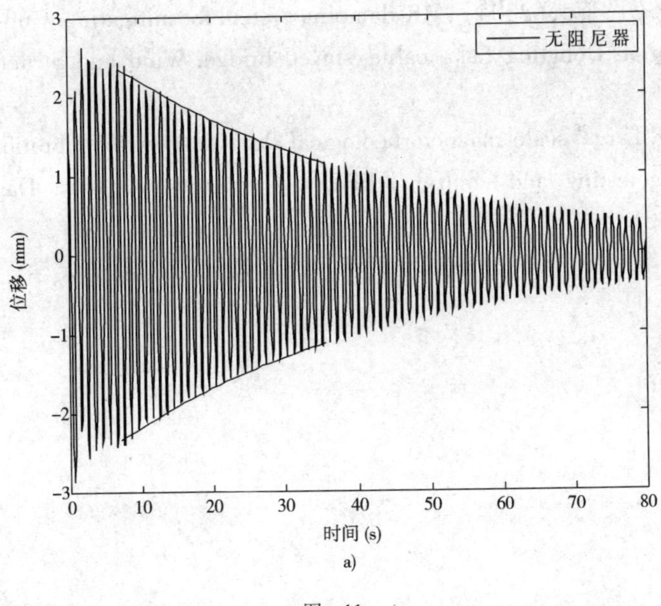

a)

图 11

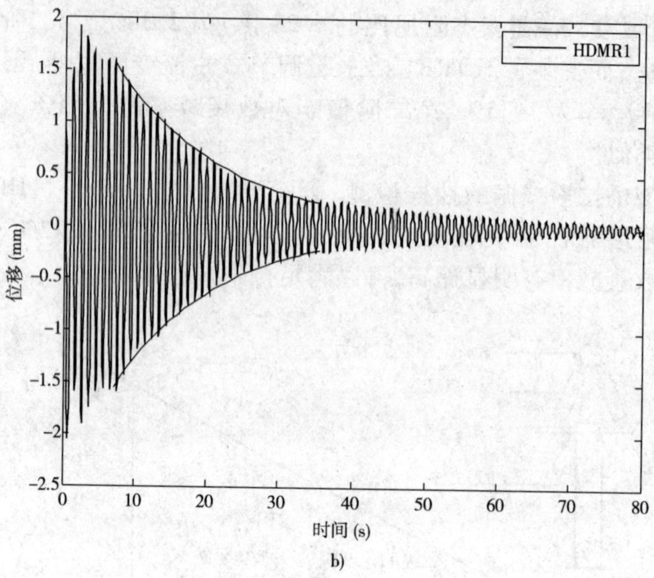

b)

图 11　C11′N 第一阶模态减振时程曲线

参考文献

[1] Chen, Z. Q., Etc, (2004), MR damping system for mitigating wind-rain induced vibration on Dongting Lake cable-stayed bridge. Wind and Structures, V7(5) 293-304.

[2] G. Yang. Large-scale magnetorheological fluid damper for vibration mitigation: modeling testing and control [PHD]. University of Notre Dame, Indiana, USA, 2001.

[3] 邵旭东等. 长沙市洪山桥竖琴式斜拉桥的设计[J]. 湖南大学学报, 2001, 28(4): 88-93.

土质深孔钻孔桩的沉渣控制技术

毛善华[1]　娄立民[2]　徐　新[1]

(1. 中铁六局集团北京铁路建设有限公司　北京　100036;
2. 北京鑫实路桥建设有限公司　北京　102206)

[摘　要]　本文介绍了位于北京市海淀区的京新高速公路(五环路—六环路段)上地斜拉桥土质深孔钻孔桩的沉渣控制技术,采用高分子聚合物浆液护壁,在市区内施工场地狭小、技术标准要求高、施工质量高的情况下有实用价值,收到了明显的社会效益和经济效益,可供技术人员参考。

[关键词]　深孔　土质钻孔桩　沉渣　控制

1　工程概况

本桥主墩采用60根直径为2.0m钻孔桩,钻孔深度约80m,最长主筋为73.643m,声测管长为73.65m。本桥桩基属于摩擦桩,采用旋挖桩基成孔。设计要求桩底沉渣不超过5cm,远大于规范要求的50cm(对桩径>1.5m或桩长>40m或土质较差的桩,≤500mm),按照常规的方法控制桩底沉渣在5cm之内,需要多次清孔,时间较长,极易产成塌孔,无法满足正常施工要求。为了满足设计要求,同时为以后类似项目积累经验,建设单位对桩底沉渣控制进行研究。

2　沉渣控制措施

为了保证沉渣在设计范围之内,主要从缩短井口作业时间和改善泥浆质量两方面进行入手。

2.1　缩短井口作业时间

主墩桩基钢筋笼自重约为15.6t,全长为73.643m,为确保钢筋笼的吊装及运输安全,对钢筋笼进行加固处理。如若采用多区段焊接,吊装次数较多,浪费大量时间;如果将32根主筋进行焊接连接,将耗费大量的工作时间,对沉渣厚度无保障,而且钢筋连接时,焊接质量也无法保证,存在很大的弊端。

为保证钢筋笼整体质量,经专家组研讨,将钢筋笼整体分为两次进行吊装、运输、焊接，下部36m吊装一次，上部37.643m吊装一次，有效地减少了钢筋笼入孔及钢筋笼连接时间，也减少静置时间，降低沉渣厚度。

通过对钢筋笼吊装方案的优化，使成孔到灌注的时间由4~6h缩短到3~4h。

2.2 改善泥浆质量

2.2.1 膨润土泥浆

泥浆的优劣是成孔质量的关键性因素，优质泥浆能够起到护壁，悬浮颗粒的作用，减少沉渣厚度。目前钻孔桩中最常见使用的为膨润土泥浆，虽然对护壁起到很好的效果，但对于本工程设计要求的不大于5cm的桩底沉渣厚度，在有效时间内，还是难以实现。

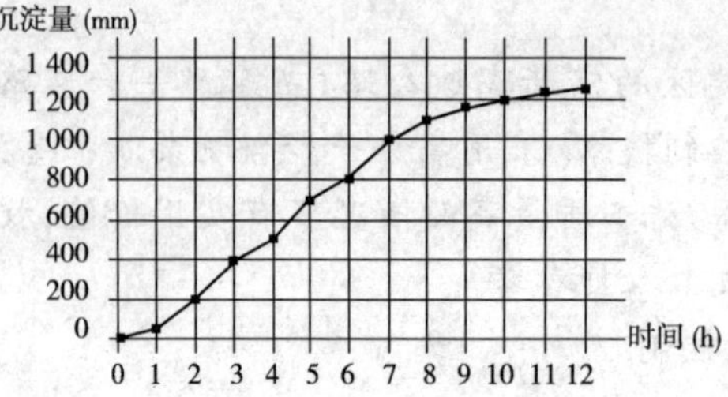

图1 第一次清孔后沉淀厚度随时间变化曲线

为此，建设单位采用膨润土泥浆护壁做试桩，量测沉淀厚度随时间的变化，如图1~图3所示（试桩，4天完成灌注，成孔到灌注封底时间，3~4h）。

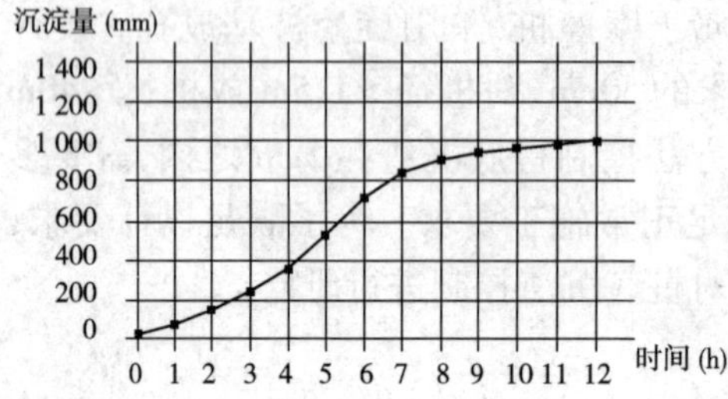

图2 第二次清孔后沉淀厚度随时间变化曲线

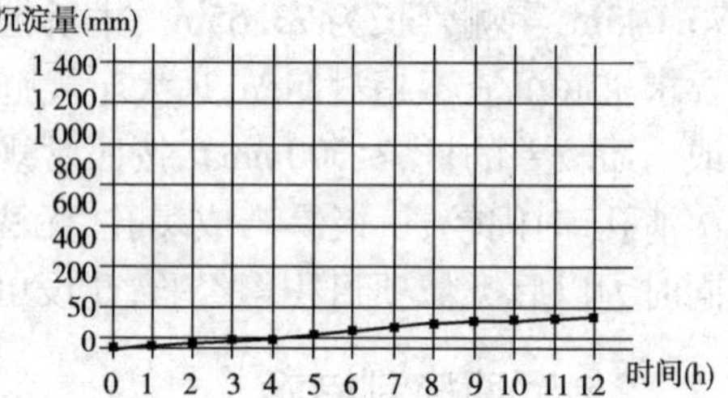

图3 第三次清孔后沉淀厚度随时间变化曲线

结论：井口作业时间为3~4h，采用传统优质膨润土泥浆护壁，其悬浮效果对颗粒的悬浮，在3次清孔后能满足施工的需要，但所用时间过长，不满足现场施工需要，因此决定通过使浆液中的大小颗粒快速沉淀的施工方法，来满足施工要求。

2.2.2 新型钻孔浆液

根据市场调查咨询，选用美国顺邦泥浆高分子聚合物适合本工程，顺邦(Shore Pac)是一种高分子人工聚合物，在水中溶解后形成分子链，使水溶液黏

度增大，可使浆液中的大小颗粒形成絮状物，使其快速沉淀。桩基施工中利用其物理性质维护孔壁、黏结钻渣、防止渗漏作用。根据新型材料要求，美国顺邦泥浆高分子聚合物不得与土壤进行直接接触，且不得与其他泥浆混合使用，所以项目部重新修建新泥浆池，泥浆池结构底板及四周为钢筋混凝土结构，体积为 $100m^3$。

2.2.3　通过试验确定高分子聚合物的拌制

首先将配浆池内加入片碱（96% NaOH），用 pH 试纸测定溶液 pH 值达到 9～10，泥浆泵用胶管连接射流搅拌器，配浆池内的水溶液在泥浆泵的作用下，经过射流搅拌器在出口处加入顺邦聚合物，混合溶液喷射到储浆池中。储浆池内放有高压空气喷射管，在高压气流作用下，使顺邦聚合物溶液中的高分子充分溶解，黏度不断增大。

确定不同配比所得的效果如下。

根据聚合物说明书，$100m^3$ 水中加入 96% NaOH 25kg，然后在 $100m^3$ 碱溶液中加入 40kg 顺邦聚合物，为确立最佳配合比，进行下列试验，如图 4、图 5 所示。

图 4　不同配比高分子聚合物泥浆试验

图 5　现场聚合物泥浆池

取已调好的碱溶液 3 份，每份 $1m^3$，分别加入顺邦聚合物量为 150g、300g、400g，直接均质溶于水，见完全溶解后测其各项性能指标，见表 1。

不同配比下的各项性能指标　　表 1

序　号	加入聚合物	稠度（s）	密度（σ）g/cm^3	含沙量（%）	pH 值
1	150g	26.5	1.008	0	9
2	300g	37.4	1.014	0	9
3	400g	53.9	1.032	0	9.5

由此可知，加入400g聚合物的溶液稠度高，比重大，因此确定$100m^3$水中加入96% NaOH量为25kg，加入顺邦聚合物量为40kg。

采用顺邦聚合物泥浆一次清孔后沉淀厚度随时间变化曲线如图6所示。

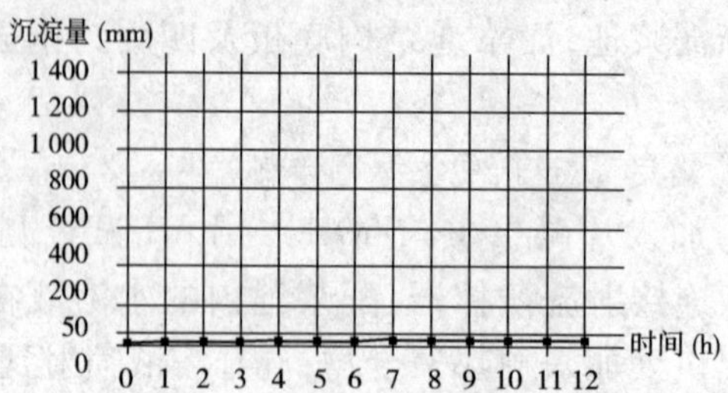

图6 采用顺邦聚合物泥浆一次清孔后沉淀厚度随时间变化曲线

对比分析如下：

(1)清孔后沉渣厚度少，无需清渣，沉渣厚度完全符合设计要求；

(2)砂粒在钻井液迅速下沉，液内不含砂，混凝土灌注容易；

(3)钻井液流动性好，提高桩周摩擦力；

(4)配制简单，易操作，配浆劳动力较少；

(5)钻井液为环保型，渣土黏结力强，倒运渣土便易，当天出渣，对于环境影响小；

(6)适合砂层、粉土层旋挖钻机施工。

3 沉渣控制效果

根据现场观测，在桩基施工钻进中，泥浆量每小时下沉4.5m，在钻进过程中，单根桩需24小时成孔，又因高分子聚合物在施工中，下部黏度较大，上部基本无黏度，在混凝土浇筑时，下部黏度较高的与混凝土护壁摩擦，高分子聚合物基本保留在桩孔孔壁上，所以，单根桩所需泥浆用量计算如下。

$V=3.14\times12\times4.5\times24+3.14\times12\times80=590.32m^3$

NaOH用量：$(590.32/100)\times35=206.6kg$

顺邦聚合物：$(590.32/100)\times50=295.16kg$

在采用高分子聚合物泥浆以及对钢筋笼采取两次吊装后，4轴主墩大直径深桩实测沉渣厚度均小于5cm，也加快了成桩速度。采用4根声测管监测，桩型完整，桩长，每根桩都是一次性通过验收，且60根桩内Ⅰ类桩为51根，占85%，Ⅱ类桩为9根，占15%，得到了业主、监理等单位的多方好评，达到很好的效果。

60 根桩基的沉渣数据见表 2。

桩基沉渣数据 表2

桩基编号	沉渣厚度(cm)	桩基编号	沉渣厚度(cm)	桩基编号	沉渣厚度(cm)
4-1	3	4-21	3	4-41	3
4-2	2	4-22	3	4-42	2
4-3	2	4-23	2	4-43	2
4-4	1	4-24	1	4-44	1
4-5	0	4-25	1	4-45	3
4-6	1	4-26	2	4-46	2
4-7	2	4-27	1	4-47	1
4-8	2	4-28	0	4-48	2
4-9	1	4-29	2	4-49	1
4-10	3	4-30	1	4-50	0
4-11	4	4-31	3	4-51	3
4-12	1	4-32	2	4-52	2
4-13	3	4-33	2	4-53	1
4-14	2	4-34	1	4-54	2
4-15	1	4-35	2	4-55	2
4-16	2	4-36	1	4-56	3
4-17	3	4-37	2	4-57	1
4-18	1	4-38	3	4-58	1
4-19	2	4-39	1	4-59	2
4-20	4	4-40	2	4-60	3

4 结语

根据本工程的施工经验,采用美国顺邦高分子聚合物泥浆护壁,在施工中能够大大加快沉渣的快速沉淀,在土质桩施工中一次清孔达到无沉渣,很适合在砂层、粉土层旋挖钻机施工。

高分子聚合物泥浆护壁,不同于以往膨润土泥浆,需要建造混凝土泥浆池,虽然投入较大,但是综合考虑高分子聚合物泥浆在施工质量和环境保护(出渣方面)的优点,因此较膨润土泥浆优势依然明显。

同时,据查该高分子聚合物泥浆相比膨润土泥浆护壁,可提高 10% 的桩基承载力,由于本工程桩基均未做承载力破坏试验,所以该特性有待进一步验证。

大体积混凝土配合比设计

陈建峰　侯建锋　耿联法

（中铁六局集团北京铁路建设有限公司　北京　100036）

[摘　要]　本文分析了上地斜拉桥大体积混凝土承台的配合比设计思路及方法，重点考虑如何有效地控制因水泥水化热引起的温差裂缝。通过对混凝土成型工艺的控制，使混凝土内外温差低于25℃，达到预防温差裂缝的目的。

[关键词]　大体积混凝土　配合比设计

1　工程概况

本桥主塔墩为变厚度八边形承台，顺桥向中部22.52m厚度为8m，顺桥向两侧11.537m部分厚度由8m变为4m，平面为45.6m×40.3m的切角矩形，切角边长为11.537m；主墩承台混凝土强度等级为C30，混凝土实际浇筑方量约12 000m^3，属于大体积混凝土施工。

2　混凝土的主要技术要求

2.1　水泥的选用

水泥应选用中、低热普通硅酸盐水泥，大体积混凝土施工所用水泥入机温度不宜大于60℃，保证水泥3d的水化热不宜大于240KJ/kg，7d的水化热不宜大于270KJ/kg。

在满足混凝土设计强度的前提下，优化配合比，减少水泥用量，降低绝热升温，确保水泥水化热绝热温升不超过规定的温控标准；水泥进场时应对水泥品种、强度等级、灌装、出场日期等进行检查，并对其强度、安定性、凝结时间、水化热等性能指标及其他必要的性能指标进行复检。如何降低芯部绝热升温，减小阶梯温差，解决大体积混凝土裂缝问题的质量通病利用双掺技术，减少水泥用量；低水胶比，可减少收缩，利用高效减水剂，后期的养护，循环水冷却措施防止温度差裂缝的出现，是这次配比的关键。

2.2 集料的选用

集料的选择要符合国家现行标准《普通混凝土用砂、石质量及检验方法标准》(JGJ52)的有关规定,尚应符合下列规定:

(1)细集料宜采用中砂,细度模数宜大于2.3,含泥量不应大于3%;

(2)粗集料选用粒径5~20mm,并应连续级配,含泥量不应大于1%,应选用非碱活性粗集料。

2.3 外加剂的选择

使用缓凝减水剂能大大延缓水泥水化热温峰出现的时间,对控制混凝土早期裂缝有很大作用。

3 其他技术要求

坍落度控制为:160mm±20mm,混凝土缓凝时间8~14h;混凝土入模温度控制在不大于28℃,混凝土要有较好的和易性,不离析。

3.1 原材料信息

原材料信息见表1。

原 材 料　　表1

样品名称	规格型号	生产单位
水泥	P. O42.5	琉璃河
粉煤灰	I级	唐山青宇
矿粉	S95	首钢嘉华
砂	中砂	河北涿州
石	碎石	河北三河
外加剂	聚羧酸减水剂,AN4000	北京建筑工程研究院

3.2 原材料检验结果

原材料的检验结果见表2~表7。

水 泥　　表2

检验项目		指标要求	检验结果	结论
比表面积(m^2/kg)		不小于300 宜小于350	330	符合
凝结时间(min)	初凝	≥45	165	符合
	终凝	≤600	232	符合

续上表

检验项目	指标要求	检验结果	结论
安定性	沸煮法合格	合格	符合
抗压强度(3d)(MPa)	≥17.0	36.0	符合
抗折强度(3d)(MPa)	≥3.5	6.3	符合

粉 煤 灰 表3

检验项目	指标要求	检验结果	结论
细度(%)	≤12	7.0	符合
需水量比(%)	≤95	92	符合
烧失量(%)	≤3.0	1.8	符合

矿 粉 表4

检验项目	指标要求	检验结果	结论
比表面积(m^2/kg)	400	446	符合
需水量比(%)	≤100	98	符合
28d活性指数(%)	≥95	103	符合

砂 表5

检验项目	指标要求	检验结果	结论
细度模数	>2.3	2.6	符合
含泥量占比(%)	≤3	0.5	符合
泥块含量占比(%)	≤0.5	0.4	符合

石 表6

检验项目	指标要求	检验结果	结论
颗粒级配	—	5~20mm连续级配	符合
含泥量(%)	<1	0.5	符合
泥块含量(%)	≤0.2	0.2	符合
压碎值指标(%)	≤10	6.6	符合

外 加 剂 表7

检验项目	指标要求	检验结果	结论
含气量(%)	3.0~6.0	4.5	符合
减水率(%)	≥25	33	符合
1h坍落度经时变化量(mm)	≤80	20	符合

续上表

检验项目		指标要求	检验结果	结论
抗压强度比（%）	3d	≥160	183	符合
	7d	≥150	160	符合
	28d	≥140	147	符合

4 配合比设计

4.1 计算水灰比

σ 取 6.0MPa，$f_{cu,0}=30+1.645\times6=39.9\text{MPa}$

$W/C=0.46\times51.0/(39.9+0.46\times0.07\times51.0)=0.56$

结合工程要求 W/C 取 0.48、0.45、0.42 进行试配。

4.2 计算水、水泥、粉煤灰和矿粉用量

确定用水量、计算水泥量、粉煤灰量和矿粉量（kg/m^3），但是掺和料受制于规范的要求最终采用 50% 掺量，粉煤灰取代水泥百分率 $\beta_C=30\%$，超量系数 1.00；矿粉取代水泥百分率为 20%。

现 3 个水灰比方案。

(1) $W/C=0.48$，$168\div0.48=350$

水泥量：$350\times(1-30\%-20\%)=175$

粉煤灰量：$350\times30\%\times1.00=105$

矿粉量：$350\times20\%=70$

(2) $W/C=0.45$，$167\div0.45=371$

水泥量：$371\times(1-30\%-20\%)=185$

粉煤灰量：$371\times30\%\times1.00=111$

矿粉量：$371\times20\%=74$

(3) $W/C=0.42$，$164\div0.42=390$

水泥量：$390\times(1-30\%-20\%)=195$

粉煤灰量：$390\times30\%\times1.00=117$

矿粉量：$390\times20\%=78$

4.3 确定砂率（β_S）

(1) $W/C=0.48$，$\beta_S=42\%$

(2) $W/C=0.45$，$\beta_S=41\%$

(3) $W/C=0.42$, $\beta_s=40\%$

4.4 计算砂、碎石用量(kg/m³)

采用假定容重法。

(1) $W/C=0.48$, 2 360 − (168 + 175 + 105 + 70) = 1 842

砂用量:1 842 × 42% = 774　碎石用量:1 842 − 774 = 1 068

(2) $W/C=0.45$, 2 360 − (167 + 185 + 111 + 74) = 1 823

砂用量:1 823 × 41% = 747　碎石用量:1 823 − 747 = 1 076

(3) $W/C=0.42$, 2 360 − (164 + 195 + 117 + 78) = 1 806

砂用量:1 806 × 40% = 722　碎石用量:1 806 − 722 = 1 084

4.5 计算外加剂用量(kg/m³)

外加剂掺量:1.15%。

(1)胶凝材料总量:175 + 105 + 70 = 350,外加剂量:350 × 1.15% = 4.0

(2)胶凝材料总量:185 + 111 + 74 = 370,外加剂量:370 × 1.15% = 4.3

(3)胶凝材料总量:195 + 117 + 78 = 390,外加剂量:390 × 1.15% = 4.5

各项验证结果见表8～表10。

配合比验证　表8

试配编号	施工部位	强度等级	W/C	砂率	水	水泥	粉煤灰	矿粉	砂	石	聚羧酸用量
1	承台	C30	0.48	42.0	168	175	105	70	774	1 068	4.0
2	承台	C30	0.45	41.0	167	185	111	74	747	1 076	4.3
3	承台	C30	0.42	40.0	164	195	117	78	722	1 084	4.5

表9

检验项目			检验结果		
坍落度(mm)			凝结时间(min)		
1	2	3	1	2	3
175	170	170	700	710	730

各龄期强度值　表10

试配的编号	标养3d		标养7d		标养28d	
	强度值(MPa)	达到设计强度(%)	强度值(MPa)	达到设计强度(%)	强度值(MPa)	达到设计强度(%)
1	19.6	65	28.2	94	41.4	138
2	20.2	67	30.6	102	41.9	140
3	22.1	74	32.3	108	42.6	142

根据以上验证结果，综合考虑混凝土的强度、耐久性、工作性、经济性等因素，采用2号配比较为合适。

5 混凝土热工计算

根据验证结果的2号配比（表11），并根据建筑施工计算手册，对承台混凝土进行热工计算如下。

2号配比 表11

W/C	砂率（%）	水（kg）	水泥（kg）	粉煤灰（kg）	矿粉（kg）	砂（kg）	石（kg）	聚羧酸用量（%）
0.45	41.0	167	185	111	74	747	1 076	4.3

（1）水泥的水化热总量计算

$$Q_0 = 4/(7/Q_7 - 3/Q_3) = 4/(7/298 - 3/254) = 342\text{kJ/kg}$$

式中：Q_0——水泥的水化热总量（kJ/kg）；

Q_7——龄期为7d时的水化热（kJ/kg）；

Q_3——龄期为3d时的水化热（kJ/kg）。

（2）胶凝材料水化热总量

$$Q_C = k \times Q_0 = (0.93 + 0.93 - 1) \times 342 = 294\text{kJ/kg}$$

式中：Q——胶凝材料水化热总量（kJ/kg）；

k——不同掺量掺和料水化热调整系数。

（3）不同掺和料水化热调整系数计算

$$k = k_1 + k_2 - 1$$

式中：k_1——粉煤灰掺量对应的水化热调整系数；

k_2——矿渣粉掺量对应的水化热调整系数。

k_1、k_2值按表12取值。

k_1、k_2调整系数 表12

掺 量	0	10%	20%	30%	40%
粉煤灰 k_1	1	0.96	0.95	0.93	0.82
矿渣粉 k_2	1	1	0.93	0.92	0.84

（4）混凝土的绝对温升值计算

$$T_{(t)} = m_c Q(1 - e^{-mt})/(C\rho)$$

式中：$T_{(t)}$——浇完一段时间t，混凝土的绝热温升值（℃）；

m_c——每立方米混凝土水泥及胶凝材料用量（kg/m^3）；

Q——每千克胶凝材料水化热量（J/kg）；

C——混凝土的比热取0.96kJ/kg·K；

ρ——混凝土的质量密度，到2400kg/m^3；

e——常数值，为2.718；

t——龄期(d)；

m——与水泥品种比表面、振捣时温度有关的经验系数，由表13查得，一般取0.2～0.4，根据当时施工情况，取$m=0.295$。

m 取 值 表13

浇筑温度(℃)	m	龄期(d)							
		1	2	3	4	5	6	7	8
5	0.295	0.256	0.446	0.587	0.693	0.771	0.830	0.873	0.906
浇筑温度(℃)	m	龄期(d)							
		9	10	11	12	13	14	15	
5	0.295	0.930	0.948	0.961	0.971	0.978	0.984	0.988	

不同龄期参数、绝热温升值计算见表14。

绝热温升值计算 表14

龄期(d)	1	3	6	9	12	15
$1-e^{-mt}$	0.256	0.587	0.830	0.930	0.971	0.988
$T_{(t)}$(℃)	12.1	27.7	39.2	43.9	45.8	46.6

①调整温升值计算。

$$T=T_{(t)}\xi_{(t)}=m_c Q(1-e^{-mt})/(C\rho)\xi_{(t)}$$

式中：$T_{(t)}$——在t龄期时混凝土的绝热温升(℃)；

$\xi_{(t)}$——不同浇筑块厚度的温降系数，$\xi=T_m/T_n$；

T_n——混凝土的最终绝热温升值(℃)；

T_m——混凝土由水化热引起的实际温升(℃)。

不同龄期调整温升值计算结果见表15。

调整温升值计算结果 表15

龄期(d)	3	6	9	12	15
$\xi_{(t)}$	0.84	0.83	0.82	0.73	0.65
$T_{(t)}\cdot\xi_{(t)}$	23.3	32.5	36.0	33.5	30.3

注：$T_{(t)}\cdot\xi_{(t)}$——根据温降系数求得不同龄期的水热温升值(℃)。

②中心温度值计算。

$$T=T_0+T_{(t)}\xi_{(t)}$$

$$T_{max} = 370 \times 294 \times (1 - e^{-\infty}) / (0.96 \times 2400) = 47.2℃$$

$$T = T_{max} + T_0 = 62.2℃$$

式中：T_{max}——混凝土内部中心绝热最高温度(℃)；

T_0——混凝土的浇筑入模温度(℃)，取15℃。

混凝土内部3d的中心温度为 $T_{(3)} = 15 + 23.3 = 38.3$℃，依此类推。

不同龄期混凝土中心理论温度见表16。

中心温度理论值 表16

龄期(d)	3	6	9	12	15
中心温度(℃)	38.3	47.5	51.0	48.5	45.3

由于此大体积混凝土同时采用了冷却循环系统，不同龄期中心温度实测值见表17。

中心温度实测值 表17

龄期(d)	3	6	9	12	15
中心温度(℃)	28.5	37.7	41.6	38.1	35.4

不同龄期表层温度值见表18。

表层温度值 表18

龄期(d)	3	6	9	12	15
表层温度(℃)	11.6	24.4	26.3	20.0	23.6

不同龄期中心温度与表层温度差值见表19。

中心温度与表层温度差值 表19

龄期(d)	3	6	9	12	15
表层温度(℃)	16.9	13.3	15.3	18.1	11.8

由表19可知，内外温差均低于25℃，满足设计要求。

6 结语

由于混凝土技术措施及冷却循环系统的有效、可行，使大体积混凝土承台的施工顺利完成，各项指标均能达到预期效果。通过多次观察、测量，基础承台未发现任何裂缝，效果良好。

同时，我国规范在大体积配合比设计方面对双掺量的限制为：粉煤灰和矿渣粉掺和料的总量不宜大于混凝土中胶凝材料用量的50%。参考国外双掺量达到了70%，考虑控制水泥用量，减小碳化的影响，建议在后续工作做更多的试验验证，在规范修改时适当提高双掺量。

大体积混凝土施工及温控技术研究

唐　刚　杨新海　孙爱田

（中铁六局集团北京铁路建设有限公司　北京　100036）

［摘　要］　本文通过对京新高速公路（五环路—六环路段）工程上地铁路分离式立交桥主墩承台施工技术的分析研究，在大体积混凝土施工过程中，采取水平分层一次性浇筑的方法，布置八层冷却水管进行温度控制，并对施工过程进行了总结分析，为其他类似工程提供了一定的借鉴。

［关键词］　大体积混凝土　一次浇筑　温度控制

1　工程概况

本工程4号主塔墩为变厚度八边形承台，顺桥向中部22.52m厚度为8m，顺桥向两侧11.537m部分厚度由8m变为4m，平面为45.6m×40.3m的切角矩形，切角边长为11.537m；主墩承台钢筋为HRB335、HRB400两种型号钢筋，钢筋直径分别为：32mm、25mm、20mm、16mm，共计钢筋1 600t。主墩承台混凝土强度等级为C30，混凝土浇筑方量约12 000m^3，属于大体积混凝土施工。承台立体效果如图1所示。

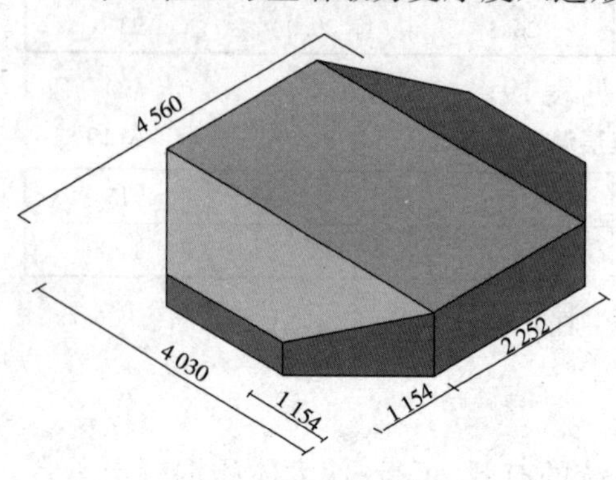

图1　承台立体效果图

2　主墩承台施工难点

（1）主墩承台为大体积混凝土施工，一次性浇注方量达12 000m^3，施工组织难度大。

（2）为避免混凝土出现裂纹，需尽量降低水化热，大体积混凝土配合比要

求高。

(3)混凝土初凝后,混凝土芯部与表面、表层与环境阶梯温差控制难度大。

3 方案概述

本工程施工方案结合设计单位要求,比选及试验研究,并结合现场的实际工作环境,主要考虑大体积混凝土的浇筑质量以及温度控制,避免不同龄期混凝土的收缩产生裂缝,确定采用分层浇筑法一次浇筑,并设置8层冷却水管进行温度控制,采用512通道无线测温元件进行全程温度监测。

4 施工关键技术

4.1 大体积配合比设计

在大体积混凝土配合比设计时,主要考虑两个方面的因素:一是在不影响混凝土强度的前提下,选择低水化热的普通硅酸盐水泥,优化配合比,尽量减少水泥用量,降低绝热升温,确保水泥水化热绝热温升不超过规定的温控标准;二是选用合适的外加剂,外加剂的品种、掺量应根据工程所用胶凝材料经试验确定,粉煤灰掺量不宜超过胶凝材料用量的40%,矿渣粉的掺量不宜超过胶凝材料用量的50%。在混凝土中掺加中效缓凝减水剂,该减水剂减水率高,能有效降低每方混凝土水泥用量,从而降低混凝土的水化热温升。使用缓凝减水剂能大大延缓水泥水化热温峰出现的时间,对控制混凝土早期裂缝有很大作用。

4.2 施工组织

4.2.1 浇筑方法

承台混凝土浇筑选用6台48m泵车,预备2台,溜槽配合进行浇筑;采用水平分层浇筑,每层混凝土浇筑时,其厚度不宜过大,根据所用振捣器的作用深度及混凝土的和易性而确定,一般应控制在0.3~0.5m,以便分层表面散热面能充分散热,减小混凝土内外温差。在浇筑下部4m范围内混凝土时,采用泵车和溜槽同时浇筑,浇筑上部4m范围内混凝土时,采用4台泵车进行浇筑,如图2所示。

现场布置6台48m泵车,2台地泵;在浇筑下部4m混凝土时,采用泵车和溜槽同时浇筑;现场设置了21个溜槽(三节段,双向调节,溜槽,便于摊铺),混凝土浇筑时排除罐车倒车、调头时间,按6个溜槽为计,平均每小时溜槽可浇筑5灌混凝土,每小时可浇筑方量为330m^3,共计24h完成下部4m范围内混凝土,方量约8 000m^3;浇筑上部4m混凝土时,泵车按照25m^3/h为计,6台泵车和2

台地泵浇筑 24h 完成，共计方量 4 000m^3。

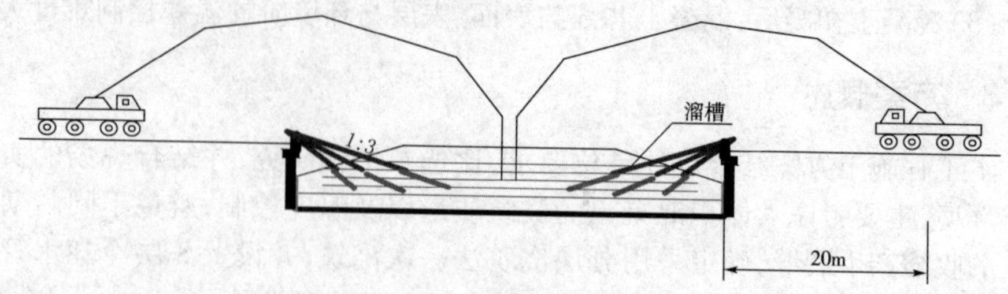

图2　浇筑示意图

下部浇筑时，可充分利用溜槽进行灌注，溜槽可选用不同长度溜槽进行溜进，对溜槽不能溜到的位置，选用泵车进行浇筑，确保承台下部 4m 范围内混凝土在较短时间内完成浇筑，可大大提高浇筑速度。

4.2.2　大体积混凝土养护

承台内部采用通冷却水进行对混凝土降温，上部采用循环水及覆盖保温材料进行养护，承台表面混凝土终凝后及时进行覆盖并喷射喷淋水进行循环养护。

浇筑混凝土过程中，根据测温情况一旦超过入模的 15℃温差，在 6h 左右，立即对混凝土覆盖了的冷却水管通水，水温不低于 5℃。同时控制好进水温度和出水温度，两者之差不大于 15℃。当水池中水温度过高时，补充冷水；温度过低，采用加热棒补充热水。

在承台外露面浇筑完成后，立即采用保温材料覆盖，保温材料为一层塑料布 + 两层无纺布 + 一层棉帆布 + 一层塑料布。两侧斜坡面在混凝土浇筑完 24h 进行拆模，回填处理，进行保温。

4.3　温度控制

4.3.1　温控原则

(1)混凝土里表温差控制在 25℃以内。

(2)浇筑体表面与大气温差不宜大于 20℃。

(3)混凝土入模温度不小于 5℃，不大于 30℃。

(4)冷却水管进水温度与出水温度不宜大于 15℃。

(5)混凝土浇筑体在入模温度基础上的温升值不大于 50℃。

4.3.2　混凝土浇筑过程中水化热计算

(1)模型建立。

计算采用 MIDAS CIVIL 中的水化热计算方法，采用实体单元进行模拟承台，模型建立时承台建立一半。计算模型图如图3所示。

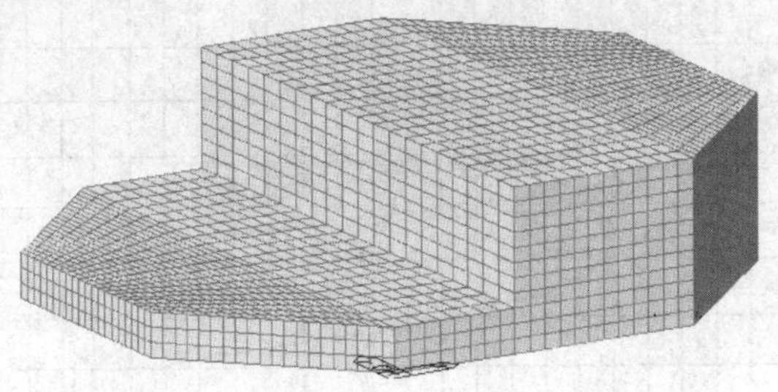

图3　计算模型图

(2)计算结果。

通过有限元计算分析，在未布设冷却水管前，承台中心最高温度达到62.3℃，达到最高温度为浇筑完混凝土后的第7天。

且承台中心温度长时间维持在60℃以上，直到第21天降到60℃，散热极其缓慢。因为承台体积极大，对流面只有上表面，承台底部及周边都是土体，对流热量有限，导致热量散发困难。在布设冷却水管后，承台最高温度为53.4℃，且散热速度合理，能够满足施工质量要求。

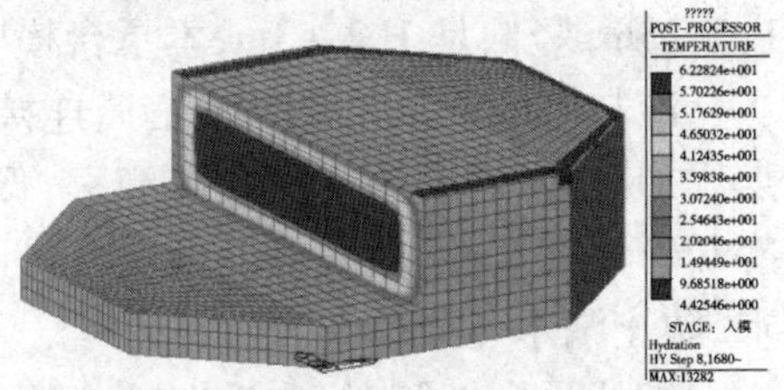

图4　未加冷却水管前计算图

计算图及计算结果如图4～图7所示。

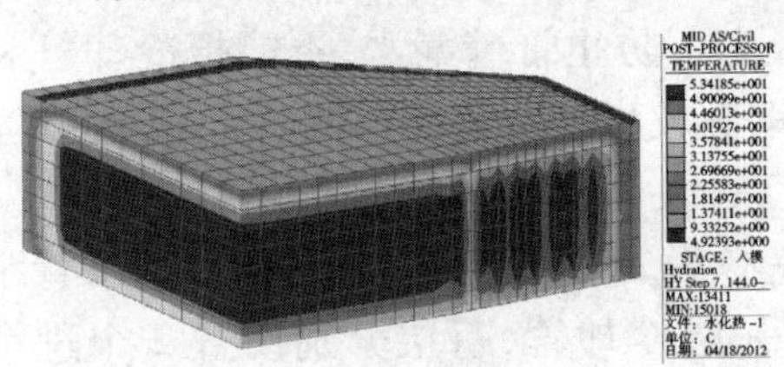

图5　加冷却水管后计算图

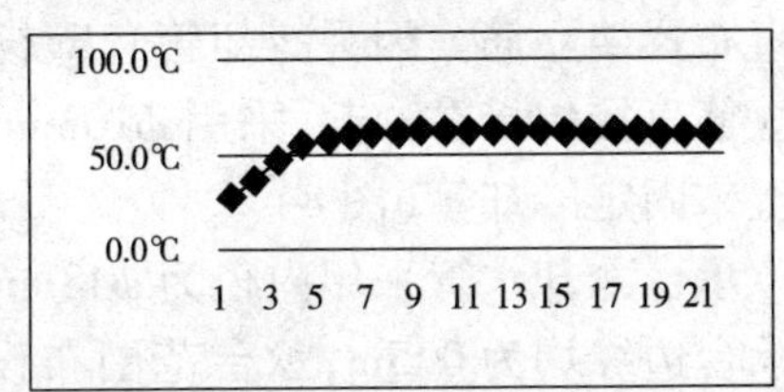

图6　未加冷却水管前计算结果

4.3.3　冷却水管布置

在混凝土内部温度场布设冷却水管，以控制混凝土内外温差在25℃内，承台内共布设8层冷却水管，分别位于承台顶下0.5m、1.5m、2.5m、3.5m、4.5m、5.5m、6.5m、7.5m八个断面；为更好地对混凝土温度进行降温，减少混凝土与外界气温的温差值，在距承台顶面1.0m位置增加一层冷却水管。冷却管道与承台内钢筋相碰时，冷却管位置可做适当调整。冷却水管的通常间距横向是

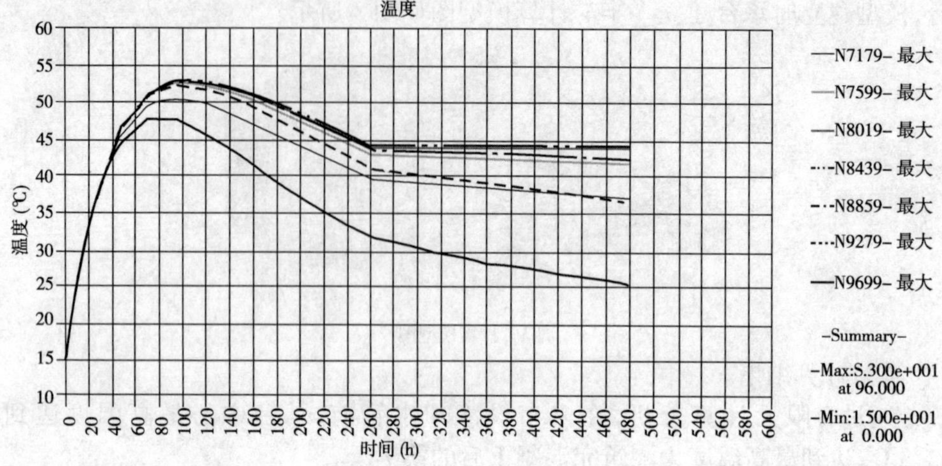

图7 加冷却水管后计算结果

1.5~3m,竖向是1.2~3m,本承台横竖向均为1m。

冷却管的连接采用铁皮套筒连接,套筒连接长度不小于20 cm,接头处采用点焊加固,然后再用塑料胶布缠裹,保证连接处不漏水。混凝土浇筑前对所有冷却管作密实性试验,保证管道密封良好,保证管道接头焊接质量,强度符合要求,防止漏水、阻水。

绑扎承台钢筋时,在设有冷却管的位置增设冷却管架立筋,确保冷却管在浇筑混凝土过程中位置不变。架立筋采用ϕ20mm螺纹钢筋,冷却管所在位置垂直布置架立筋。因为冷却管管壁较薄,为了防止管壁漏水,不能把冷却管和架立筋直接焊接在一起,采用ϕ10mm圆钢做成半圆状箍筋,将箍筋焊接到架立筋上来固定冷却管(图8)。

承台冷却水管采用内径为ϕ48mm,壁厚为2mm钢管,平面方向冷却水管距离承台边缘均为0.5m;承台范围布设十一层冷却管,每层分别设置2个进水口,2个出水口;充分利用现场泥浆池进行供水(图9)。

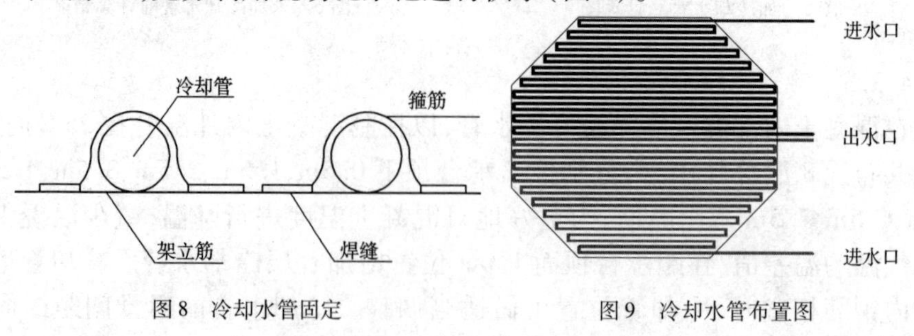

图8 冷却水管固定　　图9 冷却水管布置图

通过计算，水管内通水流速为 3.5m/s，冷却水管通水流量达到 15L/min；冷却水的进水口水温为 15 ~ 25℃。

通水冷却从水管被混凝土覆盖后开始，覆盖一层混凝土通水冷却一层，至 5 ~ 7 天结束，具体结束时间视混凝土温升、温降情况而定。图 10 为冷却水循环示意图。

图 10　冷却水循环示意图

4.3.4　测温元件安装

为有效对承台混凝土进行监控，在承台内预埋无线测温元件对混凝土内部和表面温度进行监控。测试元件安装前，必须在水下 1m 处经过浸泡 24h 不损坏；接头安装位置应准确，固定应牢固，并应与结构钢筋绝热。测试元件在每条测试轴线上监测点位不少于 4 处，在结构平面位置的边缘布置 6 处共 48 点；在芯部分别布置 4 处，竖向位置根据冷凝水管位置布置 8 点共计 32 点；其余按照轴线位置进行布设，共计 112 点；测试元件的引线要集中布置，并应加以保护；在承台顶以下 50mm、1.0m、2.0m、3.0m、4.0m、5.0m、6.0m、7.0m 8 个断面；每个断面温度传感器呈环形布置，如图 11 所示。

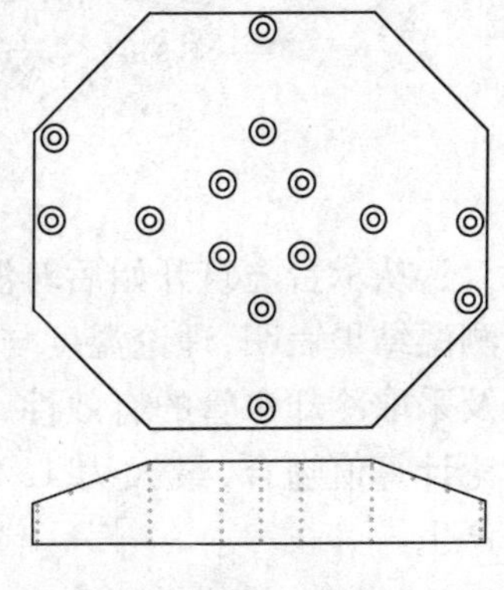

图 11　测温元件布置图

测试元件周围应进行保护，混凝土浇筑过程中，下料时不得直接冲击测试测温元件及其引出线；振捣时，振捣器不得触及测温件及引出线。

4.3.5　测温结果

测温记录包括浇注部位、时间、大气温度、混凝土表面温度、混凝土内部温度、最大温差、入水温度、出水温度、负责人、测温人、时间。同时进行温度曲线测绘，分析温度变化情况。

混凝土温度采集内容主要包括混凝土入模温度、每个测温孔处的混凝土内部温度、无纺布内温度、无纺布外温度（即外界气温）和冷却管进出水温度，按频率测量数据。

（1）温度曲线绘制。

①每一测点内部温度随时间变化曲线；

②同一竖向截面上，温度沿高度变化曲线；

③同一高度（厚度）测点沿承台水平截面温度变化曲线；

④外界气温随时间变化曲线。

（2）数据处理。

所有温度测量数据的采集设专人负责，保证所测数据的准确性、真实性，根据所测数据分析混凝土内部温度变化情况，调整冷却管进出水温度。图12为实测温度曲线图。

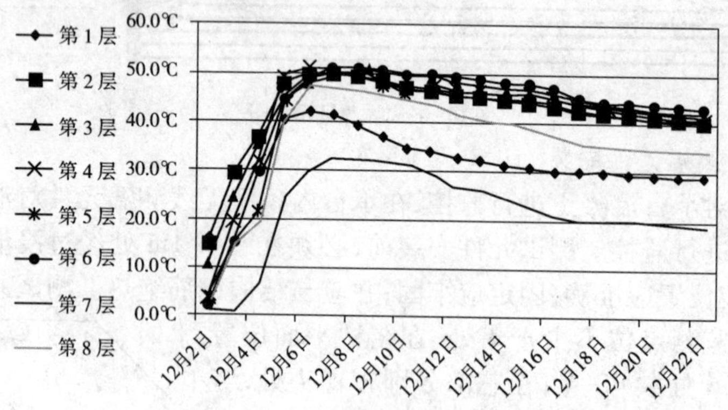

图12　实测温度曲线图

从承台浇筑开始后对混凝土进行实施测温。承台测温元件布设8层，通过测温结果表明，理论温度与实测温度能够很好地吻合，表明计算模拟的正确性及采取冷却水管的有效性，同时，可以侧面反映各个混凝土部位的拉应力值理论计算值吻合，最大为1.2MPa，小于允许拉应力，混凝土各个部位没有裂缝产生。

4.3.6　指导施工

根据温度与应力计算结果，提出以下温控标准：混凝土的里表温差不宜大于25℃，混凝土浇筑体表面温度与外部大气环境温度应不宜大于20℃；当实测混凝土内外温差大于或等于25℃时，应加快冷却水管的流量，加快内部散热，直到将内外温差控制在标准范围内。

5　结语

大体积混凝土与普通混凝土的区别表面上看是厚度不同，但其实质的区别是由于混凝土中水泥水化要产生热量，内部高温区范围较大，整体散热较慢，造成内外温差过大，其所产生的温度应力可能会使混凝土开裂，因此表层的保温

极为重要。

京新高速公路上地桥主墩承台的施工过程中,布设多层冷却水管,采取水平分层一次浇筑的施工方法,在浇筑和养护期间进行了24h的无线测温监控,有效地控制了由于温差产生的混凝土开裂,确保了工程的质量。本方法的成功运用,可为其他类似的大体积混凝土工程提供借鉴。

参考文献

[1] 交通部第2公路工程总公司.公路施工手册桥涵[M].北京:人民交通出版社,2010.

[2] 陕西省公路局 JTG H11—2004 公路桥涵养护规范[S].北京:人民交通出版社,2004.

[3] 中华人民共和国国家标准 GB 50496—2009 大体积规范[S].北京:中国计划出版社,2009.

桥梁顶推法施工模拟实验分析

刘 峰[1] 毛善华[2] 魏红旭[2]
(1.北京市首发高速公路建设管理有限责任公司 北京 100071；
2.中铁六局集团北京铁路建设有限公司 北京 100036)

[摘 要] 京新高速公路(五环路—六环路段)工程上地桥,顶推段长212m,顶推重量25 000t,顶程213m,顶推设备为12台穿心式连续千斤顶,下滑道由调坡钢楔块、滑板和MGE滑块组成。如此大吨位的钢筋混凝土箱梁顶推在国内属首次,顶推段受力情况复杂,顶推运行轨迹分析困难。本文通过制作顶推试验段来检验新型MGE滑块材料的静摩擦系数、动摩擦系数,验证顶推速度及横向限位纠偏装置是否满足实际施工要求,确保了顶推梁段在复杂技术条件及施工环境下的准确就位,创造了较好的社会效益及经济效益。

[关键词] MGE滑块 摩擦系数 模拟试验

1 顶推试验目的、内容

1.1 顶推试验的目的

本桥顶推段长212m,顶推重量25 000t,顶程213m,顶推轨迹为$R=3\ 500$m半径的圆曲线。顶推设备为12台穿心式连续千斤顶,下滑道由调坡钢楔块、滑板和MGE滑块组成。

如此大吨位的钢筋混凝土箱梁顶推在国内尚属首次,顶推段受力情况复杂,顶推运行轨迹分析困难,而且新型MGE滑块材料的静摩擦系数、动摩擦系数等性能参数需要验证。在此背景下,通过制作试验梁及台座,并使用相同滑道系统来检验各材料性能指标及设备性能参数,总结施工数据,用来指导实际顶推施工。

1.2 顶推试验的内容

(1)MGE滑块的静摩擦系数和动摩擦系数以及MGE滑块的抗压强度是否满足要求。

(2)顶推速度检验

主要验证顶推速度是否满足铁路要点要求。

(3)横向限位及纠偏

验证以滚轴作为主要限位装置时能否抵抗40t的最大设计承压力、滚轴滚动状况、滚轴外包裹的工程橡胶的变形情况;验证千斤顶加滑块的纠偏装置的工作情况。

2 顶推试验方法

2.1 试验梁台座及千斤顶

为保证最大限度与实际顶推施工工况拟合,试验梁及台座制作如图1所示。试验台座采用扩大基础形式,台座上设置4个支撑墩,墩顶设滑道。试验台座前后端设反力座,试验台座两侧设置横向限位及纠偏装置(图2)。

测定摩擦系数时,顶推千斤顶采用数控式20t千斤顶,测定顶推速度时,顶推千斤顶采用200t连续千斤顶;横向纠偏时,纠偏千斤顶采用60t千斤顶。

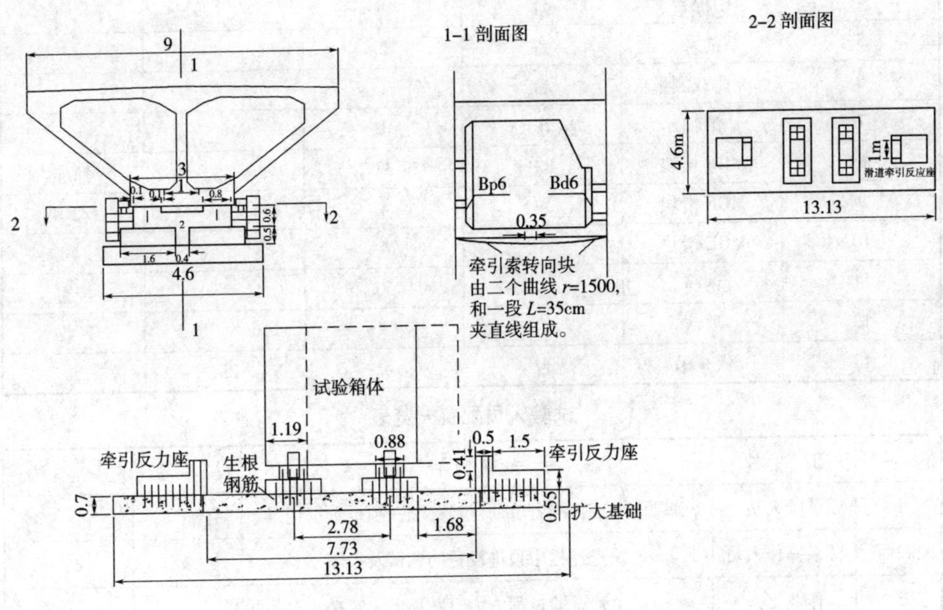

图1 试验梁及台座结构图(单位:m)

图2　限位架图

2.2　试验设备及人员配置

投入试验段顶推施工材料机具及试验人员情况见表1、表2。

料具使用表

表1

序　号	名　称	单　位	数　量	规　格	备　注
1	千斤顶	台	2	200t	
2	千斤顶	台	2	20t	
3	千斤顶	台	1	60t	
4	中控台	台	1		
5	油泵	台	2		
6	标准荷载测量仪	台	1		
7	滚轴	个	1		
8	MGE 滑块	块	32		标准
9	MGE 滑块	块	4		1/2 块
10	MGE 滑块	块	4		1/4 块
11	钢筋	t	60		配重
12	顶铁	块	3		
13	汽车吊	台	1	25t	

试验人员配置一览表

表2

序　号	工　种	负责内容	人　数	备　注
1	试验人员	试验前期工作准备、试验步骤交底、顶推数据记录	3	
2	油泵操作人员	顶进过程中顶进设备的调试及控制	2	
3	作业工人	负责试验过程中临时墩顶滑块喂送	8	
4	普工	试验过程中负责安放千斤顶及其他准备工作	3	

2.3 试验过程

2.3.1 MGE 滑块摩擦系数的测定

为了精确地测定箱梁启动及行进时油压千斤顶的读数,采用建筑研究院所提供的两台 20t 同步油压千斤顶,配置标准荷载测量仪一台(0.2 级),直接将千斤顶顶力以数字形式显示;试验前完成千斤顶工作平台的搭设及梁体四周的清理,临时使用的方木及其他工具准备到位,摩擦系数的测定分级进行试验,由试验人员记录数据并进行摩擦系数的计算。

试验千斤顶开启后,由专人观察梁体的启动情况,记录人员时刻注意荷载测量仪读数,当观察人员发现梁体启动后报告给记录人员,记录人立即记录启动时刻测量仪读数,作为计算启动静摩擦系数原始数据,梁体启动后,记录人员开始记录梁体行进过程中测量仪的读数,作为计算滑块动摩擦系数原始数据,第一次测定动摩擦系数时,千斤顶出镐行程为 5cm;第二次启动操作同第一次相同,千斤顶行程加长,记录第二组数据,反复试验记录多组数据;此时每个滑道均为 4 块滑块受力,承压力为 0.4MPa,以此作为第一级试验工况。

完成第一级试验工况后,由操作人员更换 4 块 MGE 滑块为 1 块,梁体自重共由 4 块滑块承受,此时滑块承压力为 1.6MPa,按照第一级试验工况的试验方法,由记录人员分别记录多组梁体启动及前进时荷载测量仪读数,分别计算静摩擦及动摩擦系数。完成第二级试验工况。

按照上述方法分别以 1/2、1/4 块滑块置换单块滑块,以作为第三、四级试验工况。为检验滑块承受 10MPa 时摩擦系数的变化,梁体顶面采用加载的方式进行试验,加载吨位经换算确定为 63t,以此作为第五级试验工况。分别记录梁体启动及前进时荷载测量仪读数,计算静摩擦系数及动摩擦系数,完成摩擦系数的测定试验。

2.3.2 顶推速度的检验

梁体顶推至合适位置后,由操作人员检查限位装置是否与梁体楔紧。然后使用吊车将两台 200t 穿心式连续千斤顶安装就位,穿好钢绞线,预先预紧,做好顶推准备,千斤顶布置如图 3 所示。

图 3 千斤顶布置图

在梁底边缘用记号笔做好标尺,方便梁体前进时确定其位移。

连续千斤顶启动后,由油泵操作人员

以既定 12m/s 的速度启动千斤顶，维持出顶速度不变。试验人员分 3 名，1 名负责测量梁体前进位移值，本试验分别以 10cm 和 20cm 距离作为线速度检测位移值；第 2 名试验员使用秒表进行时间的测定，在 1 名实验员发出开始口令后，开始进行计时，当完成既定位移时发出结束口令，计时结束；第 3 名试验员负责记录不同规定位移值时所需要时间，重复试验 3 次，计算梁体前进速度。

2.3.3 横向限位纠偏装置的工作状况检验

限位滚轴横向另外一侧安放施加横向应力的 60t 纠偏千斤顶 1 台。千斤顶放置水平，与梁体间安放 MGE 滑块，施加力方向垂直于梁体，其余两处支撑墩限位装置采用顶铁加滑块与梁体楔紧，与限位架之间用木楔背紧。

施加横向应力千斤顶经过标定，将施加横向应力分级换算为油压表读数，由油泵操作人员分级加载试验。

顶推千斤顶启动前，先施加横向应力，启动横向千斤顶，分别按横向应力为10t、20t、30t、35t、40t、50t 分步试验，以 10t 横向应力为例，油泵操作人员按换算后 10t 横向力为 9MPa，油压表读数加载至该读数，然后启动顶推千斤顶，由观察人员及试验记录人员配合分别记录梁体启动、前进、横向千斤顶卸载时荷载测量仪的读数，作为各工况的计算依据。

图 4 限位滚轴工作状况

由于滚轴横向限位装置设计最大承压力为 40t，本试验加载至 50t 时，滚轴工程橡胶变形较大，但未发生破坏(图 4)。

2.3.4 各工况试验加载设计

(1)摩擦系数测定时各级工况参数计算。

试验段混凝土方量为 $45m^3$，自身重量约为 113t，此为前四级工况时荷载。各级工况参数计算如下。

①当 4 个支撑墩顶各有 4 块滑块时：

滑块总面积：$0.44 \times 0.4 \times 16 = 2.816m^2$；

试验段自重产生的压强：$113 \div 2.816 = 0.4MPa$；

②当 4 个支撑墩上每个只有一块滑块时，压强为：

$$113 \div 0.704 = 1.6MPa$$

③当支撑墩顶每个只有半个滑块时，压强为：

$$113 \div 0.352 = 3.2MPa$$

④当支撑墩顶每个只有1/4个滑块时,压强为:

$$113 \div 0.176 = 6.4\text{MPa}$$

⑤若达到10MPa的压强条件,最小加载为:

$$10 \times 0.176 = 176\text{t}$$

$$176 - 113 = 63\text{t}$$

试验过程中,加载重量为60t,加载材料为钢筋,对滑块的压强为9.83MPa。根据施工图纸,在实际顶推过程中,箱梁对临时墩墩顶滑道的压强1.36~3.92MPa。其中在邻近就位时压强最大,为3.92MPa。

(2)限位装置横向应力参数计算。

采用标定千斤顶,其换算线性方程为:$y = 0.0867x + 0.4$。

①当横向应力达到10t时,压强为:

$$0.0867 \times 10 + 0.4 = 9.0\text{MPa}$$

②当横向应力达到各级工况时,其对应油压参数见表3。

油压参数 表3

工　况	荷　载	油表读数(MPa)
2级	20t	17.7
3级	30t	26.4
4级	35t	30.7
5级	40t	35.1
6级	45t	39.4
7级	50t	43.8

3 试验结论

(1)滑块静摩擦系数及动摩擦系数平均值均未超过0.065,梁体行进正常。

(2)当有横向应力施加于梁体时,滚轴可以正常滚动,梁体行进正常。只是在压力至50t时,滚轴表面工程橡胶变形较大,但未发生破裂。因此,横向限位装置采用滚轴可满足施工要求。

(3)试验过程中,用于施加横向应力的千斤顶在施加力至35t时,用作楔体的一块MGE滑块由于局部承受压力发生破坏,经过实际测量,仅有与千斤顶接触部分破坏,整体滑块未见裂缝及破坏。经过计算,滑块破坏荷载为 101MPa,高于其 65MPa 的抗压强度值。

(4)200t 连续式千斤顶在顶推过程中工作正常,出顶速度一致,联动性能好。

(5)横向限位架在实验过程中未发生变形。

本次顶推试验验证了顶推施工中新型 MGE 滑块的工作性能及横向限位与纠偏装置的实际效果,对该项目的施工起到了指导性作用。

斜拉索施工中多功能平台的设计与应用

周黎光[1]　吕李青[1]　井艳明[2]

（1. 北京市建筑工程研究院有限责任公司　北京　100039；

2. 中铁六局集团北京铁路建设有限公司　北京　100036）

[摘　要]　针对工程的特点及难点，本文提出了一种适合本工程的斜拉索施工多功能平台，对该多功能平台的设计理念、计算分析及构造分别进行了介绍，同时，在工程实践中验证了该多功能平台的实用性、有效性，为斜拉桥斜拉索的施工，提供了一种新的方法。

[关键词]　斜拉索　多功能平台

1　工程概况

上地斜拉桥共有斜拉索 88 根，斜拉索采用 PESFD7-337、PESFD7-349、PESFD7-367、PESFD7-379、PESFD7-409 五种规格，钢丝的抗拉标准强度为 1 670MPa，最长索长约为 222m，最重索重量约为 26t，两端均采用冷铸锚锚具，索的两端均为张拉端锚具。但是，根据本桥的实际特点，采用两端锚固，塔端张拉，主跨斜拉索梁上纵向间距为 10m 和 8m；边跨斜拉索的梁上间距为 10m、8m 和 5m。斜拉索的梁上横向间距为 1.0m，塔上锚固点横向间距为 1.2m（主跨拉索）和 3.4m（边跨拉索）（图 1）。

图 1　斜拉桥立面图

2 多功能平台的设计理念

2.1 技术难点

京新高速上地斜拉桥斜拉索施工的主要技术难点如下：

(1)高空、大吨位起吊安装难度大；

(2)索长且重，软牵引力较大，最大牵引力近700t；

(3)根据设计要求，张拉吨位大，最大张拉吨位达到1 200t；

(4)结合本桥的实际特点，只能在主塔外侧进行高空施工作业；

(5)该斜拉桥跨既有铁路线路，施工组织作业难度加大。

2.2 多功能平台的采用

针对以上难点，提出采用多功能平台(图2)。该多功能平台可以实现以下几点目标。

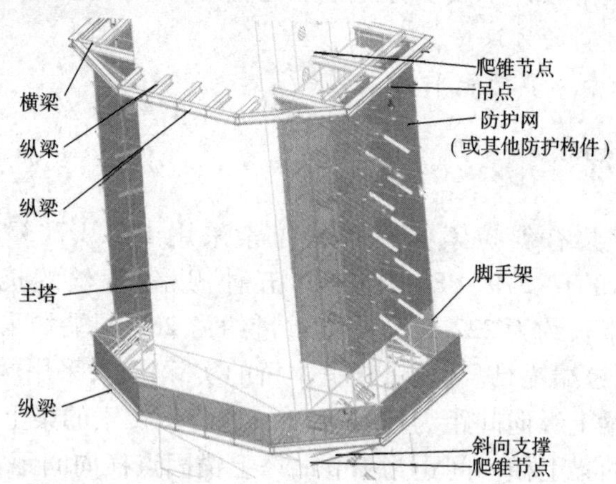

图2 多功能平台效果图

(1)该多功能平台可以满足斜拉索的大吨位起吊。当斜拉索的长度较长，直径较大时，使得斜拉索的重量增大，而一些较常规的吊装设备满足不了要求。可以根据斜拉索吨位进行多功能平台纵梁的设计，在纵梁上安装吊点，来实现斜拉索的起吊。

(2)该多功能平台可以满足斜拉索的大吨位张拉(塔端张拉)。当一些斜拉桥梁内张拉操作空间不能够满足张拉要求时，则需要在塔上张拉。对于大吨位斜拉索的塔端张拉，其张拉设备的重量非常大，移动也非常不便，通过该多功能平台可以很方便地解决这些问题。

(3)该多功能平台可以实现与主塔的同步交叉施工。当主塔完成了设计的一个节段,就可以在该节段上进行多功能平台的搭设,搭设多功能平台的同时,主塔上一节段模板的架设与浇筑可以正常进行,达到同步交叉施工提前工期的目的。

(4)该多功能平台对跨既有线路,具有高质量的安全防护功能。对于跨既有线路,在既不能妨碍既有线路的运行,又不能耽误本工程的施工进度,在安全防护上是工程中首要解决的问题,对于本发明可以很好地解决这个问题,可以带来巨大的社会效益。

(5)该多功能平台是一个快拆体系。由于在平台的搭设过程中,横梁及斜向支撑与主塔的连接采用的是螺栓连接,这样可以大大提高平台的拆除速度。

(6)该多功能平台可以反复利用。平台拆除后,在设计强度满足要求的情况下,可以将该平台在其他斜拉桥缆索施工中进行应用,这样可以带来巨大的经济效益。

3 多功能平台的计算

图3为多功能平台的模型图,纵梁及斜向支撑截面为HW200×200×8/12,横梁截面为HW125×125×6.5/9。施加的荷载如下表所示。

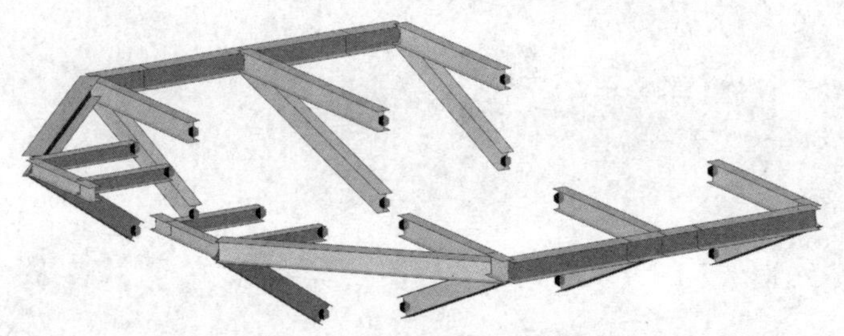

图3 多功能平台模型图

荷 载 表

荷 载 类 型	荷 载 大 小(实际)	荷 载 大 小(计算)
架体(kN)	0.5	0.5
跳板(kN/m^2)	1.05	6
施工人员(kN/m^2)	1.50	
油泵荷载(kN)	3	5
吊索荷载(kN)	120	300
张拉设备荷载(kN)	35	50

最不利荷载工况下的计算结果见图 4 ~ 图 6,从图中可知,结构支座反力的最大压力为 1 074kN,最大拉力为 936kN,最大剪力为 549kN。中间钢梁支座反力为拉力 936kN 和剪力 79.7kN,斜撑支座反力为压力 1074kN 和剪力 549.2kN;结构最大变形为 5.1mm:结构构件的最大拉应力 126MPa,最大压应力 98.4MPa。

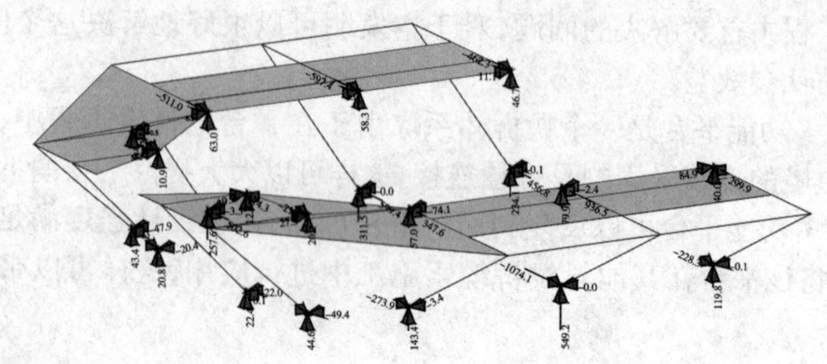

图 4　最不利荷载工况下支座反力(单位:kN)

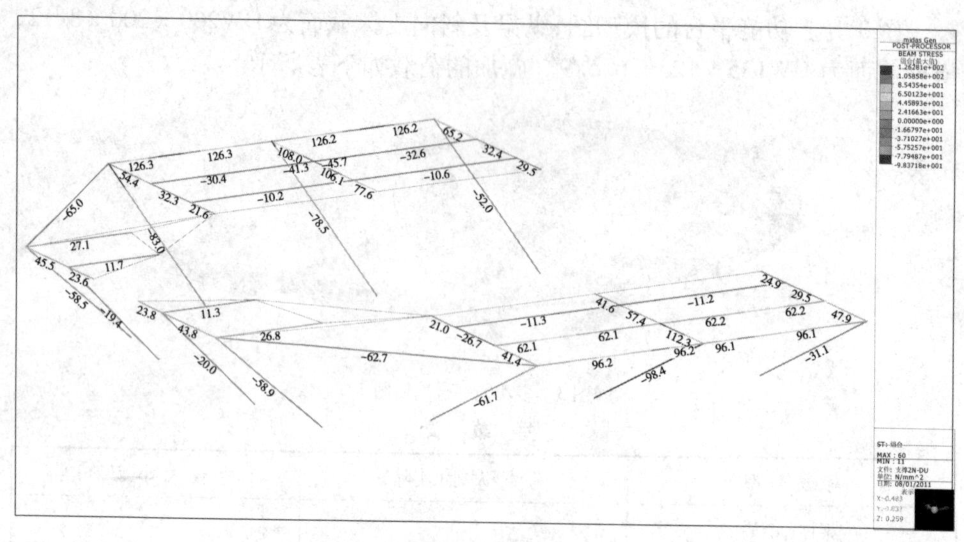

图 5　最不利荷载工况下结构位移(单位:mm)

4　多功能平台的构造

该多功能平台各构件之间主要采用焊接的连接方式,在此,主要介绍一下平台同主塔的连接,支撑钢梁埋件选用爬模使用的爬升锥(图 6)。通过爬升锥的连接,可以实现平台的快拆,及重复使用功能。

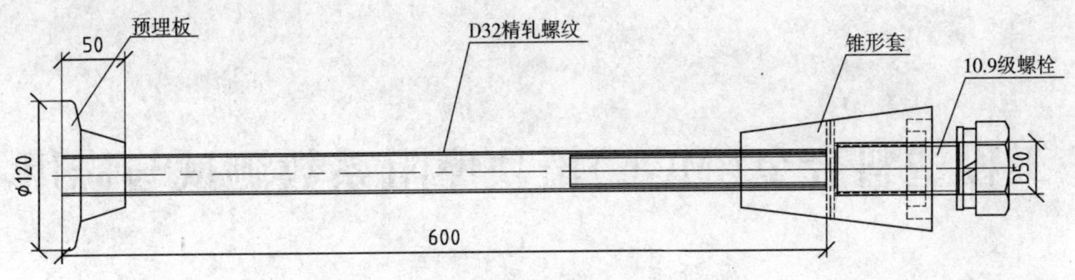

图6 爬升锥示意图

5 结语

通过在工程中的实际应用,该多功能平台实现了其所有的功能,特别是在同步交叉施工、大吨位起吊及大吨位张拉方面作用突出,同时,为工程的安全施工提供了有利的保障。在工程实践中,验证了该多功能平台的实用性、有效性,为其他跨既有线路,同时要求较高的斜拉桥的斜拉索施工提供了一种新的施工方法。

参考文献

[1] 林元培.斜拉桥[M].北京:人民交通出版社,1994.

[2] 刘士林.斜拉桥设计[M].北京:人民交通出版社,2006.

[3] 周孟波.斜拉桥手册[M].北京:人民交通出版社,2004.

[4] 薛峰.杨浦大桥主桥超长超重斜拉索施工技术[J].桥梁建设,1993(4).

[5] 刘志辉,姜剑峰,罗勇强.荆州长江公路大桥斜拉索挂索工艺[J].湖南交通技术,2006(3).

[6] 毕桂平,钟永新,马勇.上海长江大桥斜拉索施工工艺[J].世界桥梁,2009(21).

[7] 宋贵林,陶猛,罗勇强.抚顺永安桥斜拉索施工[J].辽宁省交通高等专科学校校报,2009(2).

工程塑料合金(MGE)滑块摩阻系数测试与应用

杨新海[1] 徐 新[1] 闫 红[2]

(1.中铁六局集团北京铁路建设有限公司 北京 100036;

2.北京市首发高速公路建设管理有限责任公司 北京 100071)

[摘 要] 为了保证大吨位曲线梁顶推施工的顺利进行,本工程采用了新型MGE滑块保证滑动装置的高效可靠,准确地设定滑块在顶推施工过程中各阶段摩阻系数,为计算和控制顶推力提供科学的依据。MGE滑块作为新材料尚未普遍使用,本工程通过采用模拟顶推试验段的方法进行MGE滑块摩阻系数的测定,并将MGE滑块应用于工程实践,对今后在类似工程中的广泛运用具有极大的推广意义。

[关键词] MGE滑块 摩擦系数 试验结论

1 顶推施工传统滑道设置

在桥梁顶推法施工中,施加很小的水平推力,便能将大吨位预应力混凝土箱梁移动,使之在既定的轨道上前进,这是因为滑道和滑块起了重要作用。因此,合理的设置滑道和滑块是减小箱梁滑动摩阻力的关键,也是提高顶推施工速度,易于进行梁体纠偏的重要因素。传统顶推滑道构造为滑道调整垫块与滑道板组合,滑道调整垫块与滑道板合计高度与永久支座高度相等,这样便于顶推到位后落梁时支座安装。

滑道调整垫块采用钢板焊成的长方体盒子,并布钢筋网,浇筑高强度等级混凝土;滑道板进口、出口由钢板刨削斜坡作主体,上铺不锈钢板;滑块均采用高分子聚四氟乙烯板。

2 MGE滑块主要特点

MGE滑块采用工程塑料合金,耐冲击性能好,抗压强度高,摩擦系数小,自润滑性能强,其自身具有以下特点。

(1)MGE滑块具有良好的弹性和抗冲击性,能够较好地消除因轨道不平造

成的局部高压及其带来的各种危害。

(2)MGE 滑块摩擦系数低、动静摩擦系数相差小,不会出现爬行现象,运行平稳。

(3)MGE 滑块自润滑、免维护,即使在干摩擦条件下也可正常使用。

(4)MGE 滑块承载能力大、抗震性能好,既能承受较大的负荷,也能承受冲击载荷,在受到大的负荷时,具有很好的柔韧性和自恢复性。

(5)MGE 滑块耐磨损、耐腐蚀,较其他非金属材料提高了一个数量级,使用寿命大大提高。

(6)MGE 滑块不剥落、抗剪能力强。

(7)MGE 滑块吸水率极低、尺寸稳定性好。

MGE 自润滑材料基本性能参数见表 1。

MGE 自润滑材料基本性能参数 表 1

项目	单位	MGE
密度	g/cm^3	1.0~1.1
拉伸强度	MPa	≥30
冲击强度	KJ/m^2	≥75
压缩强度	MPa	≥65
邵氏硬度	D	50~70
线联系数	1/℃	$8\times10^{-5}\sim9.1\times10^{-5}$
磨损率	mg/N·m	32×10^{-7}
吸水率	%	≤0.03
使用温度	℃	-40~+90
老化寿命	年	>50
极限 PV 值	MPa·m/s	≥8
摩擦系数	干态	0.045~0.065
	水润滑	0.022~0.04
	油润滑	0.016~0.03

3 MGE 滑块摩阻系数测试背景

为了保证如此大吨位曲线梁顶推施工的顺利进行,必须保证滑动装置的高效可靠,准确地设定滑块在顶推施工过程中各阶段摩阻系数,为计算和控制顶推力提供科学的依据。因此,根据本工程的现实需要,采用制作顶推试验段模拟的方法进行 MGE 滑块摩阻系数的测定。

4 MGE 滑块摩阻系数测试方法

4.1 顶推试验段制作

试验段利用箱梁的芯模浇注成型。临时墩滑道尺寸按长×宽=1.2m×0.8m 设置(图1),预制时每个临时墩顶滑道内设 44cm×40cm MGE 滑块4块,按照实验需求依次采用单块、1/2块、1/4块进行替换,检验滑块在承受不同级别压应力时的摩擦系数变化情况。

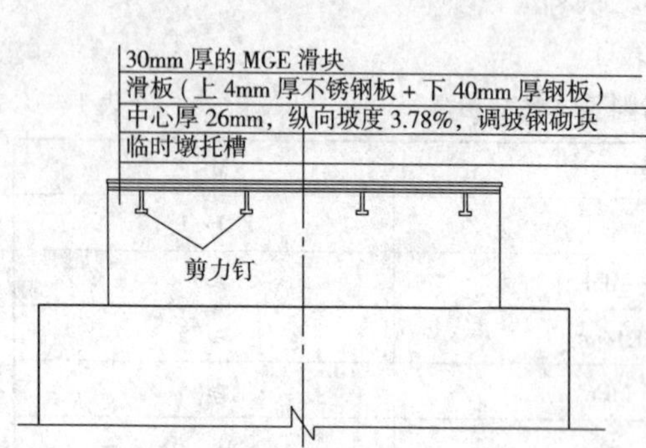

图1 墩顶滑动系统

4.2 测试方法及测试的过程

(1)工作准备

为了精确地测定箱梁启动及行进时油压千斤顶的读数,采用建筑研究院提供的两台 20t 同步油压千斤顶,配置标准荷载测量仪一台,试验设备如图2所示。

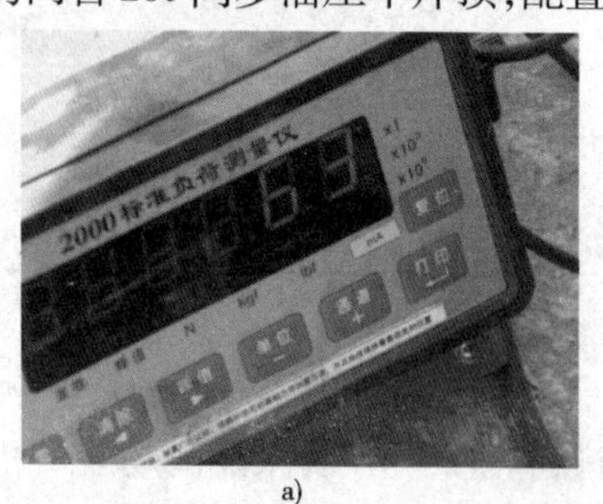

a)

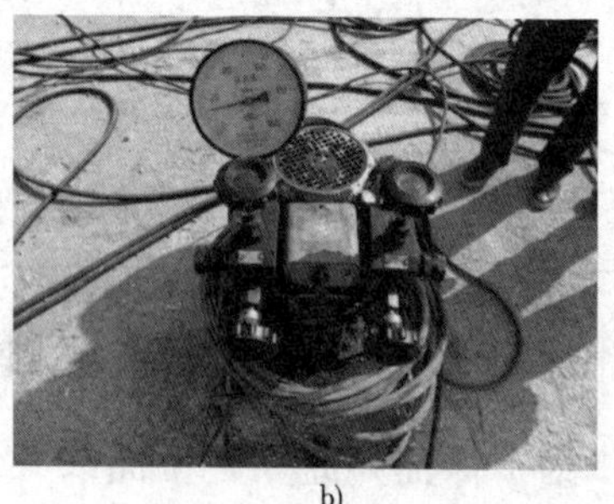

b)

图2 顶推量测设备

(2)试验过程

摩擦系数测定:试验千斤顶开启后,由专人观察梁体的启动情况,记录人员时刻注意荷载测量仪读数,当观察人员发现梁体启动后报告给记录人员,记录人立即记录启动时刻测量仪读数,以此作为计算启动静摩擦系数原始数据;梁体启动后,记录人员开始记录梁体行进过程中测量仪的读数,以此作为计算滑块动摩擦系数原始数据。第一次测定动摩擦系数时,千斤顶出镐行程为5cm;第二次启动操作与第一次相同,千斤顶行程加长,记录第二组数据,反复试验记录多组数据。此时每个临时墩顶均为4块滑块受力,承压力为0.4MPa,以此作为第一级试验工况。

完成第一级试验工况后,由操作人员更换墩顶4块MGE滑块为1块,梁体自重共由4块滑块承受,此时滑块承压力为1.6MPa,按照第一级试验工况的试验方法,由记录人员分别记录多组梁体启动及前进时荷载测量仪读数,分别计算静摩擦及动摩擦系数,完成第二级试验工况。

按照上述方法分别以1/2、1/4块滑块置换单块滑块承受梁重时的承压力作为第三、四级试验工况。为满足检验滑块承受10MPa(考虑梁底不平整和临时墩沉降引起的受力不均匀)时摩擦系数的变化,梁体顶面采用加载的方式进行试验,加载吨位经换算确定为63t,以此作为第五级试验工况。分别记录梁体启动及前进时荷载测量仪读数,并分别计算静摩擦系数及动摩擦系数,完成摩擦系数的测定试验。

(3)摩擦系数测定时各级工况参数计算。

试验段混凝土方量为45m^3,自身重量约为113t,此为前四级工况时荷载。各级工况参数计算如下。

①当4个临时墩墩顶各有4块滑块时:

滑块总面积:$0.44\times0.4\times16=2.816m^2$

试验段自重产生的压强:$113\div2.816=0.4MPa$

②当4个临时墩上每个只有一块滑块时,压强为:

$$113\div0.704=1.6MPa$$

③当临时墩顶每个只有半个滑块时,压强为:

$$113\div0.352=3.2MPa$$

④当临时墩顶每个只有1/4个滑块时,压强为:

$$113\div0.176=6.4MPa$$

⑤若达到10MPa的压强条件,最小加载为:

$$10\times0.176=176t$$

$$176 - 113 = 63t$$

实际试验过程中，加载重量为60t，加载材料为钢筋，对滑块的压强为9.83MPa，设计图中，箱梁对临时墩墩顶滑道的压强1.36～3.92MPa。其中在邻近就位时压强最大，为3.92MPa。

4.3 试验数据记录及处理

通过对所记录的原始数据进行计算，采用图表进行线性回归分析，从整体上判断滑块自身在不同级别荷载工况下摩擦系数变化的整体趋势，建立MGE滑块在各级承压力工作时的摩擦系数关系图，为实际顶推作业时计算梁体摩阻提供准确的取值依据。

各级工况下原始数据采集表及分析见表2～表7、图3～图8。

4块滑块顶进数据记录表 表2

试验状态	顶进次数	启动读数	前进读数	荷载(kN)	静摩擦系数	动摩擦系数	滑块承压力(MPa)
4块滑块	1	99	80	1 130	0.088	0.071	0.40
	2	94	83	1 130	0.083	0.073	0.40
	3	88	73	1 130	0.078	0.065	0.40
平均值		94	79		0.083	0.070	

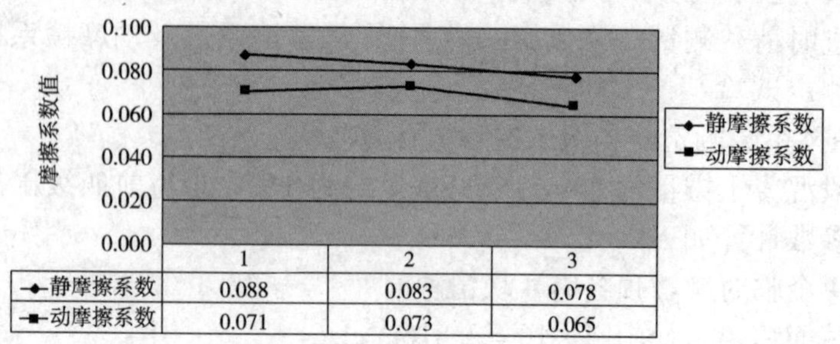

图3 4块滑块顶进摩擦系数分布图

单块滑块顶进数据记录表 表3

试验状态	顶进次数	启动读数	前进读数	荷载(kN)	静摩擦系数	动摩擦系数	滑块承压力(MPa)
单块滑块	1	83	63	1 130	0.073	0.056	1.61
	2	84	73	1 130	0.074	0.065	1.61
	3	84	77	1 130	0.074	0.068	1.61
	4	82	71	1 130	0.073	0.063	1.61
	5	82	77	1 130	0.073	0.068	1.61
平均值		83	72		0.073	0.064	

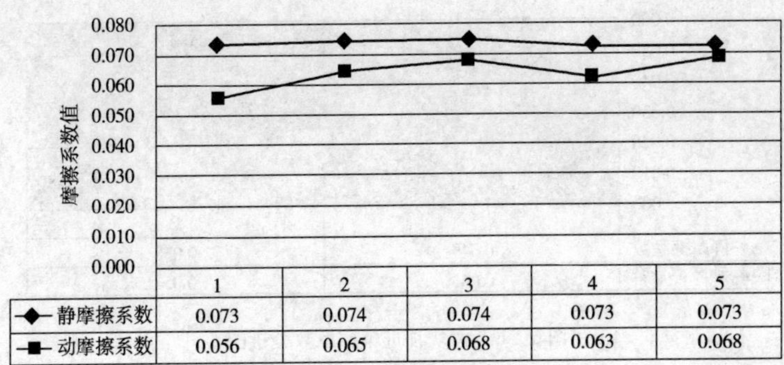

	1	2	3	4	5
静摩擦系数	0.073	0.074	0.074	0.073	0.073
动摩擦系数	0.056	0.065	0.068	0.063	0.068

图4　单块滑块顶进摩擦系数图

1/2 滑块顶进数据记录表　　表4

试验状态	顶进次数	启动读数	前进读数	荷载(kN)	静摩擦系数	动摩擦系数	滑块承压力(MPa)
1/2 滑块	1	82	69	1 130	0.073	0.061	3.21
	2	74	66	1 130	0.065	0.058	3.21
	3	81	69	1 130	0.072	0.061	3.21
	4	72	59	1 130	0.064	0.052	3.21
	5	71	65	1 130	0.063	0.058	3.21
	6	65	48	1 130	0.058	0.042	3.21
	7	65	50	1 130	0.058	0.044	3.21
平均值		73	61		0.064	0.054	3.21

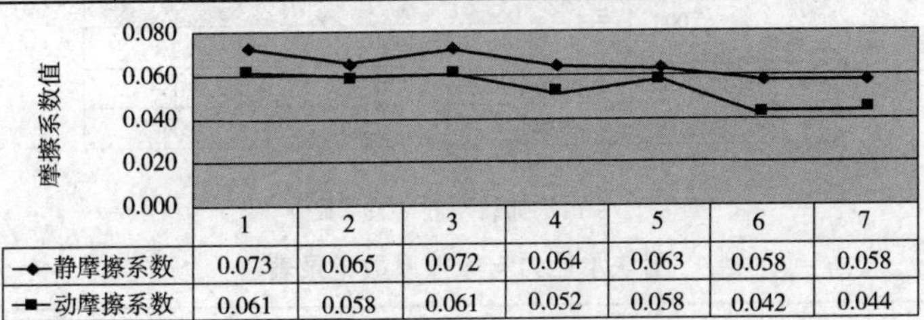

	1	2	3	4	5	6	7
静摩擦系数	0.073	0.065	0.072	0.064	0.063	0.058	0.058
动摩擦系数	0.061	0.058	0.061	0.052	0.058	0.042	0.044

图5　1/2 滑块顶进摩擦系数分布图

1/4 滑块顶进数据记录表　　表5

试验状态	顶进次数	启动读数	前进读数	荷载(kN)	静摩擦系数	动摩擦系数	滑块承压力(MPa)
1/4 滑块(1 730 kN 时外加荷载600kN)	1	55	49	1 130	0.049	0.043	6.42
	2	65	60	1 130	0.058	0.053	6.42
平均值		60	55		0.053	0.048	

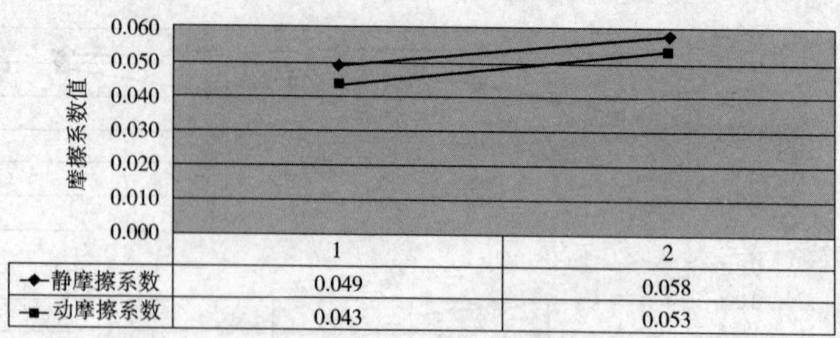

图6　1/4 滑块顶进摩擦系数分析图

1/4 滑块加载顶进数据记录表

表6

试验状态	顶进次数	启动读数	前进读数	荷载(kN)	静摩擦系数	动摩擦系数	滑块承压力(MPa)
1/4 滑块（外加荷载600kN）	1	106	71	1 730	0. 061	0. 041	9. 83
	2	82	70	1 730	0. 047	0. 040	9. 83
	3	92	76	1 730	0. 053	0. 044	9. 83
平均值		93	72		0. 054	0. 042	

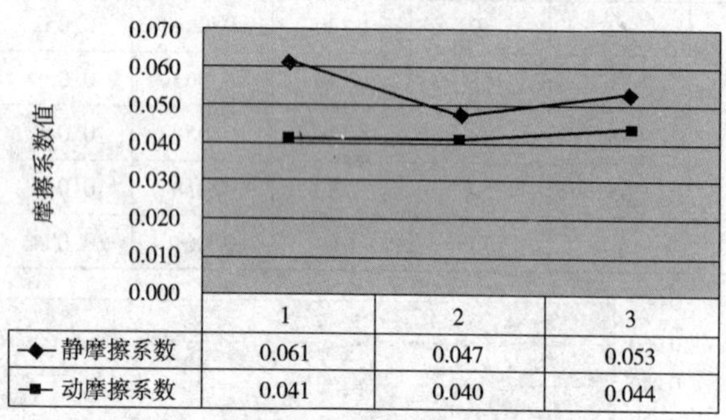

图7　1/4 滑块加载顶进摩擦系数分布图

滑块承压力与摩擦系数记录表

表7

滑块工况	承压力(MPa)	静摩擦系数	动摩擦系数
4 块滑块	0. 40	0. 083	0. 070
单块滑块	1. 61	0. 073	0. 064
1/2 滑块	3. 21	0. 064	0. 054
1/4 滑块	6. 42	0. 053	0. 048
1/4 滑块(外加荷载 600kN)	9. 83	0. 054	0. 042
平均值		0. 065	0. 056

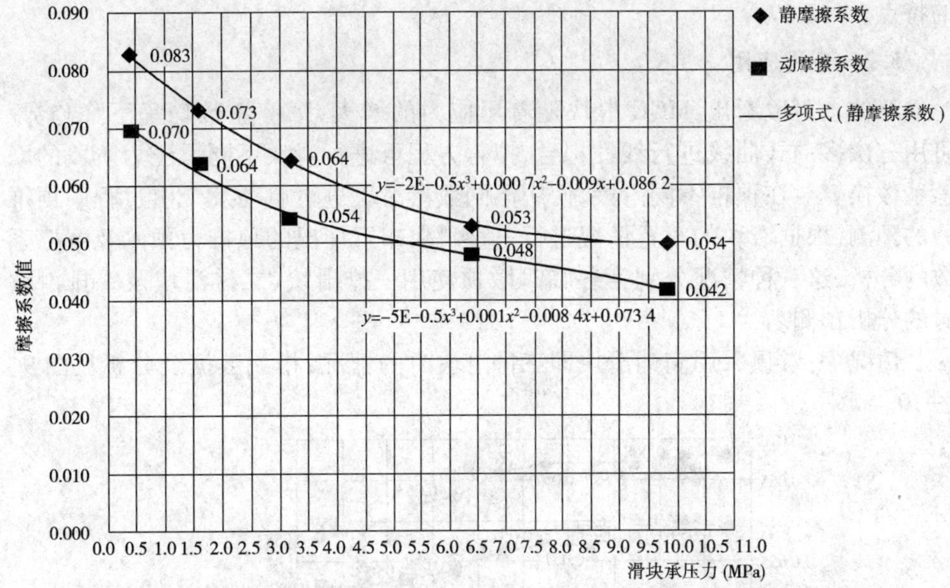

图 8　滑块承压力与摩擦系数关系图

5　试验结论分析及相关预测

5.1　试验结论分析

由以上数据图表分析可得出:MGE 滑块静摩擦系数平均值为 0.065,动摩擦系数为 0.056,符合其动静摩擦系数小的特点,在试验过程中我们将滑块滑动面涂抹黄油,根据其产品性能中油摩擦系数仅为 0.016 ~ 0.03。

经过分析,我们认为实测值与理论值出现误差有以下几个原因:

(1)在试验段施工过程中,由于滑块反放,导致摩擦系数增大。

(2)试验梁段在试验场内放置时间较长,与顶推滑道发生黏结,造成启动力偏大。

(3)梁底与滑块接触面产生真空膜,外界气压产生压力,造成启动力偏大。

(4)梁底部分杂物未能处理干净,造成摩擦系数增大。

在试验过程中,用于施加横向应力的 60t 千斤顶在施加 35t 应力阶段,用作楔体的一块 MGE 滑块由于局部承受压力遭破坏,经过实际测量,仅有与千斤顶接触部分破坏,整体滑块未见裂缝及破坏,破坏部分为外径 12cm,内径 10cm 圆环,经过换算,滑块破坏荷载为 101MPa,高于其设计承压 65MPa 的最大承压力值,为最大承压力值的 1.6 倍,充分显现出其承载能力高、抗冲击荷载能力较强的特点。

5.2 工程应用

总体上可以看出,MGE 滑块随着压应力的增大,摩擦系数均呈下降趋势。可用三次多项式曲线进行线性拟合,拟合方程可进行滑块不同承压力阶段的摩擦系数换算。在顶推不同阶段,使用不同数量滑块进行启动及牵引过程中顶推力的预测,根据滑块的布置情况进行三种滑块布置情况的顶推力预测及摩擦系数的分析,这三种情况分别为各临时墩顶使用三排滑块、二排滑块及一排滑块时的分析预测。

情况一:墩顶采用满铺滑块即三排滑块时的情况,相关数据及分析见图 9、图 10。

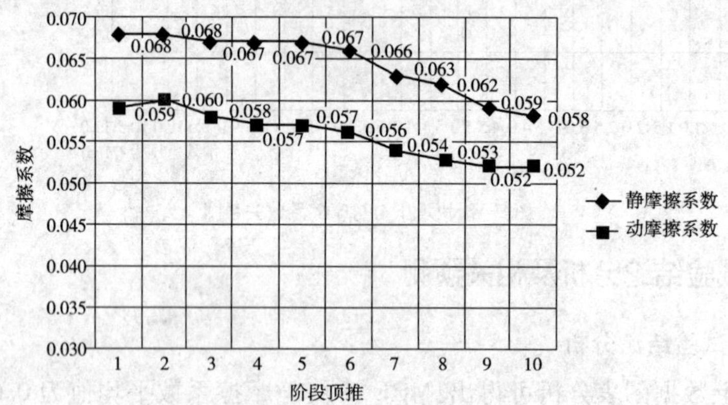

图 9　梁体顶推滑道满铺摩擦系数变化分析图

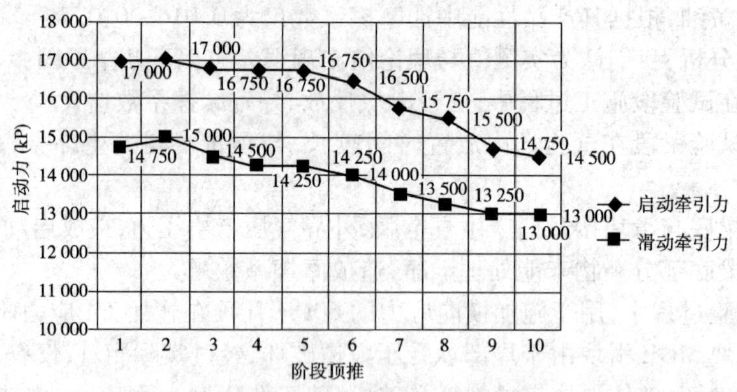

图 10　梁体顶推滑道满铺滑块牵引力分析图

情况二:墩顶采用两排滑块时的情况,相关数据及分析见图 11、图 12。

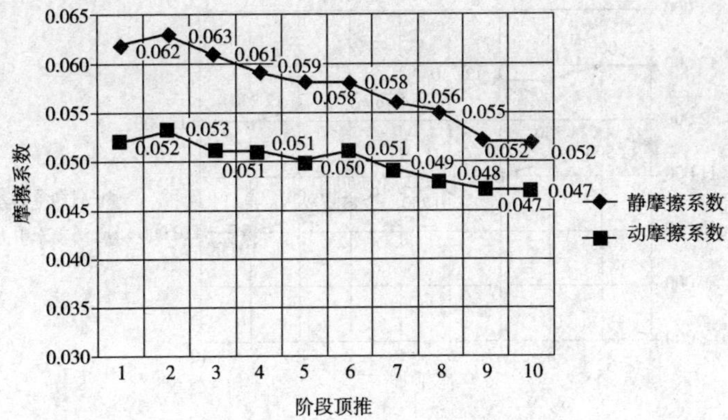

图 11　梁体顶推两排滑块摩擦系数分布图

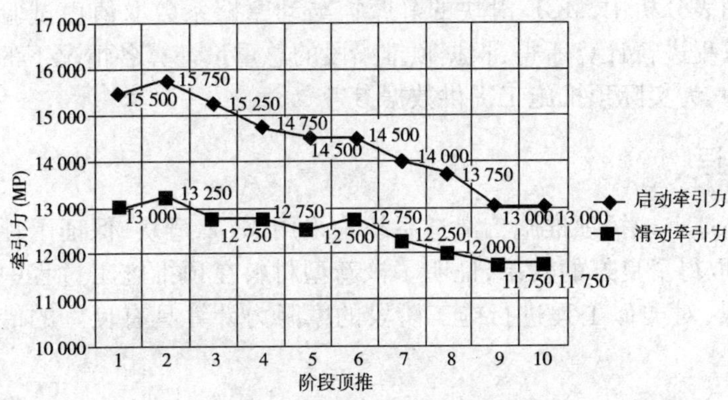

图 12　梁体顶推两排滑块牵引力分布图

情况三:墩顶采用一排滑块时的情况,相关数据及分析见图 13、图 14。

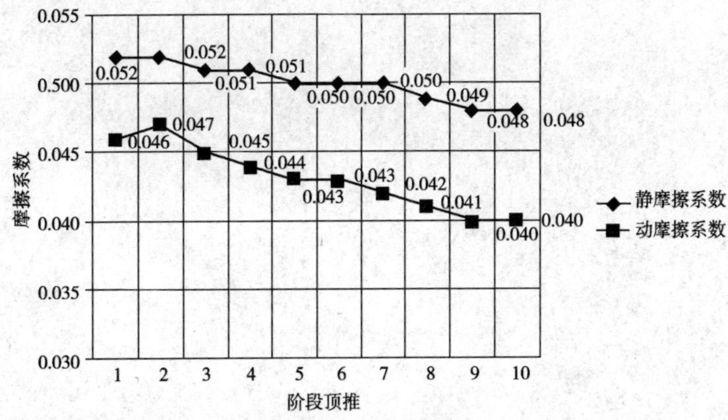

图 13　梁体顶推单排滑块摩擦系数分析图

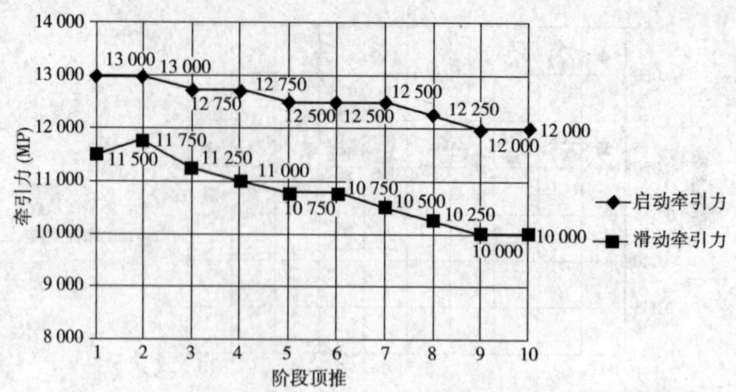

图 14　梁体顶推单排滑块牵引力分析图

以上图表分析中，MGE 滑块的静摩擦与动摩擦系数取值由试验结果所推导出拟合方程进行计算所得，根据顶推梁段的总重量计算各情况下的最大启动力与牵引力，为实际顶推施工提供数据参考。

6　结语

京新高速上地桥顶推施工滑道系统均采用 MGE 滑块，保证了顶推施工的顺利进行，取得了良好的效果，证明了该新型材料在顶推施工过程中具有广泛的应用前景，对类似工程进行施工阶段的摩阻力计算具有良好的借鉴和参考作用。

大吨位混凝土曲线箱梁曲线单点顶推施工限位及纠偏技术应用

郭建才[1]　唐　刚[2]　杨新海[2]

(1. 北京市首发高速公路建设管理有限责任公司　北京　100071；
2. 中铁六局集团北京铁路建设有限公司　北京　100036)

[摘　要]　上地斜拉桥为五跨连续独塔单索面曲线预应力混凝土斜拉桥，采用塔、墩固结体系，主梁支承于塔墩上。其中主跨 212m 采用顶推法施工，通过计算并确定顶推限位及纠偏方案，并通过动态监测顶推施工中箱梁的轴线偏差，结合具体的施工情况对顶推箱梁进行实时主动和被动纠偏，实践证明，采用的一系列纠偏措施保证了顶推梁体精确就位。

[关键词]　混凝土曲线箱梁　曲线　长距离　单点顶推　限位　纠偏　技术应用

1　工程概况

本工程顶推段箱梁采用预应力混凝土单箱五室截面，设计采用 C55 高性能混凝土，主梁中间设四道直腹板，两侧设斜腹板，外侧为翼缘板，全宽为 35.5m，顶板宽 35.26m，底板宽 21m，如图 1 ~ 图 4 所示。

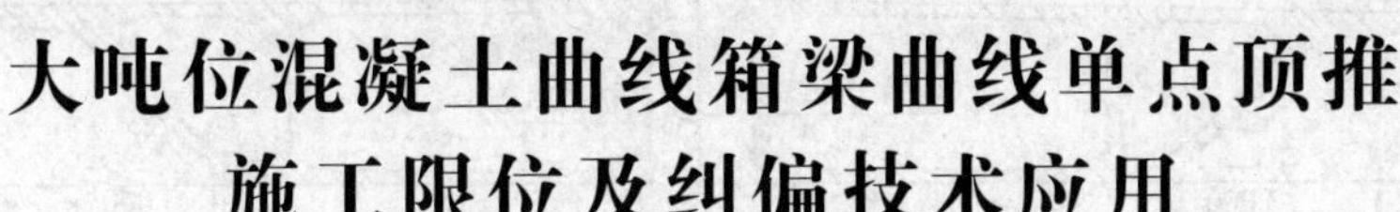

图 1　顶推段箱梁平面示意图

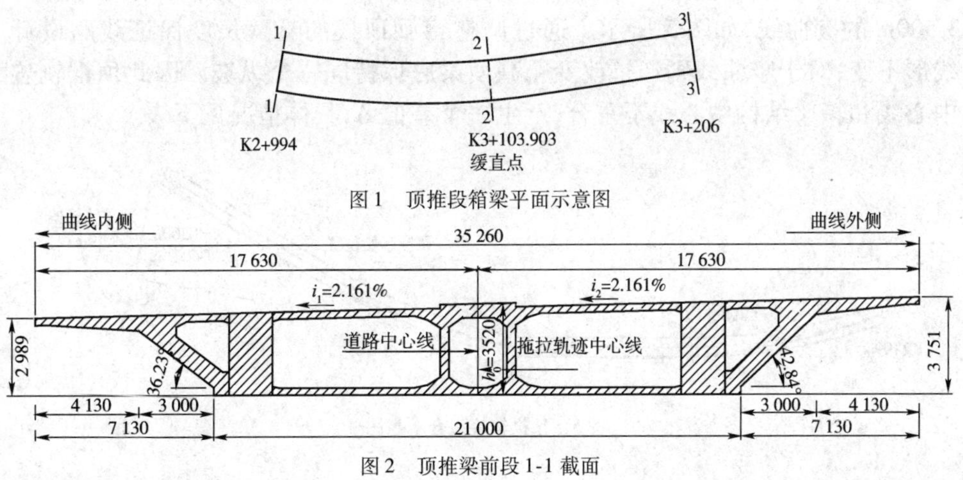

图 2　顶推梁前段 1-1 截面

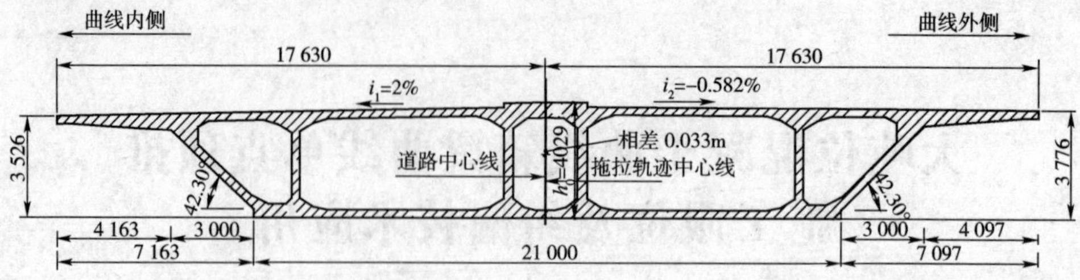

图 3　顶推梁跨中 2-2 截面

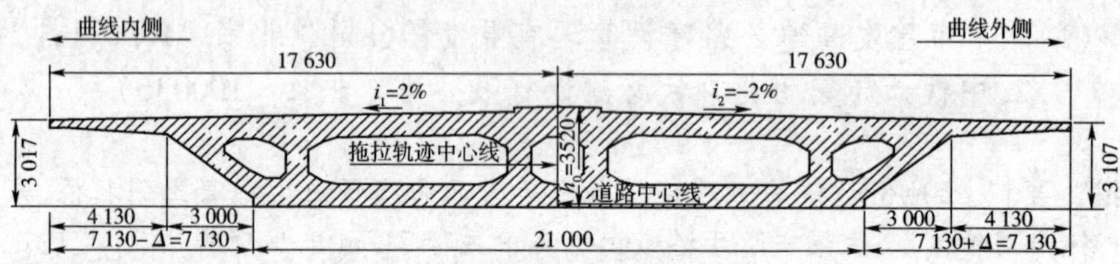

图 4　顶推梁后端 3-3 截面

推段箱梁长 212m（顶推段里程为 K2+994～K3+206，其中缓和曲线 K2+994～K3+103.903 共 109.903m，直线 K3+103.903～K3+206 共 102.097m），顶推距离 213m，顶推段总重 25 000t，顶推轨迹为 R = 3 500m 的圆曲线和 3.759‰上坡。

2　顶推方案

本桥位于竖曲线和缓和曲线上，顶推段全长 212m，顶推距离 213m。设计中把顶推段主梁及底板的平曲线线形，直线+缓和曲线+圆曲线，拟合成 R = 3 500m 的圆曲线，如图 5 所示。通过调整箱梁顶板的悬臂长度保证线路设计线形不变，对于竖曲线则通过改变箱高使梁底保持同一个纵坡。因此顶推轨迹中心线和箱梁结构中心线不重合，产生一个差值 Δ，具体情况见下表。

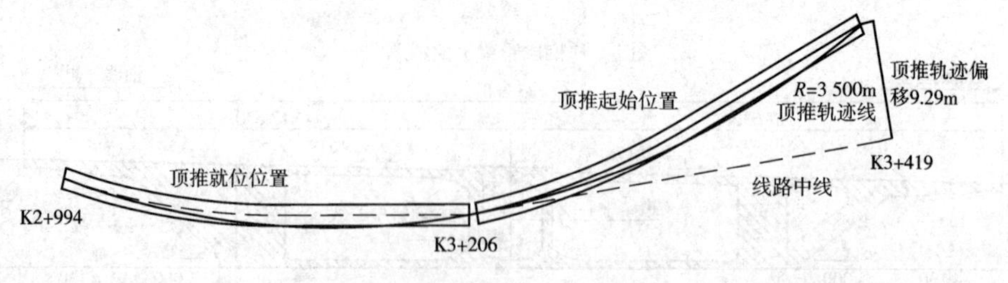

图 5　顶推轨迹拟合示意图

顶推段箱梁结构参数表

截面序号	截面里程	箱梁中心梁高(m)	箱梁曲线内侧梁高(m)	箱梁曲线外侧梁高(m)	箱梁曲线内外侧高度差(m)	差值Δ(mm)
1	K2 +994	3.52	2.989	3.751	0.762	0
2	K2 +997	3.548	3.03	3.776	0.746	47
3	K3 +0.571	3.581	3.078	3.784	0.706	100
4	K3 +2.35	3.597	3.095	3.792	0.697	123
5	K3 +28.5	3.798	3.295	3.88	0.585	325
6	K3 +82.237	4.016	3.513	3.866	0.353	154
7	K3 +106	4.029	3.526	3.776	0.25	-33
8	K3 +163.903	3.845	3.342	3.342	0	-302
9	K3 +174	3.782	3.279	3.279	0	-279
10	K3 +176	3.768	3.266	3.266	0	-267
11	K3 +178.7	3.749	3.247	3.247	0	-254
12	K3 +182.7	3.72	3.217	3.217	0	-229
13	K3 +189	3.671	3.168	3.168	0	-183
14	K3 +199.5	3.581	3.078	3.078	0	-80
15	K3 +206	3.52	3.017	3.017	0	0

注:Δ 正值表示顶推轨迹中心线位于曲线内侧。

顶推施工需设置中间临时墩共 22 排;在主墩和临时墩墩顶设置滑动装置,主梁混凝土底板直接作为上滑道,上滑道共 2 条,滑块采用 MGE 滑块。

在顶推主梁的前端设置钢导梁,钢导梁长 44m(全长 48m,其中 4m 的预埋段),钢导梁采曲线变截面钢箱梁,平面曲线 R =3 500m,曲线内外侧双肢布置,中心间距 18m,中间采用平、横联连接。

本桥采用单点多顶动态纠偏的顶推方式,顶推系统设置于箱梁底部。在 4 号主墩横梁处设置牵引反力座,后锚点设置在顶推段主梁的尾段,和顶推箱梁尾端底板浇筑为整体。顶推设备由 12 台 200t 连续千斤顶组成,在梁底均匀布置(图 6)。12 台千斤顶通过牵引后锚点的牵引索,使梁体前进,牵引索采用 19-7ϕ5 钢绞线组成,通过控制曲线内外侧千斤顶的牵引线速度,保证梁体沿线路中线运动(图 7)。

3 纠偏方案的确定

本桥主梁顶推轨迹平曲线是半径为3500m 的圆曲线,为确保梁体沿顶推轨迹前进,防止梁体产生侧向偏移,根据具体的计算结果确定在墩顶曲线内侧和

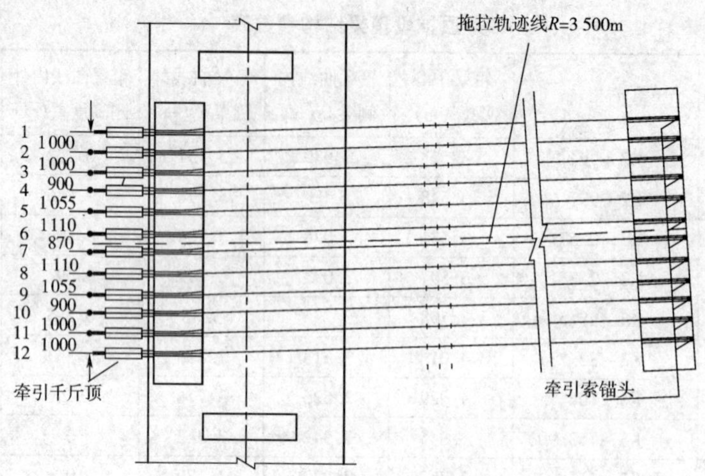

图6　顶推千斤顶平面布置示意图

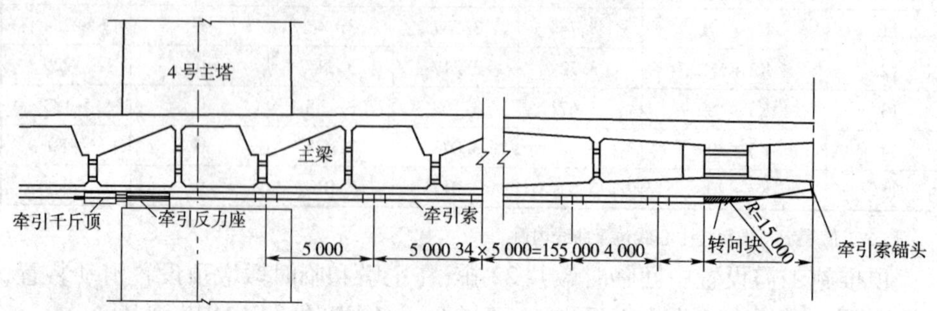

图7　顶推反力座和后锚点示意图

外侧设置横向限位或纠偏装置，顶推过程中，顶推运动前端的限位装置一直位于曲线外侧；在顶推的前109m，顶推运动后端的限位装置位于曲线内侧，顶推运动的109～213m，顶推运动后端的限位装置位于曲线外侧。当发生限位装置脱空达到5cm时，则利用纠偏千斤顶纠偏（图8）。通过反复的计算比较和方案优化，确定在顶推梁端的两端临时墩设置横向限位装置和纠偏千斤顶的方案，该方案能够在使用较少设备的前提下保证顶推过程的安全和限制主梁横向移动。

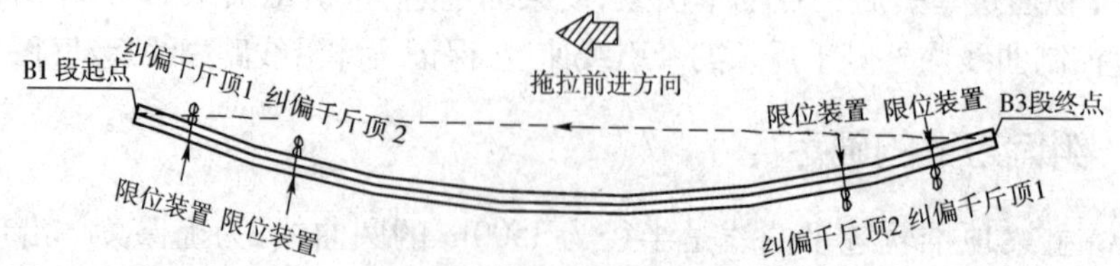

图8　前109m顶推过程千斤顶布置示意图（理论布置方式）

顶推过程中先启动限位千斤顶1,利用限位千斤顶1纠偏。如果在纠偏过程中,限位千斤顶1油表读数达到临时墩(或者限位架,取二者承载力较小值)横向容许力的50%,此时仍未达到纠偏效果,则准备开启限位千斤顶2;如果限位千斤顶1油表读数达到临时墩(或者限位架,取二者承载力较小值)横向容许力的70%,此时仍未达到纠偏效果则立即启动限位千斤顶2辅助限位,并密切监测油表读数。如果主梁在横桥向反方向滑动,通过限位装置来控制其位移。顶推前,限位装置与主梁净距5cm,通过测量限位临时墩位移与应变来实现临时墩受力安全(图9、图10)。

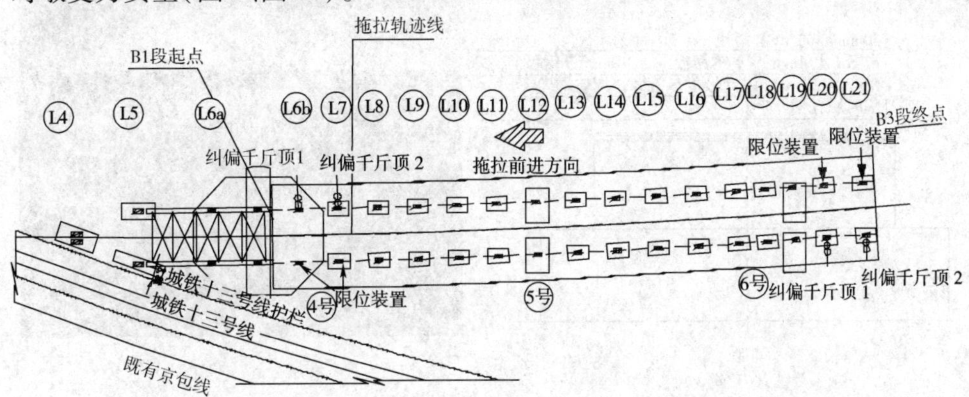

图9　顶推前主梁平面示意图

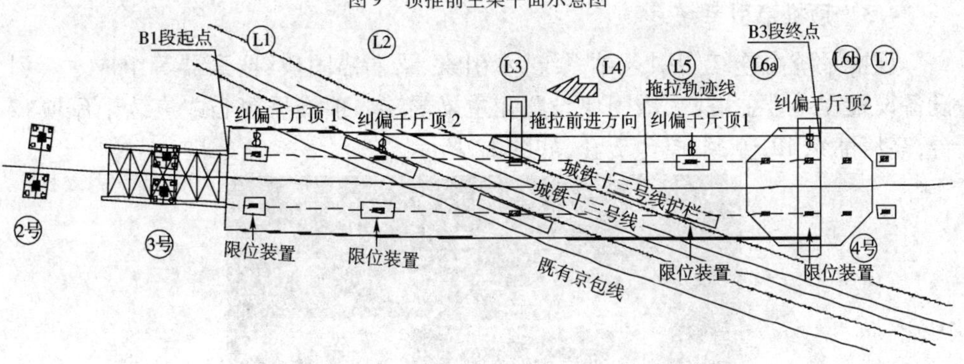

图10　顶推就位后主梁平面示意图

4　顶推主要施工步骤

4.1　顶推段箱梁现浇及其他准备工作的施工

顶推段箱梁分三个浇注段,待混凝土强度及弹模达到设计要求,按图纸要求张拉永久及临时束预应力，并进行防撞墙施工，顶推前安装44m前导梁。

4.2 下滑道和滑块

在4号墩和每一排临时墩顶面均需设置一套滑动装置，由支承垫石上的调坡钢楔块、滑板和MGE滑块组成。钢楔块楔块中心厚度26mm，纵向坡度3.75‰，滑板由上表面4mm的镜面不锈钢板和其下方的40mm厚的钢板组成。墩顶滑动系统如图11所示。

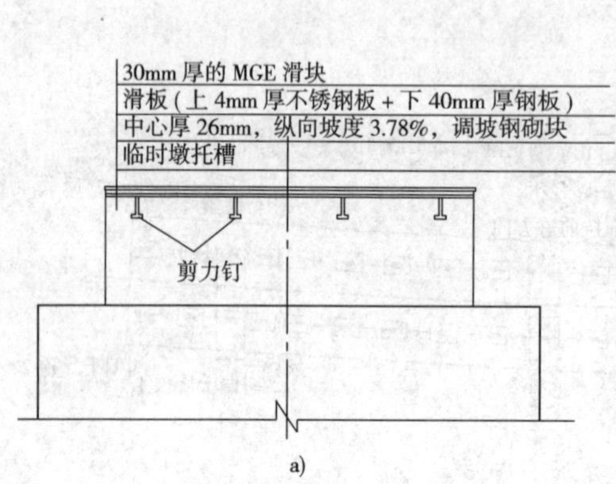

a)

b)

图11 墩顶滑动系统

4.3 顶推牵引系统

顶推系统由连续牵引泵站系统、牵引索、梁端锚固块、挂索器等组成。牵引设备设置在4号主塔墩，锚固块设置在主梁尾端。顶推需穿心式连续千斤顶12台，高压油泵12台，中控台7套，如图12所示。

图12 穿心式连续千斤顶

4.4 横向限位及纠偏装置

限位及纠偏装置主要分为:限位滚轴(图 13)、纠偏千斤顶(图 14)、楔形板 + 钢滚轴或顶铁组合(图 15)这三种形式。

限位装置为定制钢滚轴,纠偏装置采用千斤顶,分别布置在临时墩顶的钢结构支架上。临时墩限位装置的限位架材料为 Q345 的工字钢,主塔横向限位装置为放在混凝土块上的吨位千斤顶。

图 13 限位滚轴

图 14 纠偏千斤顶

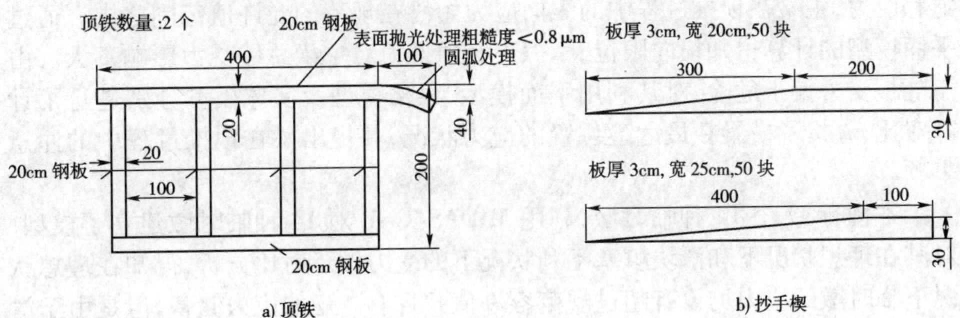

a) 顶铁　　b) 抄手楔

图 15 顶铁和楔形板结构图

4.5 顶推施工步骤

顶推前 B 段梁体脱架,仅由临时墩支撑。顶推系统空载试运行,试验合格后进行钢绞线穿束。

顶推施工分 10 次进行,前两次为试顶。第一次试顶 3m 左右,验证最大摩阻力,检验设备和后锚点。第二次试顶 20m 左右,复核二次启动摩阻力,验证顶推速度,检验限位及纠偏装置的可靠。后八次向铁路和城铁管理部门要点,封闭线路顶进作业,每次约 3h,每次顶推距离为 23m 左右。

4.6 顶推过程中的纠偏

顶推过程中建立了由顶推控制室、测量监测系统、临时墩及箱梁的应力监测系统、临时墩顶的纠偏小组和应急指示灯组成的控制体系。顶推时根据箱梁的模拟分析和实际情况,对其进行主动的纠偏,再由测量系统汇报每米箱梁的行进和偏转情况,数据传到顶推控制室,再由控制室根据临时墩的变形、应力等情况下达纠偏力至中控台和各临时墩的纠偏限位小组,实现梁体的顺利顶进。

5 顶推施工监控分析

本次顶推过程中监控工作内容主要有:主梁各断面纵向应力、主梁隔板横向应力、临时墩纵向应力、临时墩横向应力、主梁和导梁的高程、主梁前端轴线偏差、主梁尾端轴线偏差、临时墩滑道顶的高程(临时墩沉降)、临时墩纵向位移、临时墩横向位移、千斤顶的顶力等。此阶段的测量数据主要来源于监控单位和施工单位。

利用 MIDAS/Civil 和 MIDAS/FEA 软件对主梁进行了建模分析,说明了主梁在顶推过程中的受力特点,给出主梁在理想状况和滑块填塞不利作用下的内力和应力,主梁在顶推过程中的纵向应力始终在规范的允许值范围之内。通过平面模型的计算得知横向限位、摩擦力及顶推力对主梁总体受力影响不大。由于隔板受力偏于危险,对其利用平面模型、梁格模型及实体模型分别进行了计算对比,分析了横梁在最危险位置的应力状况,并提出了在顶推过程中的注意事项。

本桥有 47 个 14 种临时墩,利用 MIDAS/Civil 对 14 种临时墩建立了模型,对其在理想状况下和滑块填塞不利状况下的受力做了对比分析,得知在理想状况下临时墩的应力均没有超过规范容许值并且有一定的应力储备,但是由于滑块填塞不利情况严重,导致部分临时墩在此状况下受力危险,故在施工控制中应当时刻关注其应力和位移变化值,以便及时采取有效的控制措施。

主梁应力控制值:如果实测压应力达到 17MPa,或者拉应力达到 0MPa 则进行预警,并对结构进行密切观测;如果实测应力达到 20MPa,或者拉应力达到 1.5MPa 则进行报警,并停止顶推施工。

临时墩沉降控制值:在临时墩沉降达到 5mm 时进行预警,达到 7mm 时进行报警,并停止顶推施工,待查明原因后方可继续施工。

6 影响纠偏主要因素

本工程顶推施工主要为曲线混凝土箱梁以曲线为轨迹,同时宽截面的混凝土箱梁由两侧 2% 的横坡渐变为 2.161% 的单坡,左右自重差异大。

(1)长距离、曲线顶推轨迹,顶推力沿引起弯矩变化。

方案计划通过顶推千斤顶进行主动纠偏,千斤顶需要设置限位开关来保证同力不同步,但目前国内没有相应设备,因此实施时采用12台顶推千斤顶,分为6个分控(分控台可以调力)和1个总控台,通过顶力分级布置来实现。

(2)曲线超高,梁体偏重,引起摩擦力不均匀,外侧摩擦力大。

通过主动纠偏,即调整顶力达到主动纠偏的目的。

(3)引起墩柱不均匀沉降,梁底平整度,左右滑道受力随时变化。

在箱梁预制时,滑道下为钢模板尽量减小梁底不平整的影响,也保证了箱梁的曲线线型的平滑度。同时顶推过程中,通过被动纠偏,即纠偏千斤顶、限位装置和楔形板来实现。

(4)临时墩的沉降、箱梁的自身挠度造成了滑块喂送困难,使纠偏难度加大。

7 总结和建议

7.1 总结

纠偏工作是保证顶推准确就位的位移途径。本工程顶推混凝土箱梁自重25 000t、长212m,顶推施工于2011年5月8日顺利完工,顶推距离共213m。每天利用晚间城铁停运的3h天窗点施工,每天的顶进速度为6~10m/h,最快一天三小时顶推了35m,就位偏差为:前端向外7mm,后端向内4mm。

实际的顶力值,启动顶力为2 160t,顶推过程中运行顶力主要集中在600~1 200t。过程中动摩擦系数基本为0.04的摩擦系数,最小在0.028左右。

横向纠偏方面,千斤顶最大施加了100t的纠偏力,后临近就位时,采用钢楔形板和滚轴纠偏力为150~200t。

实践证明,顶推速度越快纠偏效果越好,即顶推千斤顶顶力值越小越适合纠偏。对于曲线梁的纠偏工作比较复杂,在限位和纠偏装置不起作用时,梁会绕摩擦中心在平面内转动,而实际上各个临时墩的滑道与滑块之间的摩擦不尽相同,并且随时可能发生变化。本桥的另一个特点是曲线梁沿圆弧弦线顶推,这就造成了一个面内弯矩,使纠偏难度增大。在实际操作中的主要纠偏措施有:控制千斤顶内外侧顶力大小、满足施工要求的滑块、备紧限位装置及采用纠偏千斤顶等方式。而采用上述措施时必须在梁平稳前进、顶力正常的情况下进行,在顶力增大、梁前进受阻时进行纠偏,难以达到预期效果。

同时,通过本工程实例可见,在多点顶推等新技术发展迅速的今天,单点集中顶推施工这种经典方法的经济、实用的优势依旧很明显。

7.2　建议

(1)曲线梁顶推最好能采用可调节顶力的设备来主动控制顶推。

(2)在钢导梁的结合部,软硬的过渡不圆顺。如有几米范围的钢—混凝土结合,效果会更好。

长大钢筋笼整体吊装施工技术

井艳明[1]　白江辉[1]　金海林[2]

(1. 中铁六局集团北京铁路建设有限公司　北京　100036;

2. 北京市首发高速公路建设管理有限责任公司　北京　100071)

[摘　要]　本文详尽阐述了京新高速公路(五环路—六环路段)工程上地斜拉桥桩基钢筋笼吊装运输施工技术,旨在阐明在确保既有城铁十三号线安全运营的前提下,如何组织吊运来防止钢筋笼的变形,减少钢筋笼的井口作业时间,从而提高工效,保证桩基的整体质量。本文所提供的工程施工实践,对今后同类工程起到了很好的借鉴作用。

[关键词]　整体起吊　变形控制　提高工效

1　工程概况

本工程主墩承台为变厚度八边形,承台尺寸为45.6m×40.3m,主墩采用60根直径为2.0m钻孔桩,纵、横向距离均为5.3m,钻孔深度约80m;主墩桩基主筋采用HRB335ϕ32钢筋,长度为73.643m(图1),其中钢筋加密区为64根HRB335ϕ32钢筋(双肢),间距为177.9mm,中间部分为32根HRB335ϕ32钢筋,下部分为4根HRB335ϕ32钢筋,单根桩基设计混凝土方量为260m^3。

声测管采用内径ϕ53的焊接钢管,壁厚5.3mm,一根桩基布有4根,单根长73.65m,单根桩基的声测管重量为1436.764kg。

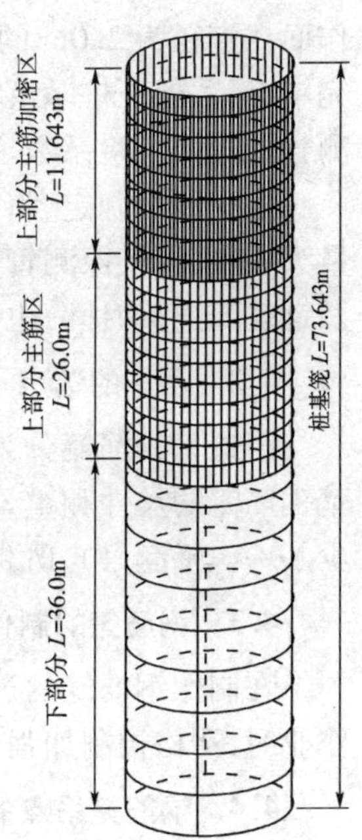

图1　主墩桩基钢筋笼

2　主墩桩基施工难点

主墩桩基施工难点有以下几个方面:

(1)双肢主筋直螺纹套丝连接;

(2)桩基沉渣厚度设计要求不大于5cm,钢筋笼吊装、运输、对中必须在较短的时间内完成，否则严重影响桩基质量；

(3)起吊易变形，应防止变形；

(4)100t、25t 吊车同时运行，施工组织是关键，保证运输安全；

(5)工期紧、任务重，施工场地狭窄，紧邻居民区及城铁、国铁，必须保证城铁、国铁运输安全。

3 施工工艺流程

钢筋接长→钢筋笼制作→布设吊点→钢筋笼加固→钢筋笼起吊、运输、入孔、焊接、对中就位。

4 施工技术控制

4.1 钢筋笼断开尺寸选定

桩基主筋由 32 根 HRB335ϕ32 钢筋组成，如采用多区段断开，吊装次数多，焊接工作量较大，且无法保证钢筋的焊接质量，将浪费大量时间。又因焊接工作面在直径为 2.0m 的桩基四周，工作面狭小，无法保证在最短的时间内焊接完毕，无法保证桩基沉渣厚度不大于 5cm。如钢筋笼探测管焊接次数较多，探测管的焊接风险系数增大，对验桩造成不同程度的影响。

根据图纸确定，将钢筋笼分为上部分 37.643m、下部分 36.0m，焊接钢筋数量为 4 根，焊接探测管数量为 4 根，吊装次数为两次，有效地减少了钢筋笼入孔及钢筋笼连接时间，也减少了桩基成孔的静置时间，降低了沉渣厚度。

4.2 吊车的选定

因桩基钢筋笼分为两节，主要重量分布集中在上部分 37.643m 处，根据桩基钢筋笼的尺寸和重量，选用 100t 履带吊车(具备竖向运输的条件，比炮车减少了一次平起吊)，既保证了钢筋笼的吊装，又满足了钢筋笼的运输。

4.3 钢筋笼的制作

在制作钢筋笼的过程中，严格按照图纸设计要求进行焊接绑扎，进行焊接作业时，严格控制加强箍与主筋的焊接质量，保证焊接饱满，无虚焊漏焊现象。

4.4 钢筋笼吊点的确定

钢筋笼焊接完毕后，根据钢筋笼主筋分配，采用试吊的方法确定吊点。试吊完毕，确定从钢筋笼起始点位置依次布设吊点，距离桩顶尺寸分别为 4.4m、12.4m、22.4m、30.4m，吊点分别相对于中心线对称设置两道。

4.5 钢筋笼加固

钢筋笼试吊后，根据试吊情况，需对钢筋笼吊点位置进行加固，方可提高钢筋笼在运输过程中的安全性，对钢筋笼内增设加强箍方可增强钢筋笼的整体性，具体如下。

(1)为确保起吊点不被破坏，在起吊点位置设置两道加强箍，加强箍分别采用图纸设计 HRB335ϕ32 钢筋，加强筋焊点要饱满牢固，如图 2 所示。

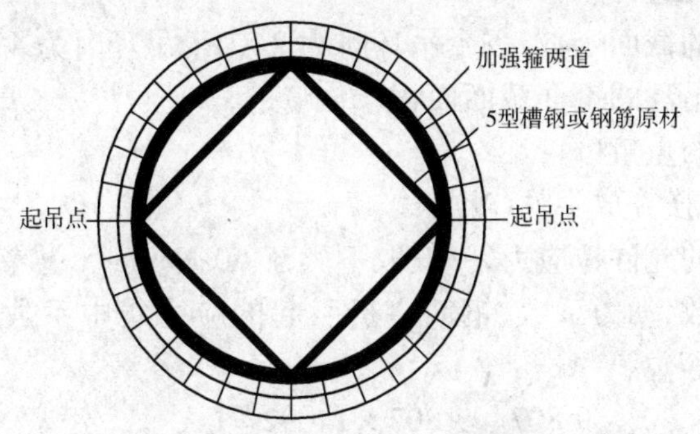

图 2 钢筋笼起吊点加固图

(2)在 N2 主筋范围内增设加强箍，加强箍由原来的 2m 一道增设成为 1m 一道。

(3)分别在吊点位置利用现场钢筋 HRB335ϕ20 或钢筋废料加工成"□"型(图 2)，以提高整体钢筋笼的稳定性。

(4)为保证钢筋笼在起吊过程中及入孔中加强筋不被破坏，在起吊点位置及最上端加强筋位置增设补强钢筋，补强钢筋长度不小于 7cm，补强钢筋焊接位置为桩基顶端侧，补强钢筋与主筋、加强筋充分焊接饱满，保证焊接牢固。

(5)在单根加强箍部位，增设有"└┴──┴┘"形构件(图 3)，以增加对钢筋笼的稳固，在钢筋笼入孔时再进行拆除，构件选用边长7.5cm 角钢，厚度为 6mm，或采用 HPB235ϕ32 钢筋制作，并保证质量。在单个钢筋笼中加设构件不少于 3 个。

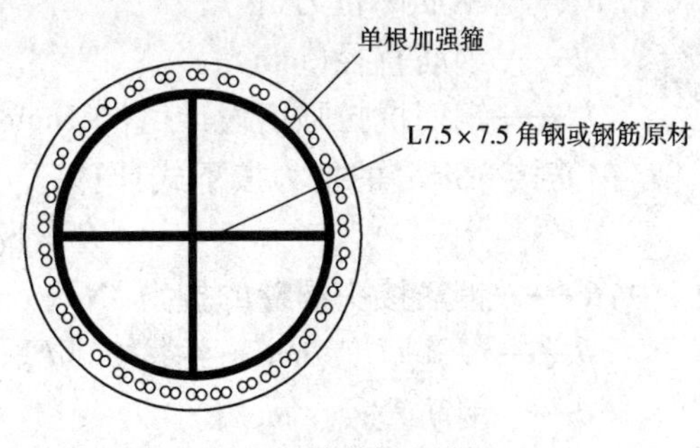

图 3 十字撑加强图

4.6 吊环的布设

4.6.1 吊环截面选取

由图纸可得单根钢筋笼总重为 14 920kg，采用 2 个吊环进行起吊，由建筑施工计算手册得：

$$\sigma = \frac{9\ 807G}{nA} \leqslant [\sigma]$$

式中：σ——吊环拉应力（N/mm²）；

n——吊环的截面个数，一个吊环时为 2；二个吊环时为 4；

A——一个吊环的钢筋截面面积（mm²）；

G——构件的重量（t）；

9 807——吨（t）换算成牛顿（N）；

$[\sigma]$——吊环的允许拉应力，一般取不大于 50 N/mm²（已考虑超载系数、吸附系数、动力系数、钢筋弯折引起的应力集中系数、钢筋角度影响系数等）。

故 $$A_s = \frac{9\ 807}{[\sigma]n} = \frac{9\ 807 \times 14.92}{50 \times 4} = 731.6\text{mm}^2$$

选用 ϕ32mm 吊环，$A = 804 > 731.6$（可用）。

因此钢筋笼吊筋、吊环均采用 HPB235ϕ32 钢筋，吊环为两套，一个起吊，一个利用丝杠进行竖向固定。

4.6.2 吊筋长度

钢筋笼吊筋长度严格按照护筒高程进行计算确定，在吊装钢筋笼前将吊筋及吊环与主筋进行焊接，含搭接数量不少于 10d。

$$R_s = \frac{\pi d^2}{4} f_y$$

式中：R_s——钢筋的抗力（N）；

d——钢筋直径（mm）；

f_y——钢筋抗拉强度设计值（N/mm²）。

钢筋接头焊缝的抗力按下式计算：

$$R_f = \text{h}lf_t$$

式中：R_f——钢筋接头焊缝的抗力（N）；

h——焊缝厚度（mm）；约按 0.3d 取用；

d——钢筋直径（mm）；

l——钢筋搭接焊缝长度（mm）；

f_t——焊缝抗剪强度设计值（N/mm^2），采用 E43 型焊条（对 HPB235 级钢筋）时取 $160N/mm^2$；采用 E50 型焊条（对 HRB335 级和 HRB400 级钢筋）时取 $200N/mm^2$。

为保证焊缝具有足够的拉力，应使 $R_f > R_s$，即：

$$0.3dlf_t > \frac{\pi d^2}{4} f_y$$

$$l > \frac{2.62df_y}{f_t}$$

当用于 HPB235 级钢筋，$f_y = 210N/mm^2$，则有：

$$l > \frac{2.62 \times 210}{160} d \approx 3.5d$$

故选用 $l > 10d$ 焊缝长度进行焊接，留足强度。

4.7 钢筋笼吊运

（1）钢筋笼吊运采用两台吊机、四点起吊的方法进行。钢筋笼整体起点、吊点严格按照计算位置布设，如图 4 所示。

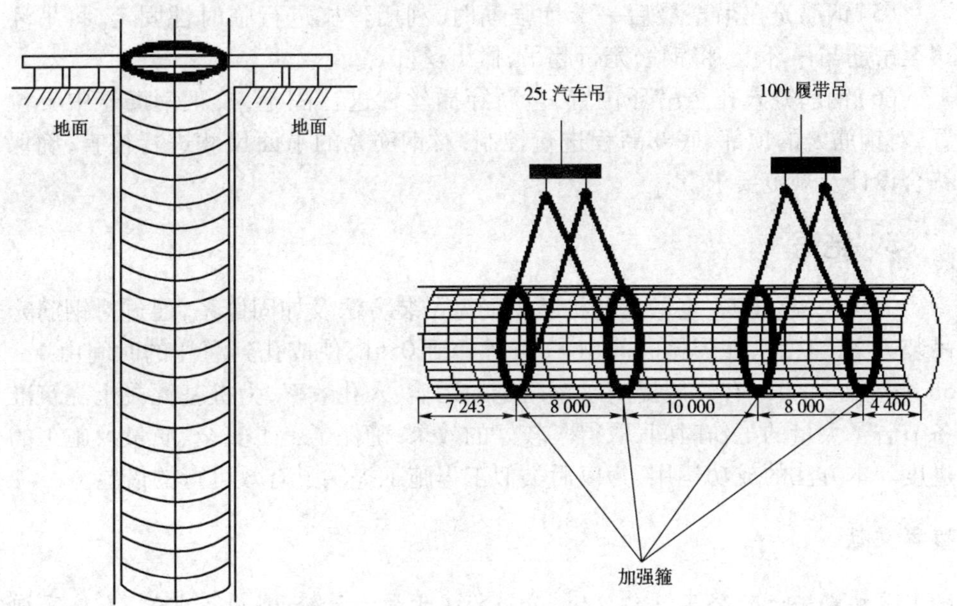

图 4　钢筋笼起吊吊点示意图

（2）钢筋笼在起吊过程中，100t 履带吊为主吊，25t 汽车吊为辅吊，如图 5 所示。信号工要持旗带口哨，保证吊车步调一致。平起吊时，25t 吊车起到了减小钢筋笼因起吊产生的过大负弯矩,减小了钢筋笼在平吊时的变形。

图5　钢筋笼整体起吊现场照片

(3)100t 履带吊车在运输钢筋笼时,要运行平稳,保证运输安全。运输过程中,钢筋笼两侧设置两人用大绳将钢筋笼约束,防止钢筋笼因风或运行时晃动摇摆。

(4)钢筋笼在入孔时,需运行平稳,当第二节钢筋笼与第一节钢筋笼进行焊接时,应保证在有效的时间内焊接完毕,并保证焊接质量。

(5)钢筋笼在吊至最后一节加强筋时,利用丝杠进行临时性固定,将吊环移至吊筋与吊环上,将钢筋笼行起吊,撤出丝杠。

(6)钢筋笼入孔至吊环位置,重新穿插丝杠进行固定,校正钢筋笼中心位置,对钢筋笼的顶部、底部高程进行控制,对钢筋笼的平面尺寸进行检查,确保符合设计及规范要求。

5　结语

大直径、超长度、重量大的桩基钢筋笼吊装方法及加固体系,通过对钢筋笼吊装方案的优化,使焊接时间由 1.5h 缩短到 0.5h,使成孔到灌注的时间由 4 ~ 6h 缩短到 3 ~ 4h,有效地提高了钢筋笼的运输、入孔效率,为桩基混凝土浇筑准备节省了大量的工作时间,取得了较好的效果,确保了施工安全、质量及施工的进度。本方法的成功运用,为以后类似工程施工提供了有效可行的借鉴。

参考文献

[1] 交通部第一公路工程总公司. 公路施工手册——桥涵[M]. 北京:人民交通出版社,2000.

[2] 江正荣. 建筑施工计算手册[M]. 北京:中国建筑工业出版社,2007.

浅谈临近城铁深基坑防护的施工技术

马连友[1]　胡江南[2]　孙建国[2]

(1. 北京市首发高速公路建设管理有限责任公司　北京　100071;

2. 中铁六局集团北京铁路建设有限公司　北京　100036)

[摘　要]　随着城市轨道交通的迅速发展,越来越多的施工项目将会涉及城市轨道交通,基坑开挖对城市轨道交通路基产生的影响越来越受到重视。因此,在临近城铁进行基坑开挖时,基坑防护显得尤为重要。本文介绍了位于北京市海淀区的京新高速公路(五环路—六环路段)上地铁路分离式立交桥临近城铁深基坑防护的施工方法。该方法在基坑开挖及混凝土浇筑过程中保证了城铁路基的竖向和横向变形在允许范围之内,保证了城铁的运营安全。

[关键词]　城铁　深基坑　防护

1　工程概况

本工程4号主塔高99m,承台基坑深8m,4号主墩为变厚度八边形承台,顺桥向中部22.52m厚度为8m,顺桥向两侧11.54m部分厚度由8m变为4m,平面为45.6m×40.3m的切角矩形,切角边长为11.54m。基坑最近点距城铁十三号线8.26m,距离城铁护栏1.3m,如图1所示。因此,对于基坑防护是本工程的重中之重,尤其是基坑开挖引起的地基变形,应该进行严格控制。

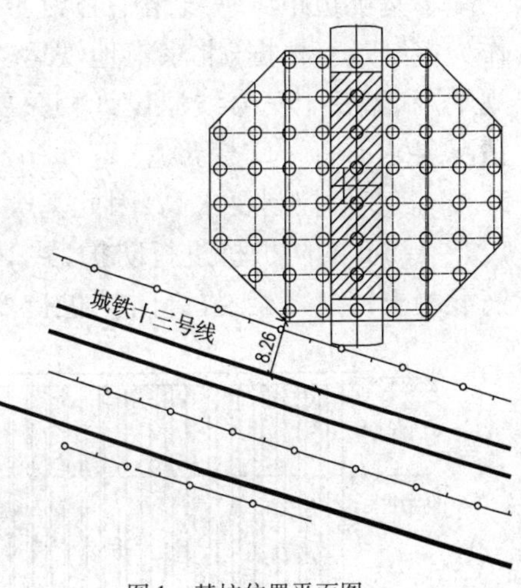

图1　基坑位置平面图

根据地勘报告,地下水位位于地表往下23m。部分土层情况见表1。

上部土层参数表　　表1

项　目	h(m)	Es(MPa)	E(MPa)	ν	C(kPa)	ϕ(°)	ρ(kg·m^{-3})
粉土填土	3	10.0	7	0.32	10	8	1 650
粉质黏土	7.8	12.3	8.6	0.32	27	4.3	1 950

续上表

项目	h(m)	Es(MPa)	E(MPa)	ν	C(kPa)	ϕ(°)	ρ(kg·m^{-3})
细砂—中砂	4.7	35.0	26.7	0.29	0	30	2 050
卵石—圆砾	4.7	50.0	43	0.28	0	34	2 150
粉质黏土	4.1	12.7	8.9	0.32	40	13.3	1 970
粉质黏土	4.5	12.8	8.94	0.32	32	23	2 020
卵石—圆砾	4	100.0	78.2	0.28	0	40	2 150
粉质黏土	3.3	10.0	7	0.32	70	14.5	1 950
注：h、E、ν、c、ϕ 和 ρ 分别代表材料厚度、弹性模量、泊松比、黏聚力、内摩擦角和密度							

2　防护方案及变形预测

2.1　防护方案

本基坑边距城铁线路中心为 8.2m，因此防护方案以城铁的路基变形要求作为控制点。根据《北京市地铁运营有限公司企业标准—技术标准—工务维修规则》和城铁十三号线原设计相关要求，安全评估单位对城铁十三号线的变形情况要求如下：日变形量 2mm/d，每个大修周期内变形量 4mm，年变形量 5cm/y。变形控制要求高，因此基坑四周采用直径 1.0m，桩长为 20.5m，桩间距 1.2 ~ 1.5m 的防护桩进行防护，共 107 根，防护桩桩顶设置 140cm × 100cm 的钢筋混凝土锁口冠梁，提高防护桩抗变形能力，如图 2 所示。因本基坑开挖后到

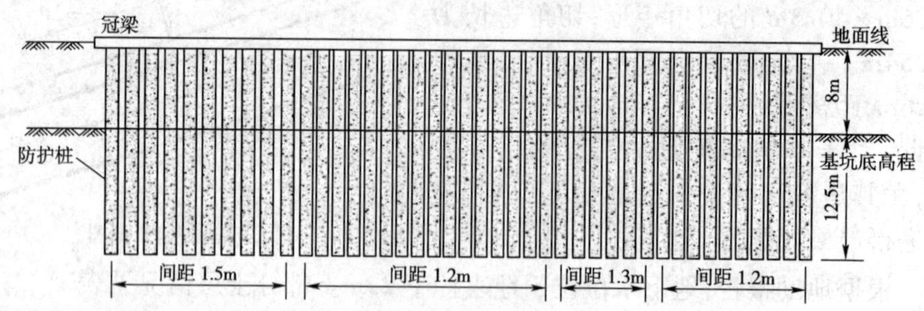

图 2　防护桩及冠梁剖面图

混凝土浇筑的时间长，因此需对桩间土进行防护，防止长时间暴露，桩间土采用锚杆 + 钢丝网 + 锚喷混凝土的支护形式，如图 3 所示。锚杆采用长 2.0m 的 ϕ22mm 螺纹钢筋，沿基坑边坡垂直方向设置，锚杆设置在桩基缝隙内，间距

1.5m,梅花状排列。在桩基位置喷射5cm厚C20早强混凝土。施工时,基坑开挖采用分层开挖,2m一层,开挖一层后立即进行挂网锚喷混凝土,避免土体过长时间暴露在自然环境中。

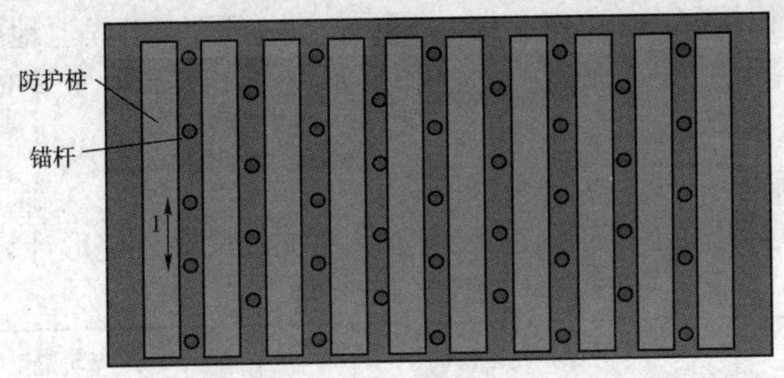

图3　锚杆布置示意图

2.2　变形预测

根据既定的基坑防护方案,对城铁路基及基坑冠梁在基坑开挖和承台混凝土浇筑中的横向和竖向变形进行预测,并据此提出预警值和报警值,作为监测的依据。计算采用FLAC3D软件进行,该软件由美国Itasca公司于1994年开发,是基于三维快速拉格朗日分析平台上的岩土工程专业软件。它能有效地模拟地下工程中的施工过程力学问题。

(1)计算模型。

计算模型选取以4号桥墩为中心,上边界取地表、路基及承台,深度方向取110m,东西向、南北向总长各取200m。承台及桩按照设计提供资料建模,模型中共模拟60根桩,桩长72m,桩径2m。模型中路基网格基床表层取0.5m,基床底层取1.5m(图4)。

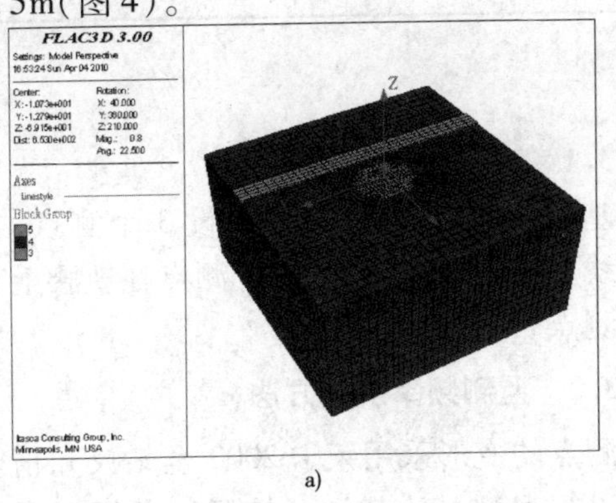

a)

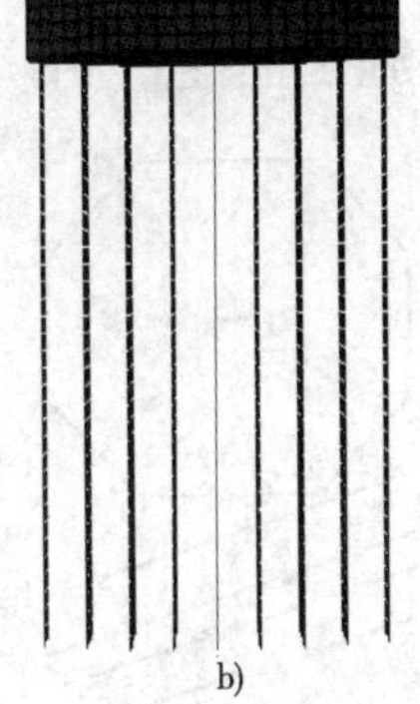

b)

图4　计算网格图

(2)计算参数。

计算中采用不同的本构模型模拟不同的材料，对于钢筋混凝土结构的承台及桩采用线弹性模型，各层土体采用 M-C 模型，路基采用 M-C 模型。

土层参数根据《京新高速公路（五环路—六环路）工程上地铁路分离式立交桥岩土工程勘察报告》取值。承台和桩基混凝土为 C30，$E = 30 \times 10^3$MPa，泊松比取 0.2，重度取 25kN/m^3。

(3)计算结果。

基坑开挖及混凝土浇筑工况下路基及基坑冠梁最大变形计算结果见表2。

预计变形值 表2

施工步骤	城铁路基(mm)		基坑冠梁(mm)	
	横向	竖向	横向	竖向
基坑开挖	1.9	1.0	3	0.5
混凝土浇筑	1.1	4.3	1.8	6

根据计算值以及城铁技术标准，确定施工过程中的预警值及报警值，见表3。达到报警值时应通知城铁工务部门，随时准备线路维修。在混凝土浇筑之前应对线路进行整修一次，以防混凝土浇筑时总变形超限。

施工过程中变形控制指标 表3

	预　警	报　警	控　制
横　向	1.9	2.2	2.7
竖　向	1.0	2	4

3　施工监控量测

3.1　测点布设

基坑开挖前，在冠梁上布设 3 个测点，在城铁十三号线上布置 3 个测点，线上测点在轨腰上粘贴棱镜片。测点布置如图 5 所示。

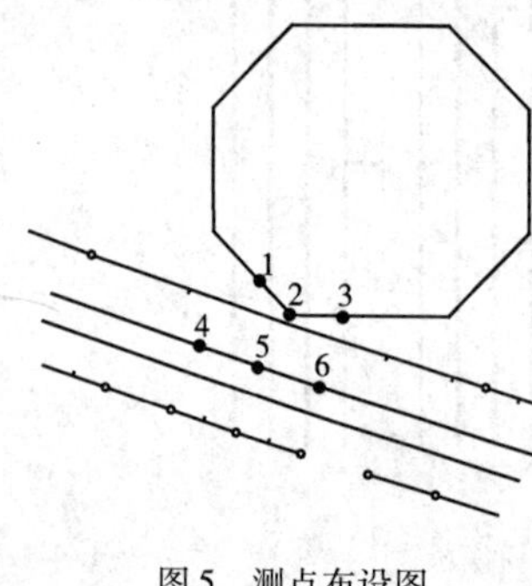

图5　测点布设图

3.2　监测频率及其方法

测点的变形采用莱卡 2003 全站仪和精密电子水准仪进行观测。从基坑开挖开始进行观测，每 6h 观测一次，直到混凝土浇筑完成。

3.3 观测数据

城铁路基变形曲线如图 6 所示。

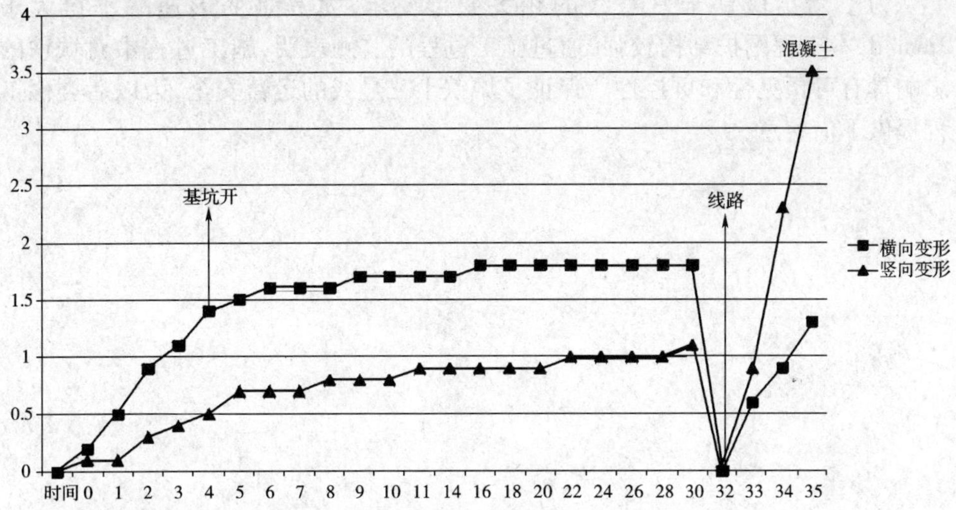

图 6　城铁路基变形曲线图

基坑冠梁变形曲线如图 7 所示。

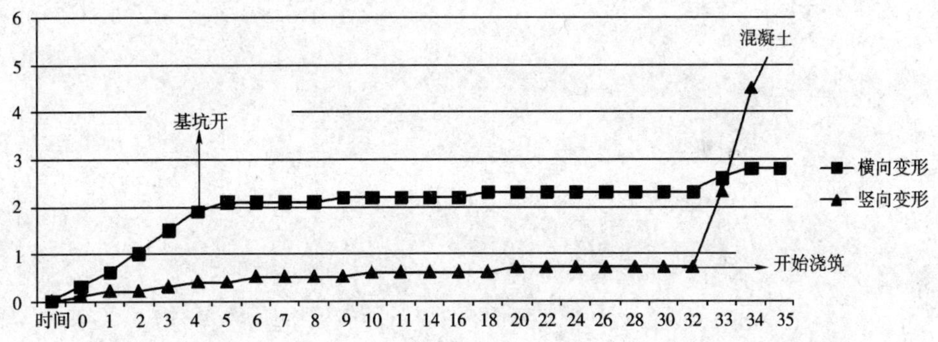

图 7　基坑冠梁变形曲线图

3.4 数据分析

通过实测结果，基坑开挖后路基横、竖向变形分别为 1.8mm 和 1mm，冠梁横、竖向变形为 2.3mm 和 0.7mm，均与理论计算值较吻合。混凝土浇筑引起的路基横竖向变形分别为 1.3mm 和 3.5mm。从基坑开挖到混凝土浇筑完毕过程中，在混凝土浇筑时变形速率最大，为 1.17mm/d，小于规定要求的 2mm/d。

4 结语

为了满足城铁十三号线的相关变形要求,尤其是变形速率不得大于2mm/d,本工程围护结构较强,通过施工过程的监测表明,施工过程中对城铁的影响具有可预见性和可控性。保证了城铁十三号线的运营安全,为以后类似工程提供了借鉴意义。

曲线箱梁曲线顶推施工测量控制方法

程 涛[1] 张江影[2] 李满意[1]

(1. 中铁六局集团北京铁路建设有限公司 北京 100036;
2. 北京市道路工程质量监督站 北京 100076)

[摘 要] 京新高速公路上地斜拉桥主跨为230m,其中212m箱梁为顶推施工。该顶推梁段线型为曲线+缓和曲线+直线,顶推轨迹为$R=3\ 500$m半径的圆曲线,顶推要跨铁路封闭要点施工,每个顶推阶段内为连续作业,施工过程中对箱梁中线、高程的测量极为重要,同时顶推过程中对临时墩、滑道和钢导梁的挠度观测也是测量控制的重点。

[关键词] 曲线箱梁 曲线轨迹 顶推施工 测量控制

1 工程概况

本工程箱梁设计线形为圆曲线($R=920$m)+缓和曲线+直线。顶推B段箱梁施工采用双线型,底板施工是顶推轨迹线型,半径为3 500m的圆曲线,顶距为213m;顶板为设计道路线形。其中预制顶推段设有临时墩(L1~L21),临时墩按照顶推轨迹半径进行布置。

2 箱梁顶推观测目的

箱梁顶推观测是本工程不可忽视的工作之一,通过移位观测,可以监测到承台的沉降变化和顶帽的位移情况,为箱梁顶推计算提供有利数据。在顶推过程中观测,便于及时发现异常情况,采取措施,保证安全顶推就位。本工程监测的基本出发点是掌握顶推加载时承重的实际变化。

3 测量精度与观测仪器

3.1 测量精度

根据《箱梁顶推方案》及《施工图设计说明》的精度要求,结合本工程的具体特点,参照相关标准,选择变形测量二级标准作为本工程变形观测工作的精度指标。变形观测是本工程中精度较高的测量工作,仪器设备、布设路线、观测方法及人员素质等多方面都会影响观测数据的精度。监测所用的观测仪器设备必须经过校核,需定期送计量监督检测院等鉴定部门对仪器的各项指标进行技术鉴定。在作业期间需多次对仪器进行检核,为观测工作提供技术保证。

3.2 观测仪器及人员

观测仪器的准备及人员配备见下表。

观测仪器及人员配备

序号	仪器名称	单位	型　号	数量	人数(人)	工 作 内 容
1	电子水准仪	台	Tianbao03	1	2	桥面高程测量
2	全站仪	台	TCA2003	1	2	临时墩监测
3	全站仪	台	GTS322N	1	1	前端梁中线监测
4	全站仪	台	GTS3002LN	1	1	后端梁中线监测
5	电子经纬仪	台	J2	2	2	临时墩监测
6	水准仪	台	DZS2	1	2	导梁混凝土梁端扰度测量

4 箱梁顶推观测

4.1 临时墩顶帽

临时墩顶帽观测分别对已经受力和顶推中将要受力的临时墩进行。已经受力的临时墩(预制段),在箱梁两侧受力最大的临时墩顶帽安放30cm盒尺,两侧各安放一台电子经纬仪,找一个能观测到各临时墩顶帽安放的盒尺的位置做控制点,在顶推之前固定两个后视点,后视其中一点观测每个顶帽上的盒尺,用另一点进行符合,然后记录每个盒尺的读数和观测角度。定点定人定仪器进行观测盒尺寸读数(图1)。在每次顶推前的观测数据作为依据,根据《顶推方案》里对梁的偏差控制要求加以对比。

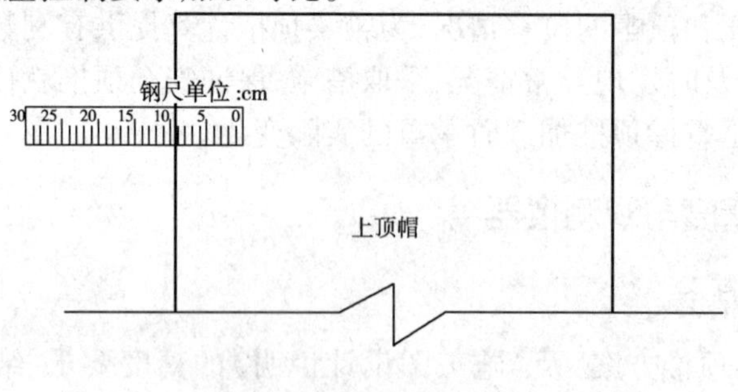

图1　顶帽观测点布置图

在箱梁前进方向的临时墩，主要用莱卡 TCA2003 进行观测，在各临时墩顶帽侧面安放观测棱镜，在图 2 中所示位置(仪器安放点)安放仪器，固定两个后视点，后视其中一点观测各棱镜，用另一点进行符合，对各棱镜进行编号记录其三维坐标，在顶推过程中随时观测直到顶推完成。观测点布置图平面图如图 3 所示。

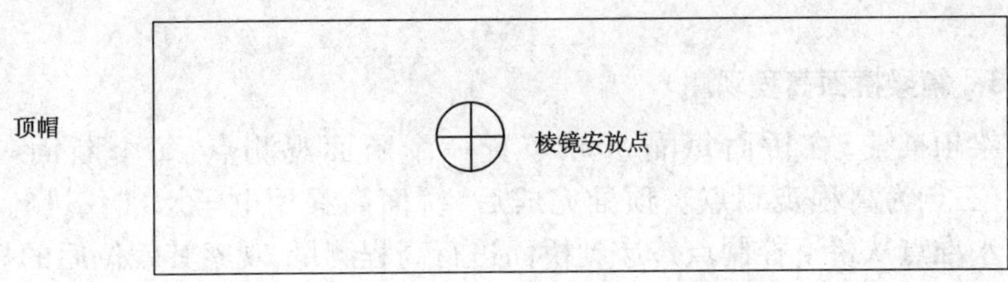

图 2　棱镜安放立面图

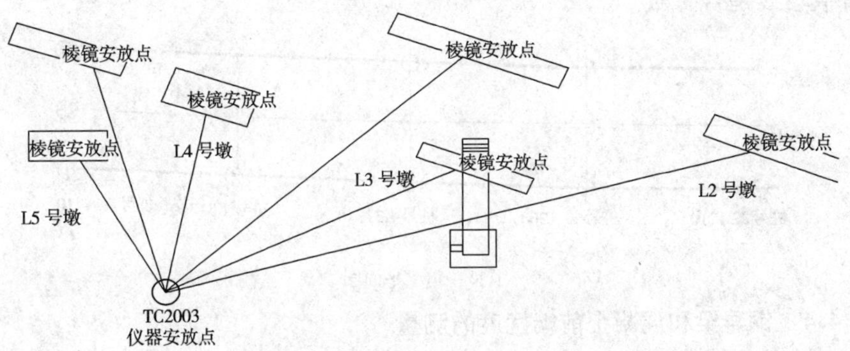

图 3　观测点布置平面图

4.2　箱梁顶推轨迹观测

在箱梁顶推前，在箱梁的端部放出顶推轨迹中心(K3 + 207、K3 + 419)两点，并在距箱梁两端一定的范围内各设置控制点，用坐标放样的方法观测前后端中心线上的观测牌(图 4)，用全站仪进行顶推中心线观测(用极坐标)。本箱

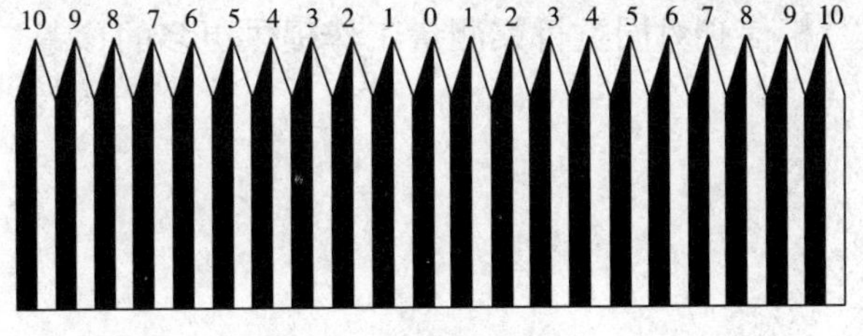

图 4　观测牌示意图

梁为曲线箱梁，顶推轨迹也为曲线，在顶推过程中由监控系统临近整米数前进行预报，提前算出坐标进行放样，当到达整米数时观测前后两端中线偏差情况，然后立即上报，以便调整。

在箱梁就位之前，首先在箱梁尾端的底板和两侧做出中心线，同时在下塔柱顶面同样做好中心线及两侧滑道中心线，便于箱梁就位时观察其是否与箱梁中心线重合。

4.3 箱梁桥面高程观测

箱梁顶推前，在桥面每隔 50m 布置一个断面观测点，每个断面三个点（图 5），三点为高程观测点。顶推完成后，桥面高程用电子水准仪进行观测。测量时水准点从桥下控制点传递到桥面进行高程测量，观察其就位后的桥面高程是否符合设计高程。用全站仪进行桥面道路中心线测量，查看其中心与设计道路中心线是否一致。

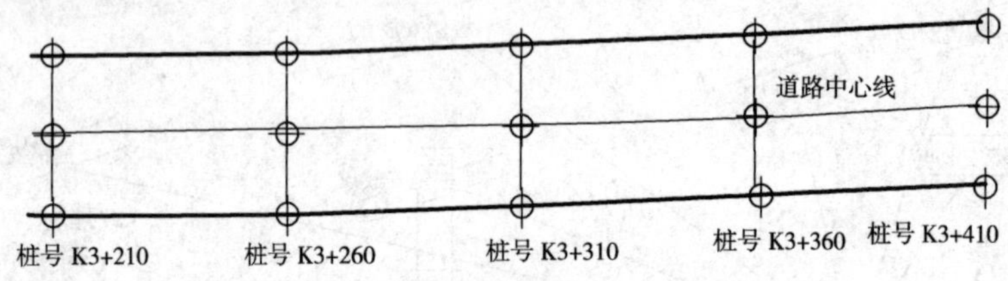

图 5　箱梁平面图

4.4 钢导梁和混凝土前端扰度的测量

在箱梁顶推过程中，导梁和混凝土梁前端由于跨度太大，处于一个悬臂状态。为了让顶推能够顺利进行，将水准仪固定在 L3 钢箱梁上，测出导梁和混凝土梁前端的扰度，箱梁每进一米测量一次，以便做好减小扰度的准备工作。

5 结语

以上测量观测方案保证了顶推施工的顺利进行。进一步积累了顶推施工中测量控制经验，相信必对同类桥梁测量工作提供更多的参考。

曲线顶推施工指挥监测显示系统的设计

陈美军[1]　王乃芃[2]　倪江林[2]

(1.中铁六局集团北京铁路建设有限公司　北京　100036;

2.北京市首发高速公路建设管理有限责任公司　北京　100071)

[摘　要]　在顶推施工过程中,发现和处理问题不及时,顶推移动距离、中心偏位的报告不连续,桥体走势不明了,关键部位不能及时查看等。为了解决这些问题,经分析自行设计了指挥监测显示系统,并在京新高速公路(五环路—六环路段)工程上地铁路分离式立交桥中得以应用,在顶推施工中取得了良好的效果。

[关键词]　大吨位　曲线上坡顶推　视频显示　监控　偏位自动显示

1　引言

近年来跨线路项目发展越来越快,曲线顶推项目也越来越多。在顶推施工期间常会出现问题但发现处理却不及时,给顶推施工留下了安全隐患。我们自行设计了指挥监测显示系统。并在京新高速公路(五环路—六环路段)工程上地铁路分离式立交桥大吨位曲线顶推中得到了很好的应用。

2　工程概况

本桥采用顶推法施工,顶推段箱梁长212m,顶推距离213m,顶推段总重25 000t,顶推轨迹为$R=3\ 500$m的圆曲线和3.759‰上坡。顶推作业需要多次封闭铁路要点,每次约3h,时间短,任务重,顶推工作量大。牵引力与运动轨迹不重合,并且在顶推过程中,牵引力作用线方向时刻发生变化,加之梁体偏重(两侧滑道摩阻力不同、临时墩沉降不均匀)增加纠偏难度(顶推就位轴向误差保持在±10mm以内)。为了解决以上在施工中的难点,缩短施工时间,在施工过程中安装了自行设计的指挥监测显示系统。

3　设计及应用

3.1　设计目的

为了更好地让工程指挥人员宏观掌握顶推施工过程中桥体情况,发现问题时能够及时有效地解决，满足实时观测顶推距离、直观显示曲线顶推施工的中心偏位情况、所有关键部位能够实时观看的要求，设计了指挥监测显示系统。

3.2 指挥监测显示系统组成

指挥监测显示系统由中心偏位自动显示装置、报警装置以及视频显示装置组成。

3.2.1 中心偏位自动显示装置

连续式中心偏位自动显示装置可同时对整座大吨位曲线桥体的中心偏位情况进行连续监测。其核心单元是仪表盘，它由各种控制电路组合而成。每个仪表监视点指针的运动情况，是由传感器和桥体的弹性接触情况分别进入相应的仪表控制电路，以实现指针参数的显示，使指挥人员可以清晰地了解桥体偏移走向趋势的动态情况和整座桥体中心偏移状态（图1）。由于各仪表监视点的控制电路是相对独立的，因此各监视仪表之间无相互影响，具独立性。当某一个仪表监视点通道发生故障时，不会影响其他通道的工作。仪表监视点的数量增减可以不受限制。

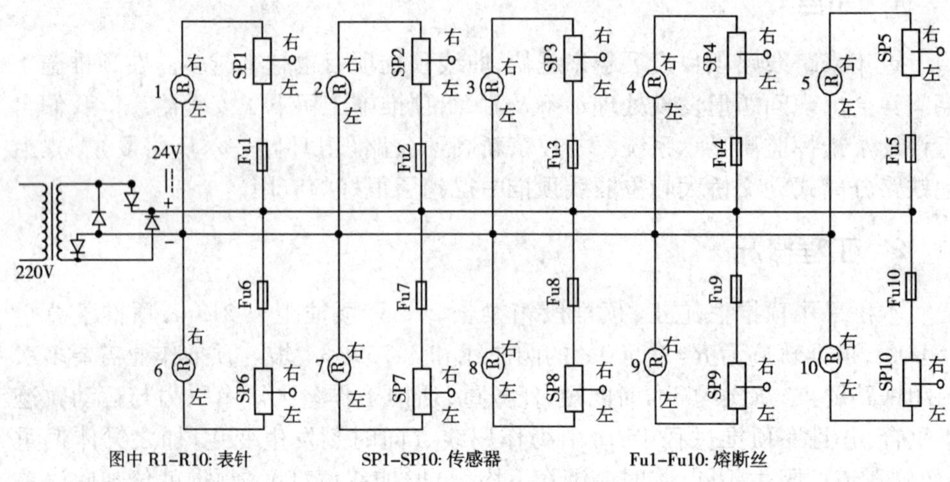

图1 中心偏位自动显示装置组成

3.2.2 报警装置

在顶推施工过程中一旦发生问题，报警装置可及时发出光报警信号，向指挥室报警。报警装置不仅可以改善以往用对讲机报告的不明了、不清晰、占用频道时间长的现象，而且可以实现多点及时对立通报，使指挥人员正确了解问题位置所在，提高了在顶推施工过程中的安全系数。报警装置主要由分布在每

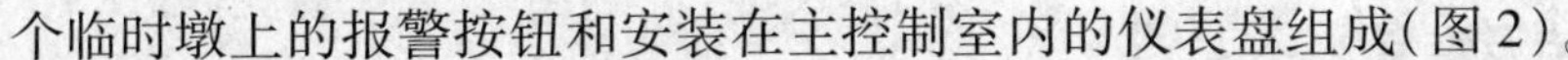

个临时墩上的报警按钮和安装在主控制室内的仪表盘组成(图2)。

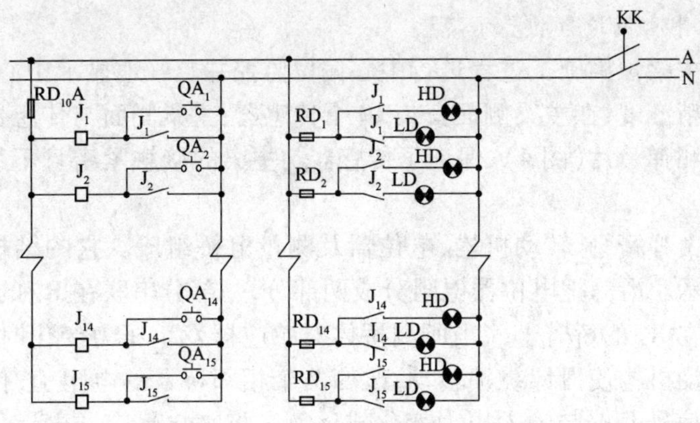

图2　报警装置组成

3.2.3　视频显示装置

视频显示装置是一种先进的、应用性能极强的综合系统,它可以通过遥控摄像机直接观看主要工序的现场情况,其特点是实时准确、可靠地监测顶推过程中桥体的位移情况,同时它可以把所监控的全过程及主要工序、主要进程以图像和声音的形式记录下来,为发现问题及解决问题提供了方便条件及重要依据(图3)。

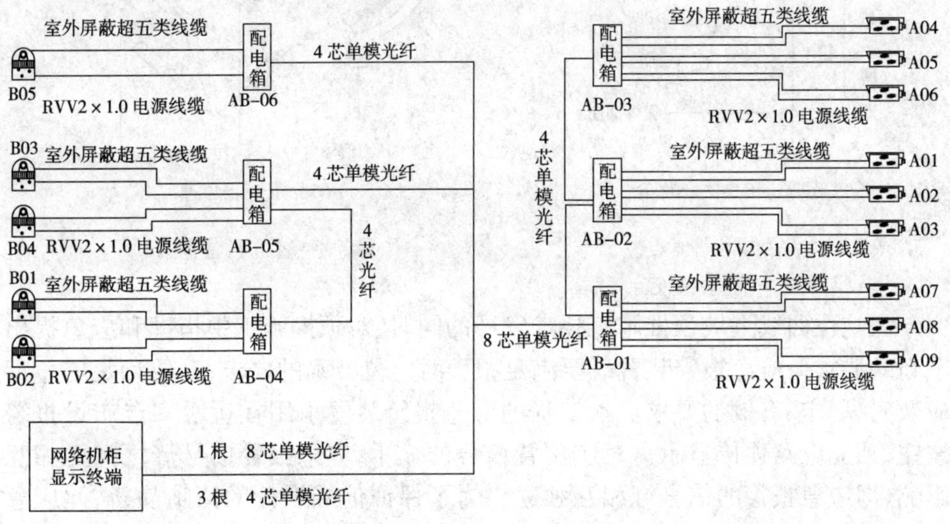

图3　视频显示装置组成

3.3 重点及难点

3.3.1 中心偏位自动显示装置

为了对主梁顶推施工过程进行中心偏位监控并更好地显示中心偏位情况,保证监测的精准度,在主梁侧面安装10个传感器,主梁侧面与传感器接触杆接触采用滑轮和弹簧片(图4),保证了传感器与主梁的接触紧密且不易发生摩擦变形。

感应器由弹簧管、转动机构、电位器及测量电桥组成。它的结构和工作原理如图5所示。滑针把电位器电阻分成两部分,一部分串联在R_4的桥臂上,另一部分串联在R_3的桥臂上。当所测桥体对感应器发生压力变化时,通过弹簧管和位移转动机构使滑针绕轴转动,改变两个相邻桥臂的电阻值,使测量电桥输出的电压信号Uab与输入压力变化成比例。将来自感应器电信号通过缆线连接到总控室内的监视仪表连接,信号显示的变化速率和方向应与主信息源变化的速率和方向一致,对曲线顶推施工中的中心偏位进行实时监测。此外,本套仪表为弱电系统,增强了工作人员的安全性和可操作性。

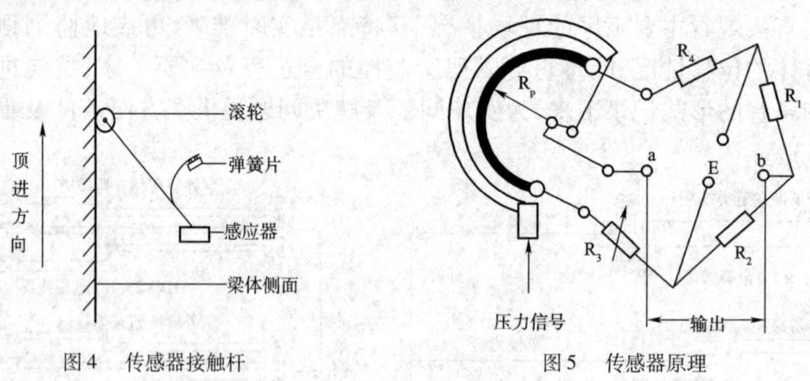

图4 传感器接触杆

图5 传感器原理

3.3.2 应急报警装置

大吨位曲线上坡顶推施工技术发展的同时,对顶推施工中指挥和应急提出了新的要求。应急报警装置既要满足报警时定位准确的要求,又要满足应急反应及时、稳定、有效的要求。本工程的应急报警装置采用在桥墩多点布设报警按钮,独立电路连接显示盘对应位置信号的显示,应急报警信号灯之间无相互影响,即应急报警的信号灯相互独立。为了保证信号设计的清晰易辨,此应急报警系统设置有双排信号灯,总开关开通时,绿灯和红灯显示。当绿灯亮时,表明绿灯对应的现场工作正常,设备使用正常;当红灯亮时,表明红灯对应的现场

工作出现问题,设备使用正常;当红灯和绿灯同时亮或同时灭时,表明该线路设备出现问题。这一点对于危险信号尤其重要。当现场问题处理完毕时,在显示盘上对应灯位置上设有复位开关,可使红灯转为绿灯。该方法能及时准确地反映桥梁在曲线顶推过程中发现的问题,并及时采取相应的措施解决现场出现的问题,保证了顶推过程的质量和安全。

3.3.3 视频显示装置

在大吨位曲线上坡顶推施工过程中,为了保证重要工序配合一致及指挥人员下达的命令及时准确,必须保证指挥人员对现场各重点工序的进行了解及时与准确,因此视频显示系统就显得尤为重要。在本工程中,为了能清晰地识别重要工序,在空间配置中应保证能清晰地提供可靠信息,因此将主要工序视频监控点分布如下:

(1)观看顶推速度的主标尺监控点;

(2)由在梁底均匀布置连续千斤顶监控点;

(3)纠偏千斤顶监控点;

(4)限位滚轴监控点;

(5)限位顶铁监控点;

(6)桥体与临时墩位置监控点;

(7)桥体下临时墩点监控点;

(8)桥体总场景监控点;

(9)顶推设备控制中心监控点;

(10)主控室监控点。

由于现场监控点分布较散,电磁干扰大,铺设监控点到主控室距离较远,数据吞吐量大,顶推过程中要保持视频的稳定畅通等原因,考虑到本桥的特殊性,在传输媒体的选择上以光纤为主,双绞线和无线微波传输为辅。光纤具有铺设距离长、抗电磁干扰能力强、重量轻、便于铺设安装、频带宽、可远距离以高的传输速率和低的传输误码率的特点。在主控室设有核心数据交换机,分给指挥监控显示机和进度显示机。

3.4 系统作用

3.4.1 中心偏位自动显示装置

在大吨位曲线上坡顶推施工时,对中心偏位要求精度高,为正负10mm。由于两侧顶推不同步在内的多种因素可能使梁中心偏位发生变化,安装在桥侧面的传感器持续不断地发回信号到主控室仪表盘,能及时判定曲线顶推时中心偏移的方向和偏移量及各个工况下中心偏位情况，及时发现问题，并采取相应的措施，保证了曲线顶推过程中中心偏位不超限。

例如，曲线顶推进行时，当单一观看一块仪表指针持续向左侧偏移时，表明此感应器位置的桥体向曲线外侧运动。

曲线顶推停止时，当单一观看一块仪表指针在中心位置左侧时，表明此感应器位置桥体中心偏位向曲线外侧偏移。

曲线顶推进行时，当整套仪表指针整体运动时，可反映出整座桥体的中心偏位情况，例如，整套仪表指针向左移动时，表明此时桥体整体向曲线外侧运动。

当整套仪表指针整体偏移情况，可及时反映出整座桥体的中心偏转情况，例如，整套仪表指针在中心位置左侧时，表明整座桥体在偏移在中心位置的曲线外侧。

在常规测量曲线顶推过程的中心线偏位时，是在梁头和梁尾中线各有一张刻度表，在顶进过程中接到前进距离的通知，用计算器算出坐标，然后用全站仪进行放样，角度归零后看梁中心的刻度表，根据读数判定左右偏移量。每次需要6min左右。此装置可直观地及时反映出桥总体的偏移及运动情况，使指挥人员能够在主控室内实时准确地了解情况及时纠偏，确保梁的轴线位置正确，控制每段梁尾端横向位置不超限，也为顶推作业节省了大量宝贵的时间。

3.4.2 应急报警装置

目前顶推作业指挥与报告情况主要是通过对讲机，需要大量现场指挥人员。当现场出现突发情况时，用语言沟通浪费时间，表明位置不明确，抗干扰能力低，稳定性不高，由于顶推时现场环境嘈杂，无法听清指挥，可能会延误最佳解决时机。安装应急报警装置之后，现场一旦出现突发情况，现场工作人员则立即按动报警按钮，主控室报警系统立即发出应急报警信号，并显示出报警的具体位置，确保了指挥人员在出现问题后能以最快速度解决，不受现场噪声、人员的影响，抗干扰性高，独立线路可靠性高，线路故障稳定性高可及时显示，对工程质量、人身安全起到很好的保护作用，提高了工作效率。

例如，现场出现MGE滑块填充不及时的情况，如无此报警系统，按照常规程序为：及时通报现场指挥人员并描述发生的情况，现场指挥人员了解情况后再与指挥室联系，说明自己位置所出问题的情况，由指挥部下达停止命令。这样浪费时间长，造成后期MGE滑块无法填充，给梁体造成无法挽回的伤害。使用此报警系统后，现场工作人员可及时按动报警器，指挥部下达停止命令，联系相应部位指挥人员，及时查出问题所在，见下表、图6和图7。

现场测量和中心偏位显示装置的对比

主要参数	现场测量	中心偏位装置
具体顶推位移	需用位移数据	不需用
测量监控点	前端和尾端	可随意加减
操作人数量	每个观察点需用计算人员和操作仪器读取数据人员2人	全部数据读取1人
需用时间	需6min左右	及时显示

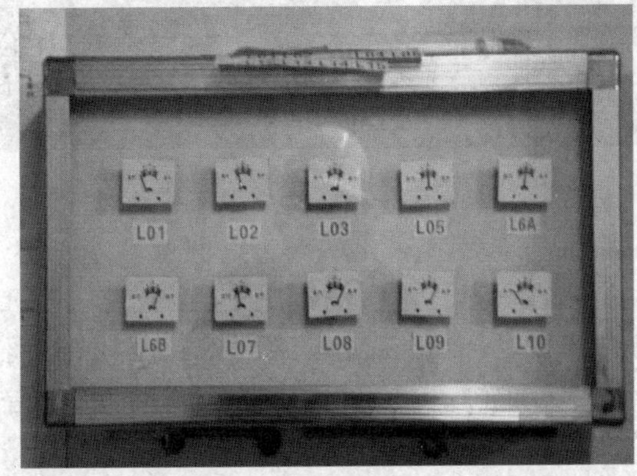

图6　中心偏位显示装置

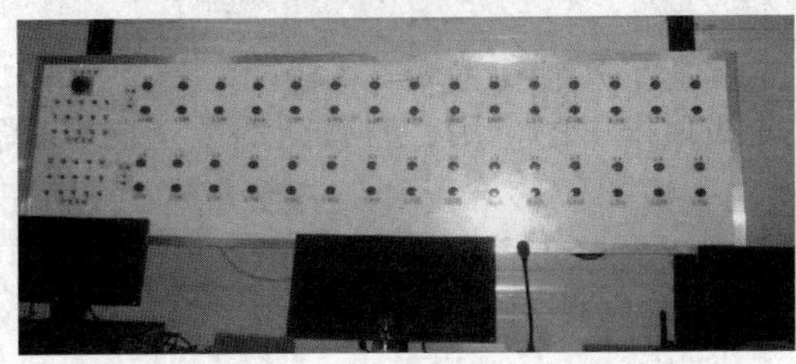

图7　应急报警装置

3.4.3　视频显示装置

在主控室可以实时观看施工现场不同位置、不同工序的具体情况。视频资料及时反映出桥体顶推距离、桥体的运动速度、顶推情况、滚轴与桥面的松紧程度、千斤顶收放情况等。如遇问题，能够反复观看资料，查出问题所在。

例如，在顶推施工中，桥体移动了多远？何时移动的？这些指挥人员都不能及时了解。安装主标尺监控后，指挥人员就能够及时、清晰、明了地知道桥体何时运动起来的，桥体运动速度快慢如何，总顶成是多少，也能查出桥尾端下临时墩还有多少距离，前端上临时墩有多少距离，何时应力最大，何时纠偏效果最好，何时停止最好（图 8）。

图 8　视频显示装置

3.4.4　指挥监测显示系统

指挥监测显示系统的三套装置相辅相成，能够直观快速准确地反映出桥体的动态移动轨迹，让指挥人员能够快速看到问题的本质，迅速采取正确的解决办法，为大吨位曲线上坡顶推施工赢得了大量宝贵时间，为指挥人员正确地解决突发问题提供了参考。

4　结语

指挥监测显示系统在京新高速公路（五环路—六环路段）工程上地铁路分离式立交桥大吨位曲线顶推中的应用，使桥体偏移、走向、现场情况直观展现在总指挥眼前，宏观反映了桥的位移位置和偏移情况，为圆满完成此次顶推施工提供了技术支持。通过此工程的应用，反映出此套设备的作用和可推广性。

大吨位曲线混凝土梁单点顶推过程数值分析

张俊义[1]　李冬[2]　陈美军[3]

(1. 北京市首发高速公路建设管理有限责任公司　北京　100071；

2. 大连理工大学土木建筑设计研究院　大连　116024；

3. 中铁六局集团北京铁路建设有限责任公司　北京　100036)

[摘　要]　本文以上地桥 B 段主梁单点顶推施工为例，经过理论分析提出了两点限位理论，对顶推过程中出现的滑块填塞难、临时墩受力沉降等情况进行分析总结，对今后的设计及施工具有参考价值。

[关键词]　北京上地斜拉桥　混凝土梁　单点顶推　两点限位　滑块　临时墩

1　引言

顶推施工法是在桥头沿桥纵轴线方向将逐段预制张拉后的梁向前推出使之就位的桥梁施工方法。该方法须紧靠桥台后部开辟预制场地，每预制一个节段即用水平液压千斤顶施力，借助于不锈钢和聚四氟乙烯模压板组成的滑动装置，将梁逐段向对岸顶推，待全部顶推就位后，再落梁，更换正式支座，完成桥梁施工。在水深、桥高等的情况下，可避免大量施工脚手架[1]。目前最大顶推重量可达 4 万 t，顶推长度达一千余米。用此法施工的连续梁桥，预应力筋合力设计成基本沿各梁截面重心通过，对梁施加近于中心受压的预加力。

2　顶推箱梁结构特点

本桥顶推梁段长度为 212m 的 B 段主梁先支架施工，然后再采用顶推法施工，顶推距离为 213m，钢导梁长 44m。顶推结构总重约为 25 000t，设计最大牵引力为 1 760t。

B 段主梁位于曲率半径变化的平曲线上(169.903m 的缓和曲线 +42.097m 的直线)，桥面横坡有较大的变化(从单向 2.161% 变化到双向 2.0%)，立面位于半径为 11 000m 的竖曲线上。

顶推主梁为预应力混凝土的大悬臂单箱五室截面，混凝土采用 C55 高性能混凝土[2]。主梁中间设四道直腹板，两侧设斜腹板，外侧为翼缘板。桥梁全宽为35.5m，箱梁顶板宽35.26m，箱底宽为21m。其中净宽为2.3m的中间箱室为主梁的斜拉索锚固区，其顶板厚度为55cm，其他箱室的顶板厚度为28cm，底板厚度均为28cm，腹板厚度分别为35cm（中腹板）和30cm（其余腹板）。图1给出了主梁一般断面的形式和尺寸。

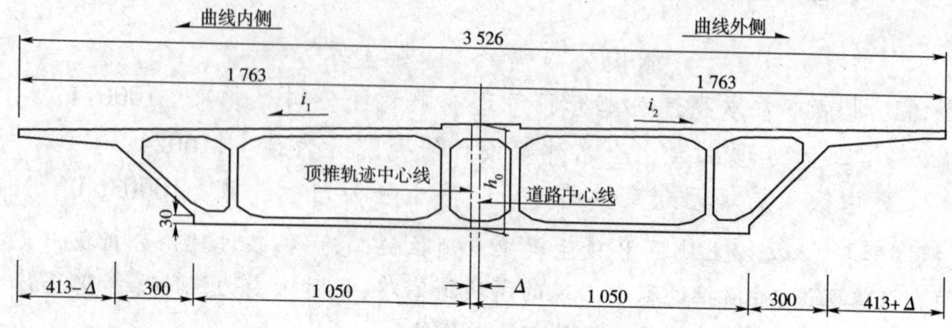

图1　主梁一般断面图　（单位：cm）

本桥主梁的特点是：

（1）箱梁底面横向水平，横坡通过变化箱梁腹板高度来实现；

（2）立面位于竖曲线上的主梁梁底在纵向做成一直线，桥面竖曲线通过变化主梁梁高来实现，最大梁高改变值为511mm；

（3）位于曲率变化的平曲线上的主梁梁底中心做成半径为3 500m的圆曲线，桥面设计平曲线通过变化箱梁顶板悬臂大小来实现，悬臂变化范围为+343～-304mm。因此，本桥顶推梁段具有如下特点：箱梁底面横向水平、纵向直线坡（坡度为3.759‰）、梁底线形和顶推平曲线轨迹是一个半径为3 500m的圆曲线。各段的调整参数如下：主梁截面中 $i_1=4\%\sim2\%$，$i_2=4\%\sim-2\%$，K2+880～K2+994、K3+206～K3+390范围内，$\Delta=0$，$h_0=3\ 520$mm，K2+994～K3+206范围内，$\Delta=-304\sim343$mm，$h_0=3\ 520\sim4\ 031$mm。

3　顶推过程理论分析

对于大吨位曲线混凝土箱梁采用顶推法施工，在世界上比较少见。本桥顶推梁段平面位于圆弧曲线上，桥面横坡有较大的变化，导致梁体两侧重量不同，同时立面位于半径为11 000m的竖曲线上。由于跨铁路等条件的制约使得顶推难度加大，为了确保梁体沿顶推轨迹前进，防止梁体产生较大侧向偏移，保证顶推过程中结构的安全，需要准确可靠的理论计算以及严格的施工精度。本文应用有限元软件对主梁的顶推施工过程做了详细的计算分析。图2为顶推过程千斤顶布置示意图。图3、图4为顶推前、后主梁示意图。

采用顶推法施工的桥梁在结构设计时已经考虑了施工过程对其结构及受

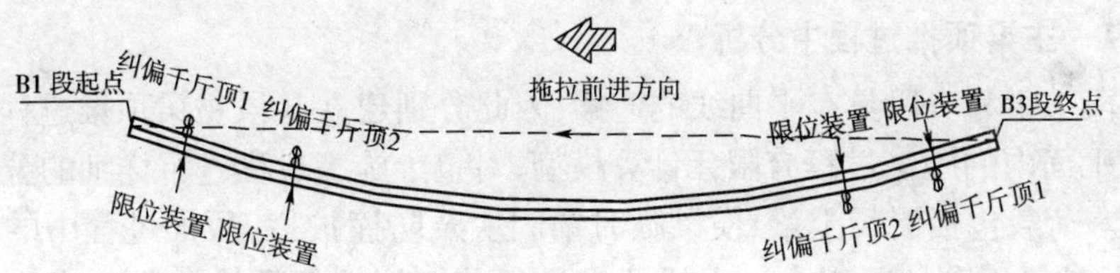

图2 顶推平面示意图

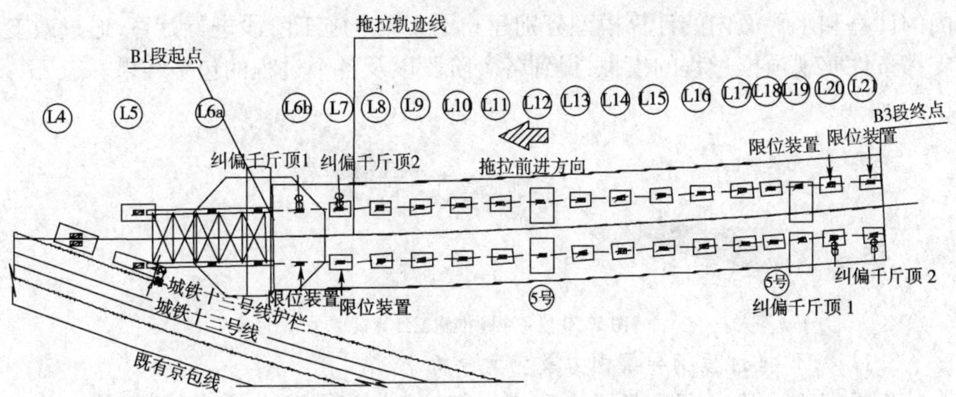

图3 顶推前主梁平面示意图

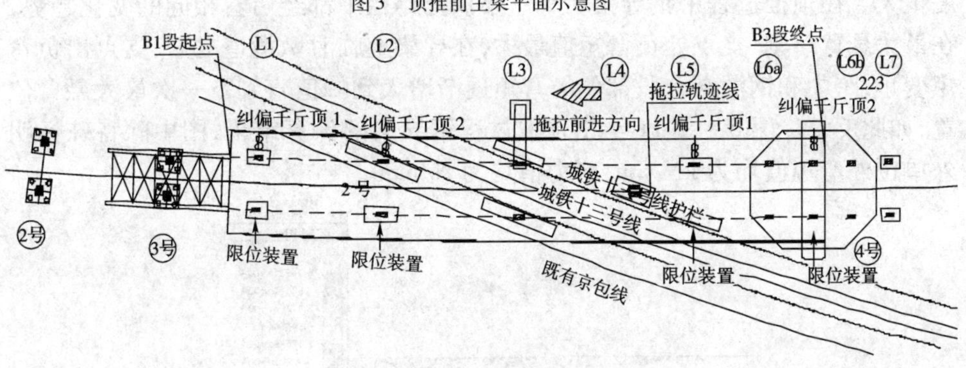

图4 顶推后主梁平面示意图

力特征的影响，但设计分析是在特定的理想状态下进行的，而在实际顶推过程中结构的受力状态与理论计算存在很大差异，施工过程中出现的各种偏差对大吨位曲线混凝土箱梁的顶推施工带来了很多难以预料的困难。整个顶推过程的计算，既是对设计参数的一种校核也是指导施工作为顶推过程中施工控制的理论依据。本文采用有限元分析软件 MIDAS/Civil 软件建立了主梁竖直面内、水平面内模型及临时墩模型来进行仿真计算。

3.1　主梁顶推过程中分析[4]

B 段主梁为一段具有平曲线的弯梁,因此分别建立 B 段主梁顶推过程竖直面内和水平面内的施工过程有限元计算模型,对整个施工过程进行详细的分析计算(图 5)。荷载包括混凝土梁、横梁临时锚固块及防撞护栏,顶推过程中的沉降值取 5mm,按最不利情况组合。主梁顶推过程的模拟按每顶推前进一米为一个施工阶段进行计算,另外将导梁上临时墩滑道前后分别作为一个施工阶段,竖直面内的计算和水平面内的计算模型分别建立了 220 个施工阶段进行计算,通过改变支撑条件实现顶推过程的模拟,得到各个阶段以及各个过程的包络结果。

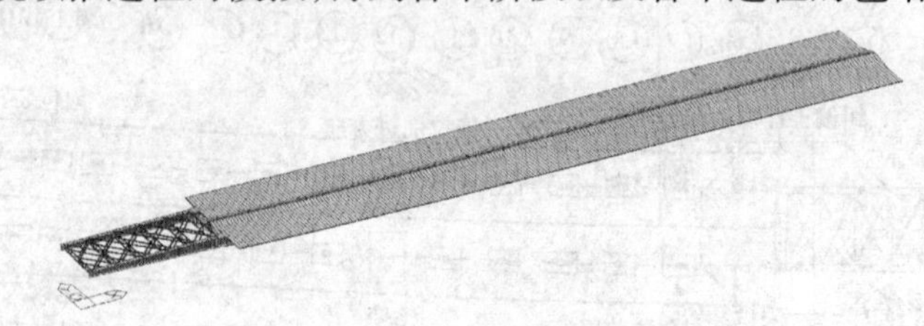

图 5　B 段主梁顶推施工计算模型

3.1.1　顶推过程钢导梁内力及应力分析

钢导梁在顶推过程中的内力和应力都处于不断的变化之中,并且其变化幅度很大。在顶推过程中钢导梁在每一个顶推跨径中都经历着相同的变化趋势,在最大悬臂时刻,支点处负弯矩值最大,在导梁上临时墩滑道之后,支点出负弯矩变小,跨中和钢混结合段部位的弯矩逐渐增大到峰值直到下一次最大悬臂位置,如此反复。图 6 ~ 图 11 给出顶推过程钢导梁的计算结果,图中除特殊标明外单位外弯矩值均为 kN · m,应力值均为 N/mm。

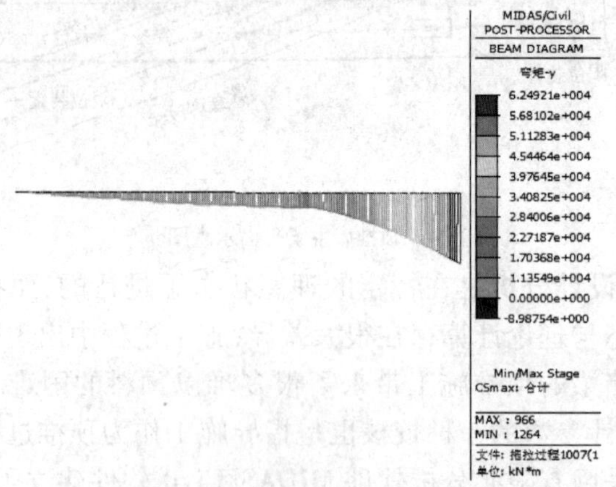

图 6　顶推过程钢导梁最大正弯矩包络图

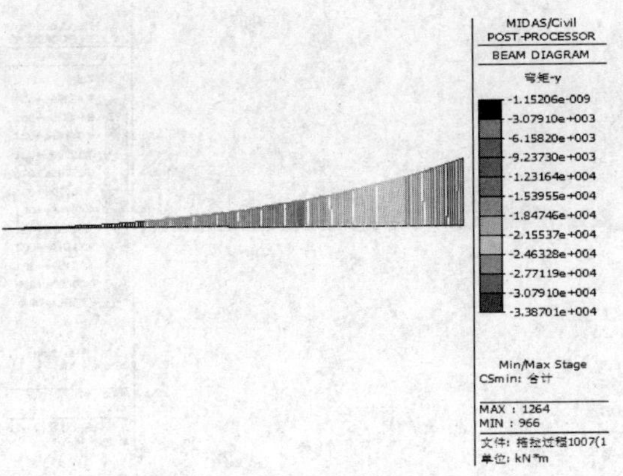

图7　顶推过程钢导梁最大负弯矩包络图

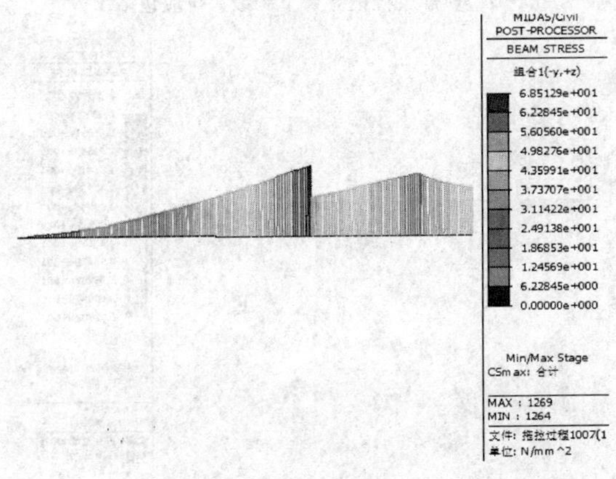

图8　顶推过程钢导梁上缘最大拉应力包络图

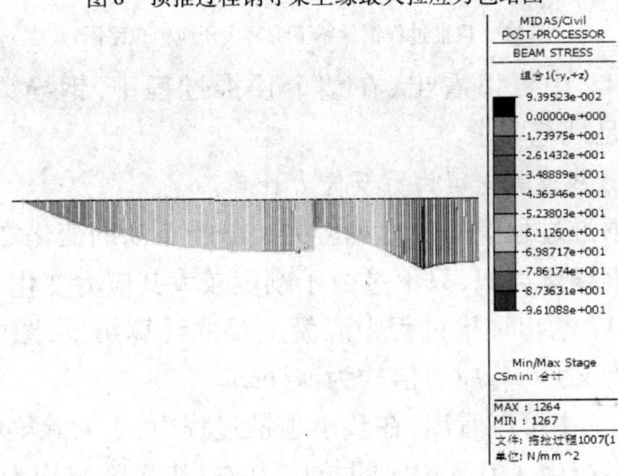

图9　顶推过程钢导梁上缘最大压应力包络图

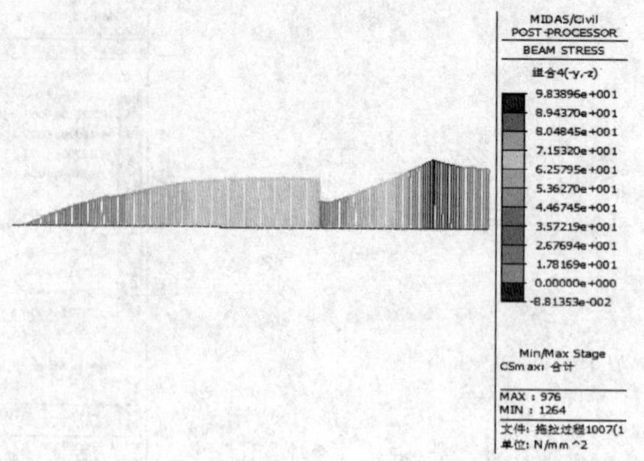

图 10　顶推过程钢导梁下缘最大拉应包络图

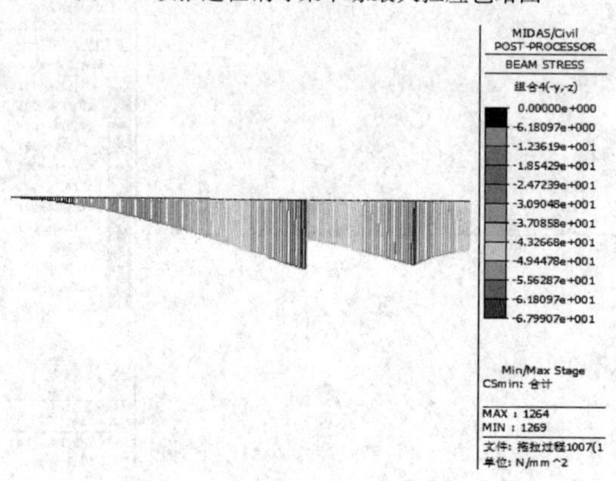

图 11　顶推过程钢导梁下缘最大压应力包络图

从图 6 ~ 图 11 中可以看出,在整个顶推过程中,钢导梁的最大应力为 98.3MPa,强度满足规范要求。

3.1.2　顶推过程混凝土梁内力及应力计算

混凝土梁在顶推过程中的内力和应力也处于不断的变化之中,其内力和应力的变化趋势与钢导梁类似,只不过由于刚度较大其应力变化幅度没有钢导梁的大。图 12 ~ 图 17 给出顶推过程中混凝土梁的计算结果,图中除特殊标明外单位外弯矩值均为 kN · m,应力值均为 N/mm。

从图 12 ~ 图 17 中可以看出,在整个顶推过程中,主梁除梁端局部区域由于预应力的作用最多产生了 0.4MPa 的拉应力外,其余区域均为压应力,最大压应力 22.6MPa,小于规范规规定的 24.85 MPa,满足规范要求。

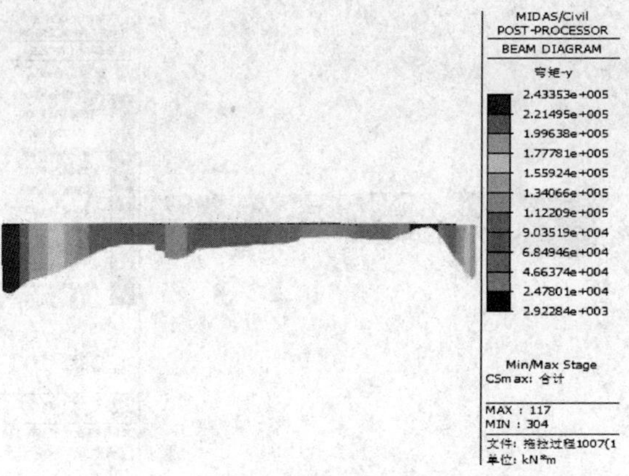

图 12　顶推过程 B 段主梁最大正弯矩包络图

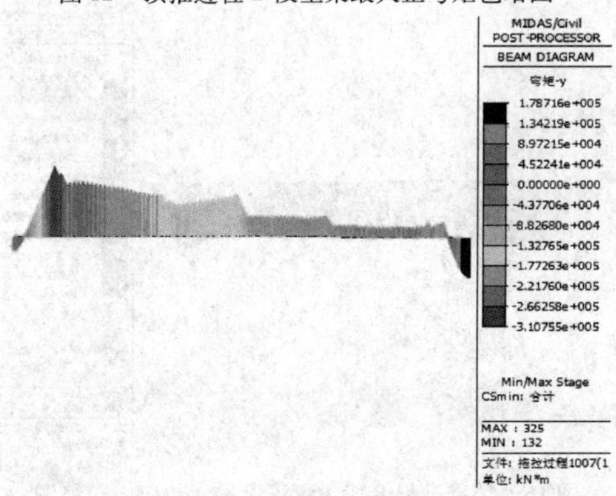

图 13　顶推过程 B 段主梁最大负弯矩包络图

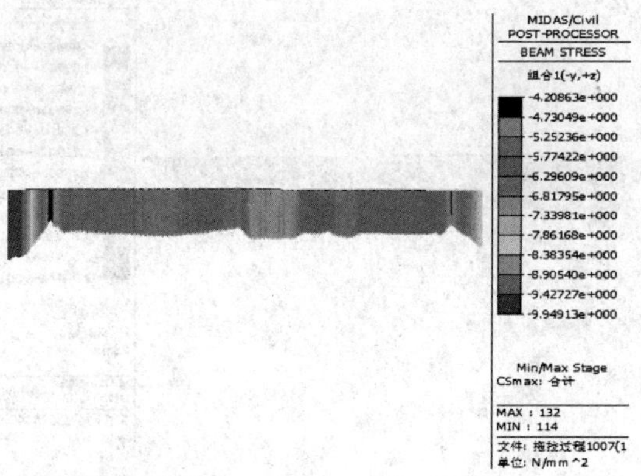

图 14　顶推过程 B 段主梁上缘最大拉应力包络图

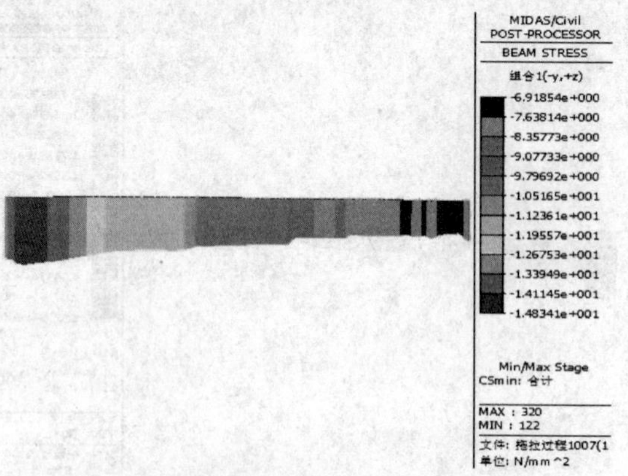

图 15　顶推过程 B 段主梁上缘最大压应力包络图

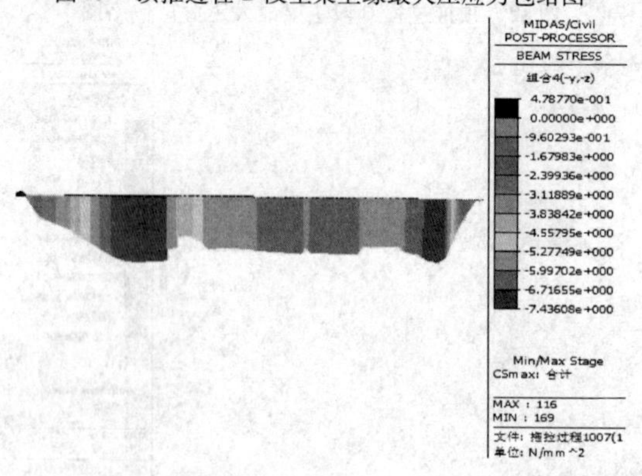

图 16　顶推过程 B 段主梁下缘最大拉应力包络图

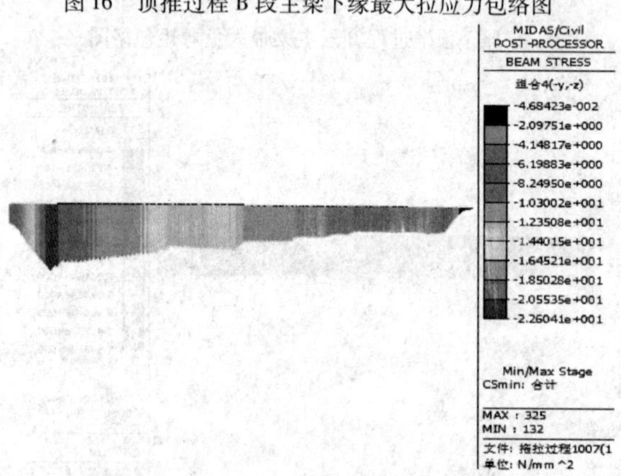

图 17　顶推过程 B 段主梁下缘最大压应力包络图

3.1.3 顶推过程考虑滑块填塞不利等因素的主梁受力分析

在顶推过程中各个临时墩会发生不同情况的沉降，不但在纵向产生不均匀的沉降，横向沉降也很可能不均匀，再加上施工过程中滑块填塞可能出现失误（在实际的滑块填塞过程中由于梁底不平、滑块涂油过多、滑块本身的制作误差都可能引起梁底高程与实际不符），这就可能导致比较严重的梁体偏转问题，特别是横向高差变大的问题会造成特别大的竖向反力，外加摩擦力的增大，临时墩受力处于不利状态。因为混凝土梁在支架及大里程侧临时墩上现浇，所以在顶推过程中临时墩 L6b ~ L21 沉降可以忽略不计，本文列出其中具有代表性的几个受力最危险的阶段，应力包络图如图 18 ~ 图 26 所示。

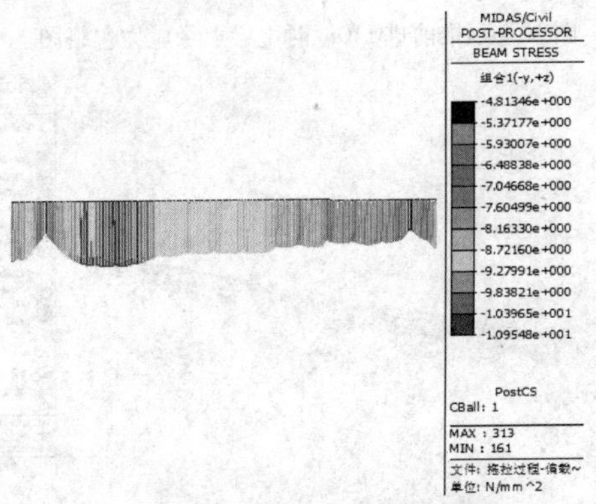

图 18 顶推前进 64m 时主梁上缘应力包络图

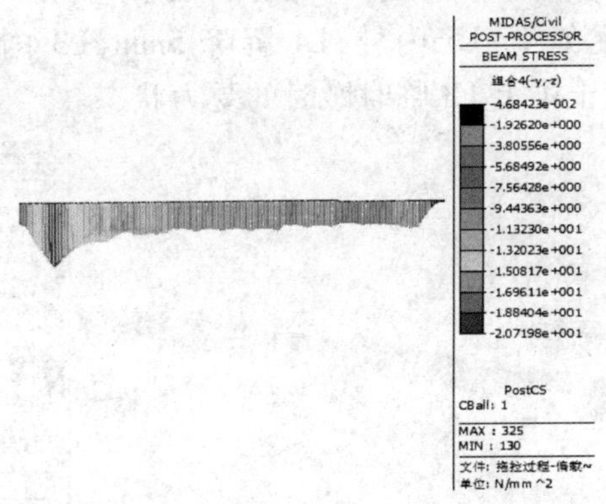

图 19 顶推前进 64m 时主梁下缘应力包络图

沉降情况如下：L5 临时墩沉降 5mm；L4 沉降 2mm。本工况为主梁的最大悬臂状态。

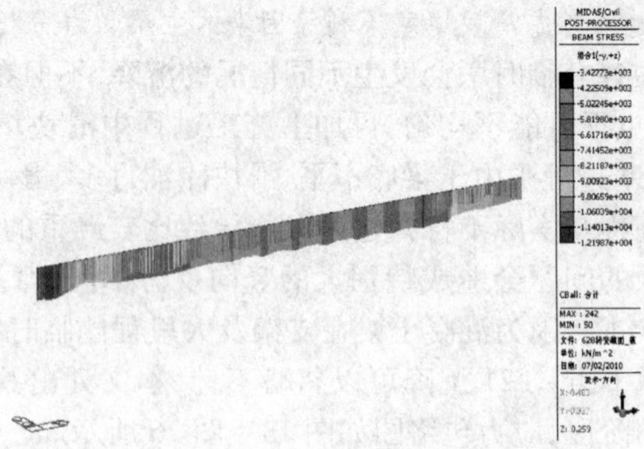

图 20 顶推前进 110m 时主梁上缘应力包络图

图 21 顶推前进 110m 时主梁下缘应力包络图

63m 时沉降情况如下：L5 内外、L4 沉降 5mm，L3 内侧沉降 50mm，外侧 6mm。本工况为混凝土梁上 L3 临时墩时的受力状态。

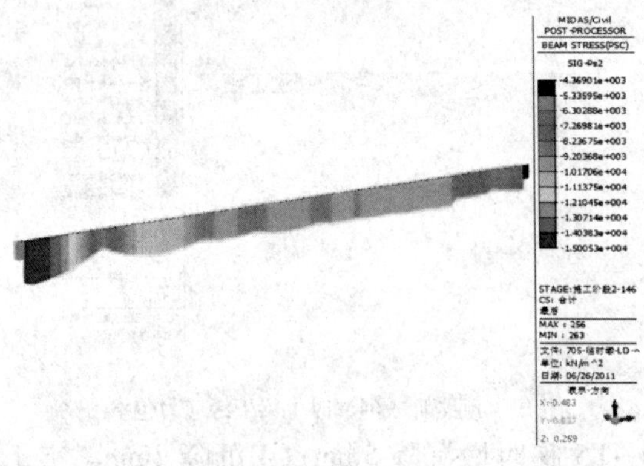

图 22 顶推前进 146m 时主梁上缘应力包络图

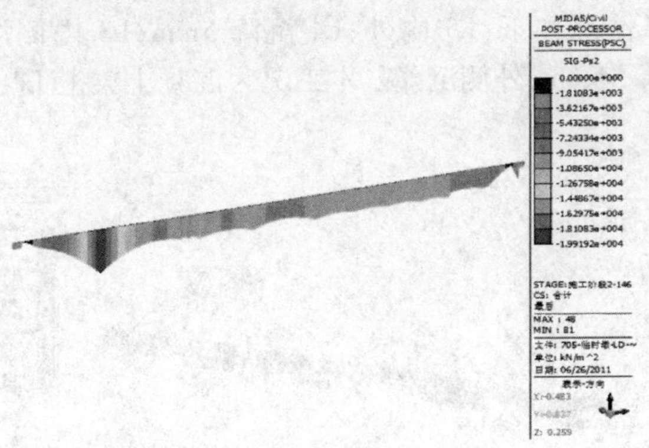

图 23　顶推前进 146m 时主梁下缘应力包络图

146m 时沉降情况如下：L5 内外、L4 沉降 5mm，L3 内侧沉降 50mm，外侧 6mm。本工况为混凝土梁最大悬臂受力状态。

图 24　顶推前进 157m 时主梁上缘应力包络图

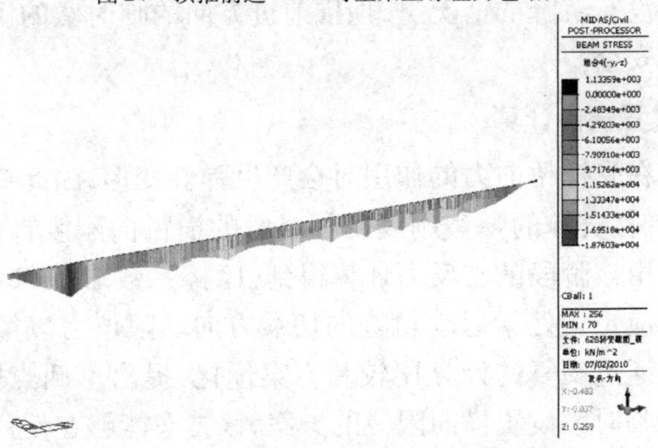

图 25　顶推前进 157m 时主梁下缘应力包络图

157m 时沉降情况如下：L5 内外、L4 沉降 5mm；L3 内侧沉降 50mm，外侧 6mm；L2 内侧沉降 36mm，外侧沉降。本工况为混凝土梁上 L2 临时墩时的受力状态。

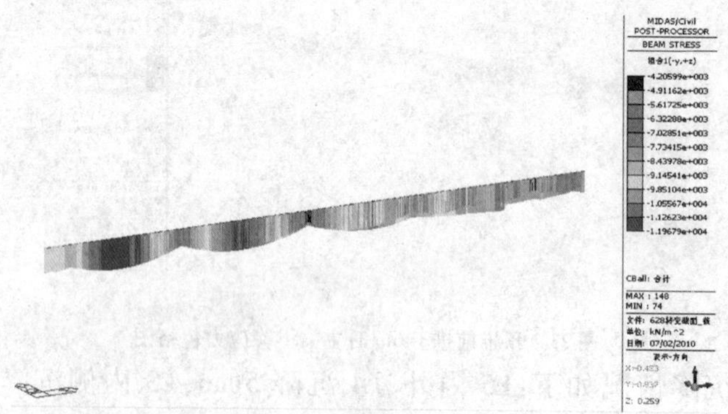

图 26　顶推前进 213m（顶推到位）时主梁上缘应力包络图

顶推结束时沉降情况如下：L5 内外、L4 沉降 5mm，L3 内侧沉降 18mm，外侧 6mm；L2 内侧 5mm，外侧 6mm；L1 内侧 4mm，内侧 3mm。本工况为混凝土梁上 L2 临时墩时的受力状态。

从图 18～图 26 中可以看出，在整个顶推过程中，由于主梁除梁端局部区域由于预应力的作用最多产生了 0.48MPa 的拉应力外，其余区域均为有较大压应力储备，所以在考虑临时墩沉降以后，最大拉应力并未增加，除梁端局部区域外没有其他位置出现拉应力，而最大压应力则增加到了 23.27MPa，出现在顶推前进到 146m 时，但是结构强度仍然满足规范中小于 24.85 MPa 的要求。由以上结果可见由于滑块填塞不利引起的梁体偏转对主梁纵向应力的影响不大，在后方几个临时墩没有沉降的情况下，顶推前进方向的临时墩的沉降甚至会使主梁纵向受力偏于安全。

3.2　顶推过程横向计算

由于临时墩在受横桥向力的作用时会产生弹性变形，因此横向限位采用弹性支承模拟，该弹性支撑的弹簧刚度由临时墩的横桥向刚度计算得到，各临时墩处的摩擦力均由该阶段的支反力计算得到（摩擦系数取 0.08）。摩擦力的方向为各临时墩相应位置处梁运动轨迹的切线方向。限位力以梁弧线内侧限位装置受压为正。通过反复的计算比较和方案优化，提出了两点限位理论，即在顶推梁端的两端临时墩设置横向限位的方案，该方案能够在使用较少设备的前提下保证顶推过程的安全和限制主梁横向移动，如图 27～图 30 所示。

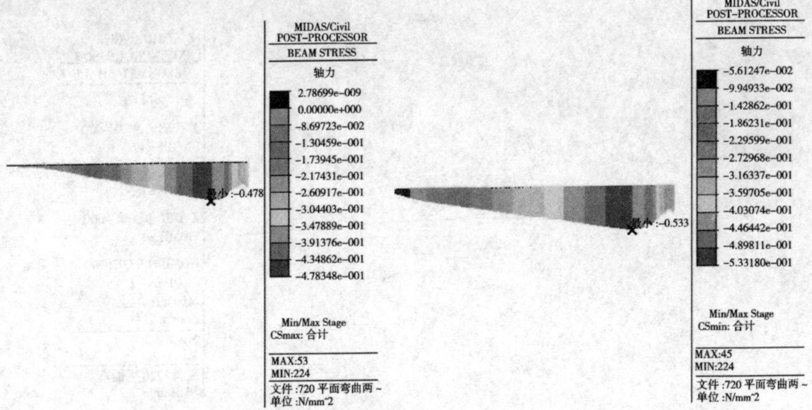

图 27　顶推过程中轴力引起的最小/最大压应力

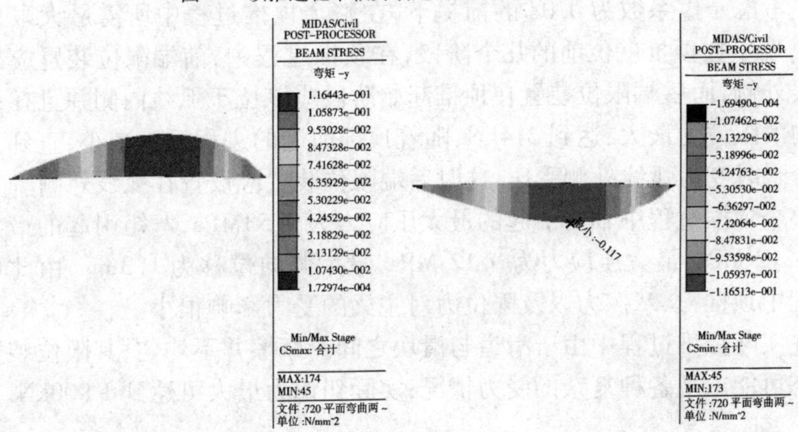

图 28　顶推过程中横向弯矩引起的最大拉应力/压应力

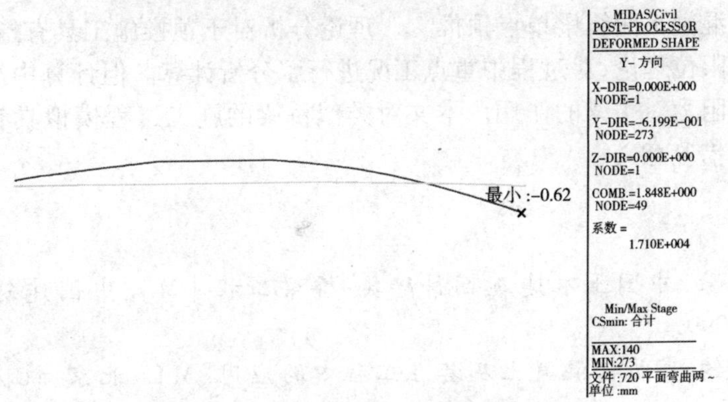

图 29　顶推过程中最大正向(圆弧外侧)位移

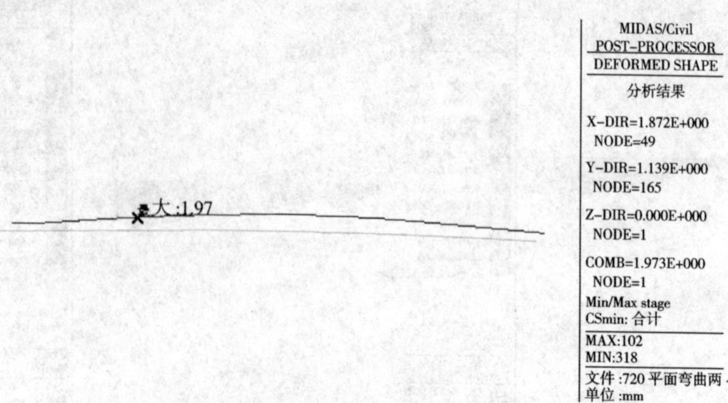

图 30　顶推过程中最大负向(圆弧内侧)位移

在考虑摩擦系数为 0.08 的前提下,在整个顶推过程中所需最大限位力为 330kN,发生在顶推就位前的几个阶段,在顶推过程中,前端限位装置应始终位于弧线外侧,而后端限位装置在顶推起始阶段应该位于弧线内侧并且在该阶段该方向的限位力最大,达到 214kN,随着顶推前进的进程逐渐减小,直到顶推前进 109 米时变为弧线外侧受压,这时后端限位装置应设置在弧线外侧。

整个顶推过程中轴力引起的最大压应力为 0.53MPa,弯矩引起的最大拉应力为 0.12 MPa,最大压应力为 0.12 MPa,最大侧向位移为 1.3mm,由此可见顶推过程中顶推力、摩擦力以及限位力对主梁的受力影响很小。

在实际顶推过程中由于滑道与滑块之间的摩擦并不均匀,其限位装置的受力状态可能出现各种复杂的受力情况,实际纠偏力最大可达到 1 000kN。

4　结语

巨型混凝土曲线梁单点顶推[5][6]理论分析对于顶推施工具有指导意义,提出了两点限位理论,对过程中重点工况进行了分析计算。但计算中没有顾及顶推力与摩阻力对主梁的作用。本文对类似桥梁的施工过程模拟具有很好的参考价值和借鉴意义。

参考文献

[1] 李国豪. 中国土木建筑百科辞典:桥梁工程[M]. 中国建筑工业出版社,1999.

[2] 丁大钧. 高性能混凝土及其在工程中的应用[M]. 北京:机械工业出版社,2007.

上地斜拉桥拉索施工监控

王吉翀[1]　赵红英[2]　黄才良[3]

（1. 大连理工大学土木工程建筑设计院有限公司　辽宁　大连　116024；

2. 北京国道通公路设计研究院　北京　100053；

3. 大连理工大学　辽宁　大连　116024）

［摘　要］　本文利用有限元软件 MIDAS 对上地斜拉桥建立了平面分析模型，进行了拉索施工阶段计算，从而确定斜拉索一张及二张力，随着施工的进行，调整了拉索张拉次序及时间，保证了整桥在拉索张拉施工过程中的安全。

［关键词］　斜拉桥　拉索张拉　施工控制　有限元

1　斜拉桥施工控制发展概况

与一般梁式桥相比，斜拉桥有其特有的特点。斜拉桥成桥状态的不确定性和明显的非线性等特点给斜拉桥的设计、施工都带来了极大的困难。随着斜拉桥施工技术的迅猛发展，斜拉桥的施工控制也越来越受人们的重视。对斜拉桥施工控制的研究最早出现在国外，而在国内起步较晚。目前，许多发达国家已经将大跨度斜拉桥的施工控制纳入斜拉桥施工管理工作中，施工控制成为斜拉桥建设必不可少的一项工作，在国内，大跨径斜拉桥的施工控制也越来越受到人们的重视，不仅对斜拉桥在施工过程中的施工控制特别关心和重视，对斜拉桥成桥后几年甚至几十年的控制工作也比较关心和重视。如今桥梁病害比较严重，时常有桥梁坍塌、报废的情况发生，随时掌握斜拉桥在运营状态下的健康状况，避免突发事件的发生，也越来越受到政府和大众的重视。

2　工程背景

上地斜拉桥全称北京市京包高速公路上地铁路分离式立交主桥，是京新高速公路工程的一部分，南起北五环，北至南六环，桥梁采用塔墩固结体系，边跨设置辅助墩，主梁支承于主塔和桥墩上，塔高 99m，主梁中心高 3.37m，索塔高度与中跨的比为 0.38，主梁主跨的高跨比为 1/168，是一座五跨连续独塔单索面曲线预应力混凝土斜拉桥，跨径布置为 46 + 46 + 230 + 98 + 90 = 510m，如图 1 所示。

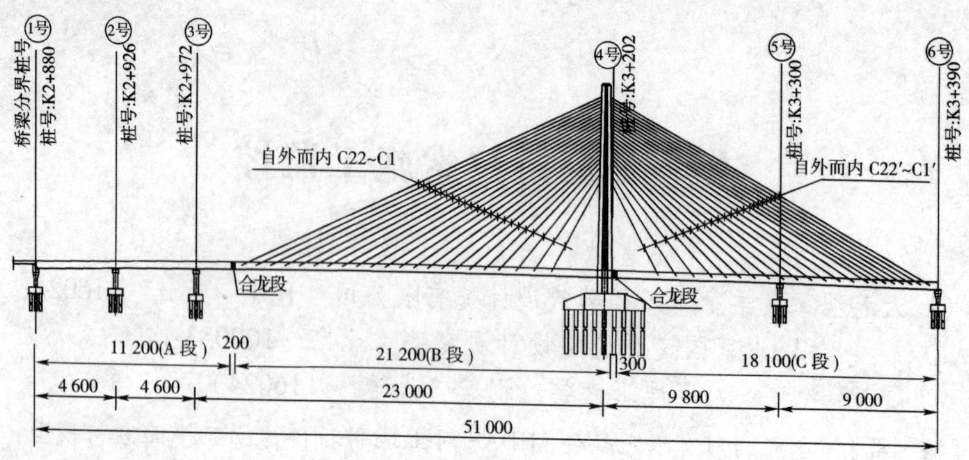

图1　主桥立面图(单位:cm)

本桥上跨既有京包铁路、城铁十三号线及京张城际铁路,与既有京包铁路相交处铁路里程为 K22 + 756,公路里程为 K3 + 55.703,相交角度为 19°。在桥位处,既有京包规划线向城铁 13 号线侧改移约 0.6m,称为动车走行线。城铁 13 号线为两股线,基本与既有京包铁路平行,其东线距京包线约 13m。

主塔每侧设 22 对斜拉索,主跨斜拉索梁上纵向间距为 10m 和 8m;边跨斜拉索的梁上间距为 10m、8m 和 5m。斜拉索的梁上横向间距为 1.0m。斜拉索的塔上锚固点竖向间距为 1.5m、1.6m 和 2.0m,塔上锚固点横向间距为 1.2m(主跨拉索)和 3.4m(边跨拉索)。

拉索采用半平行钢丝拉索,横向每根斜拉索由两根拉索组成,每根拉索由 265 根钢丝到 421 根钢丝组成,钢丝采用直径为 7mm 的镀锌高强度低松弛钢丝,钢丝标准强度为 1 670MPa,锚具采用冷铸锚。拉索规格分为 337、349、367、379、409 五种。最长索约 222m,最大索重约 26t。斜拉索塔端索管内设置橡胶圈减振器,梁端设置永磁调节式磁流变阻尼器达到减振效果。

3　斜拉索施工控制的特点

3.1　大规格成品斜拉索的安装难度大

本桥斜拉索采用的是工厂加工生产的成品索,与现场分股制作拉索相比,成品索的安装需要更大吨位的安装、牵引装置,成品索索头的安装需要更精确的角度定位。本桥单根拉索最长索体规格 7 × 349,长度 222m,重量约26t;最大截面规格的索体规格为 7 × 409。在斜拉索安装前需要根据每根拉索的重量、

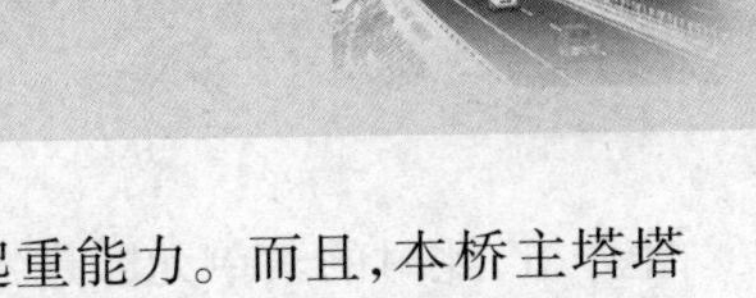

位置、长度等现场布置机具，设计起吊方案，核定起重能力。而且，本桥主塔塔顶高程为148.25m，距离桥面为88m，高空、大吨位施工作业给索体的安装造成了很大的难度。

3.2 整体张拉难度大

本桥由于采用的是大规格的成品拉索，因此每根斜拉索都需要集团束整体张拉。按照目前设计图纸，初张拉力在5 200 ~ 8 050kN，终张拉力在8 400 ~ 11 600kN。同时，根据桥梁施工规范中张拉储备要求（张拉吨位不小于张拉力的1.2倍），以及张拉过程中有可能出现更大的张拉力，本桥张拉必须选用4台订制的15 000kN级的穿心式千斤顶进行张拉作业。同时，张拉反力架、张拉杆、工具锚等工装尺寸也需要和千斤顶能力配套设计，张拉工装自身的尺寸和重量比较大，增加张拉施工的难度。

3.3 张拉索力精度要求高施工难度大

拉索张拉的索力精度要求很高，即"斜拉索索力误差不大于理论索力±2%，横桥向相同编号斜拉索之间差值不大于整索索力理论值的1%"，这对斜拉索的张拉施工、施工过程仿真模拟和施工监控都提出非常高的技术要求。施工过程中构件实际质量与理论计算的偏差、荷载的偏差、环境温度变化、日照影响、测力仪器本身的误差、实际结构约束条件与理论假设的偏差、施工偏差等因素都会对索力的精确控制产生影响。因此，本桥斜拉索索力的精确控制是一个技术难点。

3.4 斜拉索施工过程模拟复杂

拉力的建立是一个结构内力不断变化的过程，斜拉索每一个步骤的张拉索力以及同一步骤中各个张拉点的张拉索力相互之间都会有较大的影响。因此，施工前应按照施工方案的组织顺序，进行施工过程仿真模拟计算。通过仿真模拟计算，发现施工过程中的风险点，提供张拉控制操作依据，提供监测数据的理论值，制定实际和理论发生偏差时的纠正措施，确保张拉模型精确的建立。

4 斜拉索施工过程计算

4.1 计算模型的建立

本文采用MIDAS建立有限元模型，主梁和主塔采用空间梁单元，索结构用桁架（线性）单元进行模拟，便于荷载的线性叠加。此斜拉桥的斜拉索可以使用考虑恩斯特公式修正的等效桁架单元，即对采用索单元模拟的斜拉桥进行线性分析，此时的索单元即是考虑恩斯特公式修正的等效桁架单元。全桥共划分为1253个单元，其中桁架单元88个，梁单元1 165个，1 173个节点。在施工阶段分析中，主梁、拉索、拉索锚固位置、边界条件、荷载条件的变化阶段均设置为施工阶段。

模型中采用设计中给定的材料，材料参数见下表。

计算荷载有：混凝土主梁、横隔梁等自重，容重按26kN/m³，横隔板按集中荷载考虑。二期恒载主要包括防撞护栏、防抛障、桥面铺装及调平层等，按165kN计算。活载：公路Ⅰ级，横向布置六车道。基础沉降，按主墩沉降（4号墩）2cm，其他墩沉降1cm进行计算，按最不利情况进行组合。温度荷载按以下三种情况进行组合：全桥整体升降温20℃；索梁单元温差±10℃，塔日照温差±5℃；主梁上缘梯度温度按（JTG D60—2004）第4.3.10条办理。荷载组合按照规范规定进行最不利荷载组合。

上地斜拉桥施工过程计算模型见图2。

材料特性表

材料名称	弹性模量（MPa）	泊松比	线膨胀系数	容重（kN/m³）
C40混凝土	3.25×10^4	0.2	1.0×10^{-5}	26
C50混凝土	3.45×10^4	0.2	1.0×10^{-5}	26
斜拉索	2.05×10^4	0.3	1.2×10^{-5}	78.5
预应力筋	2.05×10^4	0.3	1.2×10^{-5}	78.5

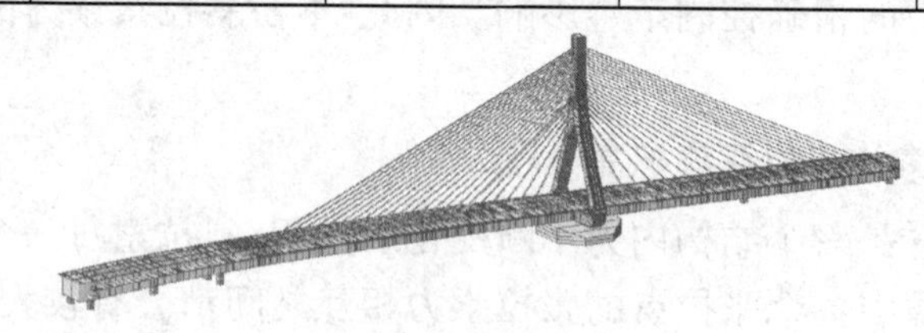

图2　上地斜拉桥施工过程计算模型

4.2　斜拉索施工顺序

上地斜拉桥的斜拉索在主梁结合段合龙后，进行第一次张拉。斜拉索的张拉过程为：以塔为中心，由内到外依次对称张拉，自下而上安装C1～C6拉索并进行一定吨位的张拉，中央防撞墙、6cm抗折混凝土桥面铺装施工，自下而上安装并张拉C7～C22。挂索过程中，保证相同高度的4根拉索同时张拉，且严格按照监控索力进行张拉，确保索塔在挂索过程中纵桥向不发生变形。之后再进行索的第二次张拉，因为5号辅助墩的支座为只受压支座，所以在5号辅助墩处不能对支

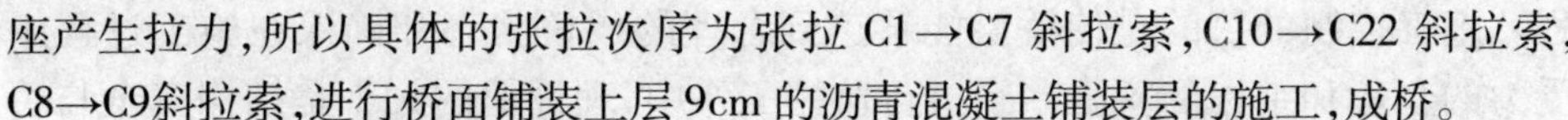

座产生拉力，所以具体的张拉次序为张拉 C1→C7 斜拉索，C10→C22 斜拉索，C8→C9斜拉索，进行桥面铺装上层 9cm 的沥青混凝土铺装层的施工，成桥。

4.3 施工过程计算结果

此桥施工阶段众多，下面找出两个有代表性的施工阶段把施工状态的计算结果列举一下。图 3 是主梁和主塔施工完毕，开始拉索之前的主梁和主塔弯矩图。图 4 是挂索完毕，开始调索之前主梁和主塔的弯矩图。

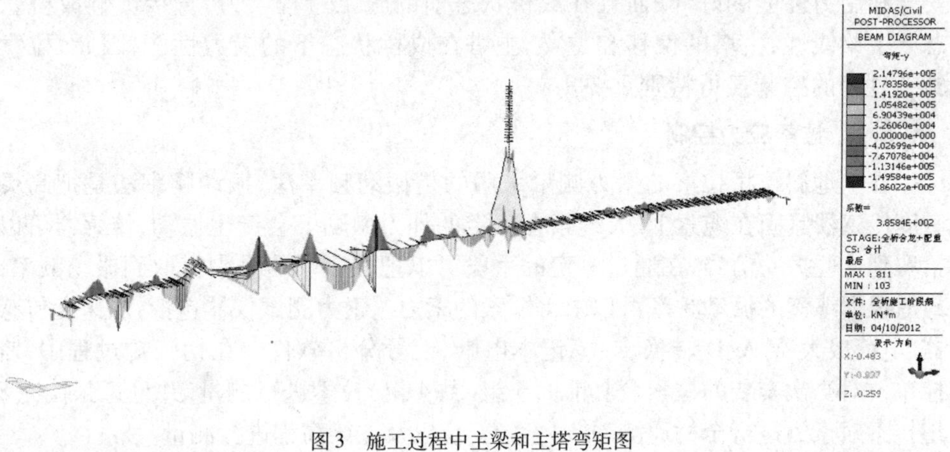

图 3　施工过程中主梁和主塔弯矩图

图 4　调索之前主梁和主塔弯矩图

5　斜拉索施工控制内容

拉索张拉的施工监控是主要从荷载效应的角度保证施工过程中桥梁结构安全，保证成桥后应力满足设计要求，保证成桥后的结构线形与设计线形相符。混凝土斜拉桥的施工控制是一个“预告→测量→识别→修正→预告”的循环过程。施工控制的目的是使桥梁能够达到合理的成桥状态和确保在施工过程中受力的合理和结构的安全。在进行监控工作中,理论值的大小是结构安全与否的一个参考值,所以需进行大量的理论和有限元计算,得出结构在每个施工阶段的受力和变形的理论值,把实测结果和理论值进行比较并认真分析,以指导施工,保证结构的安全。

斜拉索在施工状态下的索力大小,直接关系到施工状态下,主梁和主塔的安全和受力性能的好坏,而且在成桥状态前的施工过程索力,直接影响成桥状态下主梁线性,主塔的偏移和主梁、主塔在成桥状态下的受力性能,因此,拉索施工过程的控制显得特别重要。

5.1 拉索应力控制

在上地斜拉桥拉索的索力测量采用的是振动频率法,振动频率法是把高灵敏度传感器紧固在缆索上的,缆索在一定的外力激励下会产生振动,传感器可以拾取到这些振动信号,在通过一定的手段可以把在振动信号中提取到振动频率,最后根据缆索的振动频率可以求得缆索的索力。索力测试仪器包括:加速度传感器、电荷放大器、A/D 转换卡、笔记本电脑、信号分析软件。在初张拉过程中,监控单位对当次安装的拉索及其前面 3 组(共 4 组)拉索进行测量,并且每张拉完 8 组拉索对索力进行全桥通测,并对索塔变位以及主梁高程进行测量。

在二次张拉过程中,监控单位对当次张拉的拉索及其前两组、后两组(共 5 组)进行测量,并且每完成 8 组拉索的二次张拉就对索力进行全桥通测,并对索塔变位以及主梁高程进行测量。

5.2 主梁及主塔位移控制

在拉索张拉过程中主梁的纵向竖向位移、主塔各方向位移需要进行实时测量,用来校核张拉效果。

进行主梁及塔的位移测量时需要注意温度的影响,尽量选在每天日出之前进行。

5.3 斜拉索施工控制的具体目标

斜拉索的施工控制采用高程与索力双控,施工的具体目标为:

(1)成桥时主梁高程与设计值相差不超过 ±4cm,上下游相对高差在 3cm 以内;

(2)成桥拉索索力与设计值相差不超过 ±2%,横桥向相同编号斜拉索之间差值不大于整索索力理论值的 1%;

(3)主塔纵向便宜与设计值相差不得超过 ±5cm。

6 上地斜拉桥拉索控制结果

6.1 高程控制结果

二张期间主塔纵向位移最大误差为4cm,竖向位移最大误差为2.6cm,横向位移最大误差为1.1cm。二张期间梁端位移最大误差为2cm。成桥状态主梁高程中央隔离带测点由于和管线冲突将测点转移到中央外侧防撞墙上,所有测点为喷过红油漆的钉头。基准点是位于桥主跨下方的公共厕所附近,周围有砖砌保护。成桥状态主梁高程最大误差为4.1cm;主梁纵向位移最大误差为4mm成桥状态塔顶位移最大误差为5mm。

6.2 索力控制结果

一张期间索力最大误差为5%,二张期间索力最大误差为3%。成桥状态索力最大相对误差为3.3%。

7 结语

(1)本桥施工过程的结构参数和材料容许应力均作较为严格的控制,从而使得结构在施工过程中能够容许较大的施工误差,保证了施工过程的安全。

(2)在斜拉索二次张拉过程中主梁及主塔位移变化计算值与实测值吻合较好,主梁和主塔在二次张拉过程中处于安全状态,成桥状态斜拉桥位移与索力均满足相关要求。

(3)斜拉索的施工控制需要进行精确的施工阶段计算并随时调整各种临时荷载,以保证斜拉索施工的正确模拟,从而指导斜拉索张拉施工。

参考文献

[1] 项海帆.高等桥梁结构理论[M].北京:人民交通出版社,2001.

[2] 邓水源,蔡敏.斜拉索索力测量的振动频率法的分析及应用[J].交通科技与经济,2005,28:1-3.

[3] 庄茂峰.民生路斜拉桥施工控制及基础沉降影响分析[D].大连:大连理工大学,2006.

[4] 中华人民共和国行业标准 JTG D60—2004 公路桥涵设计通用规范[S].北京:人民交通出版社,2004.

[5] 杜蓬娟,张哲,黄才良.斜拉桥成桥后的误差调整的优化方法[J].哈尔滨工业大学学报,2005,37(7):1016-1018.

212m 预应力临时束整束退锚施工技术研究

孙爱田[1]　田　洪[2]　徐　孟[1]

（1. 中铁六局集团北京铁路建设有限公司　北京　100036；
2. 北京市首发高速公路建设管理有限责任公司　北京　100071）

[摘　要]　随着改革开放的不断深入，大型建筑和施工技术得到了快速发展，在我国工程建设领域经常涉及预应力临时束退锚施工，但大部分是通过单根进行退锚。本文通过京新高速公路（五环路—六环路段）工程上地铁路分离式立交桥 B 段箱梁临时束预应力退锚施工，总结出预应力整束退锚的一种施工方法，为其他类似工程提供了一定的借鉴。

[关键词]　预应力束　整束退锚

1　工程概况

京新高速公路（五环路—六环路段）上地铁路分离式立交桥是京新高速公路工程的一部分，起点里程为 K2 + 880，终点里程为 K3 + 390，全长 510m，采用 46m + 46m + 230m + 98m + 90m 五跨连续独塔单索面预应力钢筋混凝土斜拉桥。

顶推段混凝土箱梁长 212m，顶推距离 213m，顶推段总重 25 000t，顶推轨迹为 R = 3 500m 的圆曲线和 3.759‰上坡。顶推预制箱梁涉及较多体内体外预应力临时束施工，其中体内束 40 束体外束 8 束，属于预应力整束退锚施工。

2　临时束整束退锚施工难点

（1）B 段预制箱梁临时束长达 212m，且该段箱梁横跨既有线铁路和两道城铁，安全要求高，桥体本身应力复杂，施工难度大。

（2）B 段顶推箱梁涉及预应力体外束 40 束，体内束 8 束，拆除工作量大，同时属于高低空交作业。

（3）工期紧、任务重。

3　施工工艺流程

本工程施工方案结合设计单位要求，经过多次的推敲、比选及试验研究，并

结合现场的实际工作环境，主要考虑临时束退锚安全控制，同时满足工期要求，确定采用应力临时束整束退锚施工。

总体施工工艺流程图见图1。

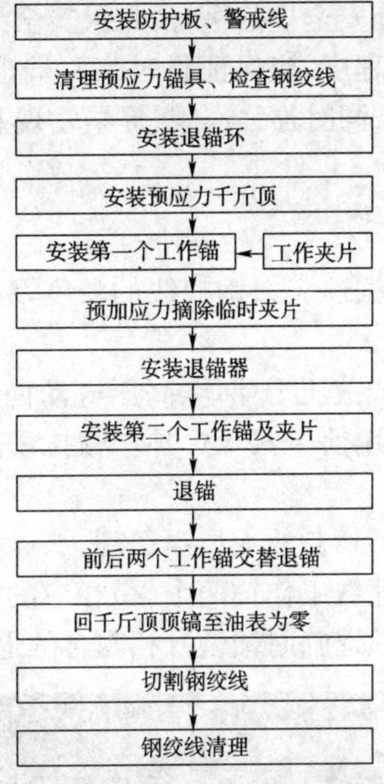

图1　工艺流程图

4　施工关键技术

4.1　大跨度预应力临时束整束退锚

4.1.1　退锚准备

编制专项施工方案并进行技术交底，组织全体作业人员进行教育培训；认真学习和熟悉施工图纸、施工规范，明确掌握设计、规范施工要求；各种退锚设备是否验收合格，证件是否齐全；退锚设备的数量、规格是否符合技术交底要求；各个配合机械人员及其防护设施是否牢固可靠；验收合格后，方可进行退锚作业。

4.1.2　标识制作及布置

根据施工总平面图布置标识位置。

标识的尺寸应满足规范要求，主要布置在有人员通过的路口及预应力临时束两端等危险较大区域。

4.1.3 监控方法

现场安排足够的防护人员采用对讲机汇报各种工况，并划定每个人的监管区域，严格按照技术交底和安全规范执行，确保安全无死角。

预应力临时束退锚过程中，应保证临时束两端没有人员和机械作业，避免夹片射伤人员及破坏机械，同时加强巡视，提早发现及制止路过人员。

4.2 退锚方法

4.2.1 退锚设备

千斤顶的选择主要根据预应力钢绞线的长度及根数和预应力钢绞线应力值三方面综合选定。

(1)张拉设备由穿心式液压千斤顶、高压电动油泵、压力表等组成，当预应力筋预留长度较短时宜使用前卡式千斤顶。张拉采用千斤顶吨位的大小应根据设计要求选用。

(2)采用氧气乙炔进行切割或无齿锯切割。

(3)选用与钢绞束同孔数工作锚两个(带相应的工作夹片)。

(4)选用与千斤顶及预退临时锚型号相吻合的退锚环(器)(图2)。

图2 退锚器工作图

(5)用于拨出临时夹片及工作夹片。

4.2.2 退锚千斤顶的校定

为保证退锚工作的顺利进行，选择合适的千斤顶，并应对千斤顶及油表进行校正。

4.2.3 退锚作业顺序

预应力构件临时束退锚顺序，应根据结构受力特点、施工方便、操作安全等因素确定，一般按照不同类型、不同分部位分阶段退锚。预应力结构中，群锚退锚时应遵循对称、均匀原则，以保证构件及人员安全，避免退锚时构件截面呈过大的偏心受力状态致使构件边缘产生过大拉应力。

特殊临时预应力构件或临时预应力筋，应根据要求采取专门的退锚工艺，如分段退锚、分批退锚、分级退锚、分期退锚等。

预应力退锚时必须注意，每次退锚循环夹片入槽后方可拆除与之对应的夹片组，进行放张应力。在退锚的过程中，无论出顶还是退顶都要严格控制出、退顶长度，必须在钢尺测量合格后操作下一步。一般遵循“退顶留 4cm，出顶留 4cm”，即退锚时预留 4cm 长，不完全退顶，出顶时预留 4cm 长，不完全出顶，以便于一、二号夹片的出槽及入槽，同时应重点注意：一号工作夹片和二号夹片的出槽及入槽要保持同步。

在退锚工程中，一定要把应力退小于 5MPa 或接近零的安全应力值时方可切断预应力钢绞线。

4.3 退锚方法

通过单端张拉预应力筋，摘取临时锚环上的夹片，借助退锚环、退锚器及两个工作锚，完成预应力的退锚。

退锚施工时把钢尺放在千斤顶外缸和活塞缸交界处，检测活塞是否停止出缸或退缸，随后读取油表读数，并计算（图 3）。

退锚作业属于连续循环松放预应力，直至预应力为零的过程。根据千斤顶的类型不同，每镐放张长度不同，一般穿心式液压千斤顶每镐可放张 4 ~ 6cm，放张应力值则取决于放张长度，成圆滑曲线减小。

图 3　钢尺量距

在退锚工程中，一定要把应力退至零或接近零的安全应力值时方可切断预应力钢绞线。

4.4 退锚施工的控制精度

退锚操作应实行千斤顶油表应力值—退锚长度双控，其目标为：应力值的偏差小于 5%；退锚长度值得偏差小于理论值的 8%。预应力钢绞线退锚时主要控制退锚长度和应力值两方面的参数。在实际施工中两者又比较侧重油表应力值，做到既要参考相关国标，又要结合现场退锚千斤顶油表读数，做到退一步算一步，实际应力应控制在理论应力的 ±5% 以内。

5 结语

大跨度预制顶推箱梁预应力临时束整束退锚施工,一方面预应力临时束整束退锚较单根退锚安全性更高,充分满足安全施工要求;另一方面预应力临时束整束退锚较单根退锚效率更高,为加快施工进度提供保障,从而缩短了整个工程的工期。

此外,该施工工艺简便,所需工具少,易于学习,有助于广泛推广。本方法的成功运用,可为其他类似工程提供借鉴。

上地斜拉桥索塔施工控制

王吉翀[1]　黄才良[1]　陈彦青[2]

(1. 大连理工大学土木建筑设计研究院　大连 116024;

2. 中铁六局集团北京铁路建设有限公司　北京　100036)

[摘　要]　本文利用有限元软件 MIDAS 对上地斜拉桥桥塔建立了平面分析模型,计算不同工况下塔柱各部分应力,从而确定主动撑具体位置、施顶力;通过局部验算确定主动撑具体尺寸,保证塔柱施工的安全。

[关键词]　大倾角　塔柱计算　主动撑　施工控制　爬模

1　工程背景

上地斜拉桥桥塔为水滴形单塔实心钢筋混凝土结构,采用 C55 高性能混凝土。塔柱高 99m。下塔柱高 11m,主梁段高 4.32m,其余高 6.68m,上部 3m 为横梁,下部 3.68m 为整体箱形截面。其中横梁为预应力混凝土结构,布置了 $\phi15\sim27$ 钢束以抵抗中塔柱传来的竖向力。中塔柱高 40m,分为双斜柱,矩形变截面,截面横桥向长 4.55m,截面顺桥向宽为 6.627~8.0m 线性变化,中塔柱与竖直线的夹角为 22.72°。上塔柱高 48m,为拉索锚固区,上缘截面为 5m × 6.6m,下缘截面为 6.627 m × 14.748m,直线 + 圆曲线变化。斜拉索在塔上交错锚固,小里程侧拉索(主跨拉索)锚固在索塔截面的中部,其锚槽尺寸为 2.4m × 1.0m;大里程侧拉索(边跨拉索)锚固在索塔截面的两侧,锚槽分别设置,尺寸为 1.2 m × 1.0m。塔柱构造及横撑布置如图 1 所示。

2　塔柱在施工过程中的特点

2.1　下塔柱的特点

本桥下塔柱的特点是为了抵抗中塔柱传来的轴力预应力,普通钢筋布置较密,导致混凝土浇筑过程中振捣比较困难。另外中塔柱及上塔柱施工时,在悬臂较大的情况下,下塔柱外缘容易出现拉应力。

2.2　中塔柱的特点

中塔柱施工是桥塔施工的关键,中塔柱的特点有以下几个方面。

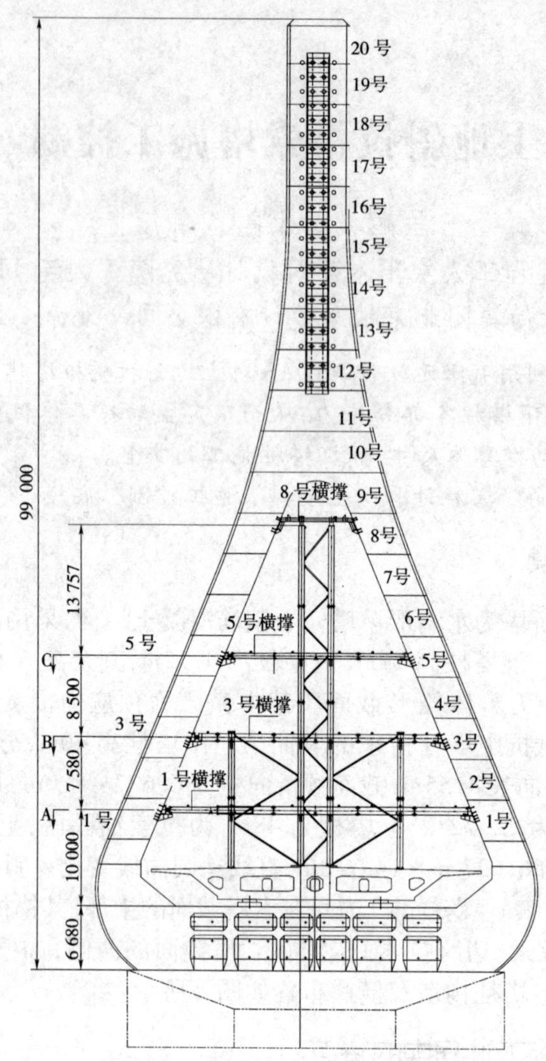

图1　塔柱构造及横撑布置

(1)采用分节段爬模施工方法,施工过程中受力比成桥状态更危险,在塔柱合龙之前,施工过程相当于悬臂梁的浇筑过程。

(2)塔柱倾角大(中塔柱直线段与竖直线夹角达到22.72°)中塔柱横桥向斜率达到1∶2.4。

(3)由于塔高较高又紧临铁路,无法搭设支架,塔柱的施工采用了液压爬模施工,爬升模板的工艺原理,是以建筑构造物的钢筋混凝土(塔柱或墩身)为

承力的主体,通过附着于已完成的钢筋混凝土构造物上的爬升支架与大模板及爬升设备,使一方固定,另一方作相对运动,交替向上爬升,以完成模板的爬升、下降、就位,爬模加剧了塔柱的受力。为了保证塔柱施工过程的安全,在适当高度设置主动横撑及被动撑,减少悬臂根部的负弯矩。主动横撑就是在一定高度的中塔柱位置,通过千斤顶施加已经计算好的力,强迫已施工的中塔柱产生位移预偏;被动横撑就是在一定的高度贴着塔柱内面,随着塔柱施工限制塔柱内倾方向的位移。

(4)每一节段的模板控制坐标与爬模节段高度、模板重量及施工荷载及其他荷载的大小、横撑的数量、位置及支顶力等参数均有关系,计算较复杂,施工难度高。

2.3 上塔柱的特点

上塔柱为拉索锚固区,故对模板、劲性骨架以及索管定位精度要求高。为保证索管定位准确,可在劲性骨架上增设一个辅助定位点进行坐标转换,以完成定位。由于使用液压爬模系统,需要在塔柱上使用各种预埋件及对拉螺栓等局部构件,容易与塔柱内的钢筋相冲突,需要对爬模设施或原结构进行部分调整。

3 塔柱在施工过程计算

3.1 计算模型的建立

由以上的特点可以看出,保证中塔柱在施工中的安全是塔柱施工的重点和难点。本文中笔者对塔柱建立了平面模型,进行塔柱整个施工过程的计算。采用 MIDAS 建立有限元模型,塔柱横撑及立柱均采用梁单元,横撑力由施加温度荷载来实现。模型中未计入塔柱中劲性骨架的影响,这是偏于安全的。

计算荷载有:塔柱自重、模板重量、爬模设备重量、风荷载、横撑梁端施顶力,混凝土的收缩徐变。由于钢材及钢筋混凝土的线膨胀系数比较接近,塔柱的整体升温产生的荷载很小可以忽略不计。施顶力的确定需要考虑钢材的焊接引起的收缩引起的应力损失。

3.2 横撑、立柱等位置及界面尺寸的确定

横撑位置的确定要经过反复计算之后才能确定。横撑位置的确定要注意以下几点。

(1)横撑数量不能太多,横撑数量多虽然有利于控制施工中的线形和内力,但是由于约束较多,在拆除时将产生内力重分配,导致个别横撑内力过大、应力集中有可能产生屈服,给拆除工作带来危险和困难。

(2)横撑刚度不易过大,刚度很大也会带来上述问题,刚度过小又不利于控制内力及线性且稳定性不好,需要进行严格的验算来确定横撑截面尺寸。

(3)横撑施顶力大小要适中,在塔柱施工过程由于采用了横撑,悬臂根部内外侧都有可能出现拉应力使结构出现裂缝并破坏。经过多次计算分析,最终确定采用3道主动横撑及一道被动横撑,位置如图2、图3所示。

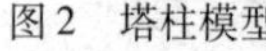

图2 塔柱模型

图3 中塔柱施工过程图

横撑、立柱及连接其的缀条的截面尺寸需要通过整体计算确定其受力大小之后进行验算,验算内容包括强度验算,刚度验算,稳定验算。强度验算公式为:

$$\sigma = \frac{N}{A_n} \leqslant [\sigma]$$

式中:N——钢材的轴心拉力或压力标准值;

A_n——构件的净截面面积;

$[\sigma]$——钢材的抗拉或抗压强度容许值。

刚度验算,轴心受力构件的刚度计算,用构件的长细比λ来控制,即$\lambda \leqslant [\lambda]$。

稳定性验算公式为:

$$\frac{N}{\phi_x A} \leqslant [\sigma]$$

经过上述计算可得横撑、立柱及缀条型号及轴力。1号、3号、5号横撑为主动撑,1号、3号横撑采用12mm壁厚直径800mm的钢管,5号横撑采用12mm壁厚直径600mm的钢管,主要作用是改善塔柱受力及控制塔柱施工过程中的线形达到要求;8号横撑为被动撑,采用顶底板厚13mm,腹板厚8mm的工字钢,主要作用是为了方便塔柱合龙段施工,同时也起到减小塔柱内力控制线形的作用。立柱采用了采用12mm壁厚直径600mm的钢管。缀条采用100mm×100mm的角钢。表1给出了上地斜拉桥桥塔横撑、立柱构件参数,及危险工况

下各部件的最大轴力与应力。

上地斜拉桥桥塔横撑、立柱构件参数及危险工况计算结果　表1

名　称	型　号	最大内力工况	最大计算轴力(kN)	应力(MPa)
1号横撑	ϕ800×12	模板移动至5号块	2 340	78.8
3号横撑	ϕ800×12	模板移动至7号块	2 352	79.2
5号横撑	ϕ600×12	8号混凝土浇筑后	1 856	83.7
8号横撑	工400/×13/8	9号混凝土浇筑后	76	13.8
立柱	工400/×13/8	10号混凝土浇筑后	642	29

说明:从表中可以看出应力值都小于[σ] = 140MPa,所以强度满足规范要求。

3.3 塔柱应力位移的计算及预拱度设置

计算的控制目标有两个,一是整个施工过程中在所有荷载组合作用下塔柱各界面应力不超过1.65MPa,二是塔柱位移计线形在拆除所有辅助支撑后与设计状态吻合。

以下给出几个重要工况下的索塔应力计算图示,图4中左侧为塔柱外缘应力,右侧为塔柱内缘应力,正值为拉应力。

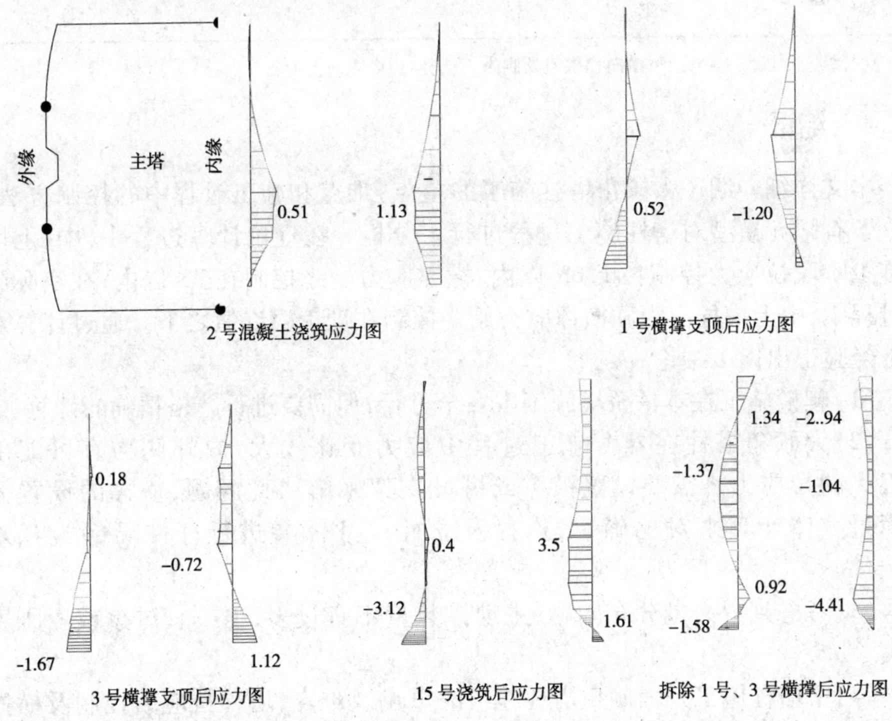

图4　索塔应力计算结果示意图

整个索塔施工过程中最大应力出现在15号块件浇筑后，塔柱根部内侧拉应力达到了1.61MPa。压应力始终很小，塔柱施工阶段拉应力控制在1.65MPa以内，满足规范要求。

塔柱在浇筑过程中最大位移发生在8号块件浇筑后，最大位移为内倾15.9mm。

塔柱预拱度的设置主要考虑混凝土的收缩徐变以及塔柱爬模施工过程中的变形值。横桥向及纵桥向预拱值考虑到成桥阶段，竖直方向预拱值考虑到成桥5年的收缩徐变，见表2。

几个典型塔柱节段的预拱度设置 表2

块件编号	纵桥向预拱值(mm)	横桥向预拱值(mm)	竖向预拱值(mm)
1号	-0.4	-1.1	10.7
3号	1.6	1.1	16.2
5号	-1.2	2.9	21.8
8号	9.7	2.1	29.2

说明：纵向预拱值主跨为正；横向预拱值外侧为正；竖向预拱竖向上为正。

4 结语

本文详细介绍了大倾角塔柱施工的重点、难点和施工过程中的控制方法，建立了有限元模型对塔柱施工过程进行了分析。在理论计算过程中，中、上塔柱施工阶段拉应力控制在1.65以内，横撑应力始终控制在75以内，在实际施工过程中，中上塔柱应力和横撑应力始终控制在理论容许值之下。通过计算及施工经验得出以下结论。

(1)爬模施工在本桥桥塔施工中安全可行，但需要进行严格精确的计算。

(2)大倾角塔柱在悬臂施工过程中应力变化较大，内外侧均有可能出现很大的拉应力。需要设置横撑或搭设支架来解决此问题，横撑的设置需要通过整体计算来对比确定，横撑及立柱尺寸需要进行杆件局部验算来确定。

(3)考虑到内力重分布问题，主动撑数量不宜过多，也不宜过少或者刚度过大。

(4)中塔柱施工是大倾角塔柱施工的重点及难点，塔柱拉应力控制及横撑应力均需要控制在规范允许的范围内。

上地斜拉桥桥塔在严格的施工控制和准确计算前提下,保证了塔柱施工过程的安全,按时完成施工任务,为以后同类型桥塔施工及计算模拟具有一定参考价值。

参考文献

[1] 周履,陈永春.收缩徐变[M].北京:中国铁道出版社,1994.

[2] 朱伯芳.有限单元法与应用[M].北京:水利电力出版社,1979.

上地桥斜拉索施工工艺

侯国华[1]　周黎光[1]　纪兰明[2]
(1. 北京市建筑工程研究院有限责任公司　北京　100039；
2. 中铁六局集团北京铁路建设有限公司　北京　100036)

[摘　要]　京新高速上地桥共有斜拉索88根，斜拉索采用PESFD7-337、PESFD7-349、PESFD7-367、PESFD7-379、PESFD7-409五种规格，最长索长约为222m，最重索重量约为26t。斜拉索的安装施工包括：前期准备、缆索下料及运输、挂索、张拉、防护等工序。在保证工程安全和工程质量的情况下，仅用了49天就完成了全部缆索的安装任务，为全桥的按期通车提供了保证。

[关键词]　京新高速上地斜拉桥　斜拉索　施工工艺

1　工程概况

京新上地桥全长510m，为46+46m+230m+98m+90m五跨连续独塔单索面预应力混凝土斜拉桥（图1）。全桥共有斜拉索88根，斜拉索采用PESFD7-337、PESFD7-349、PESFD7-367、PESFD7-379、PESFD7-409五种规格，钢丝的抗拉标准强度为1670MPa，最长索长约为222m，最重索重量约为26t，两端均采用冷铸锚锚具，索的两端均为张拉端锚具，但是，根据本桥的实际特点，采用两端锚固，塔端张拉。主跨斜拉索梁上纵向间距为10m和8m；边跨斜拉索的梁上间距为10m、8m和5m。斜拉索的梁上横向间距为1.0m，塔上锚固点横向间距为1.2m（主跨拉索）和3.4m（边跨拉索）。

图1　斜拉桥立面图

上地斜拉桥拉索施工的主要技术难点为：

(1)高空、大吨位起吊安装难度大;

(2)索长且重,软牵引力较大,最大牵引力近700t;

(3)根据设计要求,张拉吨位大,最大张拉吨位达到1 200t;

(4)结合本桥的实际特点,只能在主塔外侧进行高空施工作业;

(5)该斜拉桥跨既有铁路线路,施工组织作业难度加大。

2 施工工序

斜拉桥的缆索施工是斜拉桥施工中的关键步骤,而缆索施工中的关键步骤是挂索及张拉两个过程。根据本工程的实际情况及特点,缆索施工的主要施工工序为:前期准备→缆索下料及运输→挂索→张拉→防护。其中,缆索场内加工、预埋件的安装、起吊设备的安装、牵引工装及张拉工装的安装、施工平台的安装假设、PE修护及减震器的安装等,均贯穿于施工工序的主线当中。

3 前期准备

3.1 各斜拉索牵引力的计算

在挂索阶段,需要采用牵引的方法才能完成挂索,根据实际情况及设计提供的数据,首先进行各个斜拉索的牵引力的计算。依据此计算结果,进行挂索方案的确定。通过查询文献资料,采用如下公式:

$$\Delta L = L - L' + q^2 L_x^2 L/24P^2 - PL/AE$$

式中:ΔL——牵引力为P时索头距离锚固点之间的距离;

L_x——L的水平投影长度;

A——钢索中钢丝的面积;

E——钢索的弹性模量;

L'——索的实际长度;

L——两个锚固点之间的实际长度;

q——索的单位长度重量;

P——牵引端的牵引力。

3.2 主要设备及多功能平台

(1)主梁软牵引用工装设备:根据软牵引计算结果,并结合主梁厢室内实际的空间,选用250t千斤顶及配套的撑脚等工装设备。

(2)塔上张拉工装设备:根据设计提供的最终设计张拉力,确定使用1 500t千斤顶及配套的撑脚、张拉杆等工装设备。

(3)牵引及起吊用卷扬机:在主梁上安装固定了3种型号的卷扬机:分别为3t、5t和10t。其中3t卷扬机主要用于放索及起吊过程中索的位置的调整;5t卷扬机主要用于主梁上索的软牵引及放索;10t卷扬机主要用于提索。

(4)其他设备:25t汽车吊车2台,100t汽车吊车1台,现场塔吊等。

(5)多功能平台:由于该桥主塔为实心塔,同时又为塔上张拉,最终确定使用该多功能平台,该多功能平台具有可以同主塔同步施工,实现交叉作业、大吨位起吊等特点。

4 挂索

4.1 挂索

根据本斜拉桥的实际情况及牵引力的计算结果,针对22对斜拉索采用两套挂索方案。

方案一针对1~6号缆索,其主要工序为调整索盘位置→吊缆索置于索盘(图2)→桥面放索(图3)→提索(图4)→上锚点固定→下锚点软牵引→下锚点固定。

图2 搬索

图3 放索

图4 提索

方案二针对7~22号缆索,其主要工序为调整索盘位置→吊缆索置于索盘→桥面放索→提索→上锚点固定→下锚点软牵引→上锚点回退→下锚点继续软牵引→下锚点固定→上锚点硬牵引→上锚点固定。

针对方案一,由于1~6号缆索牵引力较小,直接使用软牵引工装即可以完成固定安装工作。当车将缆索运输到施工现场,通过塔吊将缆索从车上吊到桥面上,由于塔吊的塔臂长度及配重的限制,只能先将缆索放置与桥面上的某一位置,然后通过25t吊车将缆索二次移动到我们需要的位置。在进行放索前,先将索盘调整到距离下锚点较近,同时,又不影响后期放索及提索的位置,然后25t吊车将缆索放置于索盘之上后,再配合卷扬机进行放索,放索过程中使用四轮小车承载索体及索头。当索头到达塔下后,通过卷扬机配合索上哈夫吊点及滑轮组,进行提索,当将索头提至塔上相应索道管口处后,通过塔上软牵引装置

进行牵引，将索头牵引出锚垫板后，将螺母拧到与索头齐平。此时，下锚点进行软牵引，最终将索头牵引出锚垫板，将螺母拧到索头的设计位置，这样，则挂索安装完毕。

针对方案二，由于7～22号缆索牵引力非常大，同时，又限制于箱梁内空间较小，不能够采用较大的牵引设备，所以，提出了方案二，即上锚点回退，采用软硬结合的方式。与方案一不同之处是：一是在桥面上搬运索及将缆索放置于放索盘上，需要用100t的汽车吊；二是上锚点固定后，下锚点进行软牵引。但是，下锚点的软牵引能力，不足以将索头牵引到位，当达到某一牵引力值后，上锚点索头连接上张拉杆，进行上锚点回退，相当于将索的长度延长，这样就可以减小牵引力值，然后，继续进行下锚点牵引，直至将下锚点牵引就位，螺母拧到索头设计位置，上锚点再进行硬牵引，将上锚点牵引至就位，螺母拧到索头齐平位置。

4.2 挂索注意事项

(1)在进行放索时，要避免索体PE与地面或其他锋利物体接触，当发现PE破损，立即由厂家修复PE人员进行PE修复。

(2)用于软牵引的钢绞线，不能重复使用多次，单根钢绞线的重复使用次数最多为2次。对于夹片的使用是每次都使用新的夹片，不可重复使用。

(3)提索时，索体不允许出现打绞、旋转现象，尽量避免出现扭曲。

(4)提索过程中，尽量避免索头碰撞施工平台。

(5)提升用滑轮组，在提升过程中，卷扬机钢丝绳不能打绞。

5 张拉

5.1 张拉

该桥为单索面斜拉桥，共88根斜拉索，每组编号的索有4根，挂索阶段对称的2根同时进行挂索，当同号的4根索挂索完毕后，可以进行一次张拉。对于7～22号索，当硬牵引结束后，张拉杆不用拆下，继续留作张拉使用(图5)。千斤顶的张拉行程是200mm，但是，为了安全考虑，每次张拉行程控制在150～180mm，多次反复张拉直至达到监控要求张拉力值。当每次张拉时，都要将千斤顶后的张拉杆螺母拧紧再进行张拉，张拉的过程中，要不断的拧紧索头螺母，当千斤顶出一缸完毕后，要确定前端索头螺母已经拧紧，然后，再进行千斤顶回缸。在进行索力监测时，要确保千斤顶回油完毕，索头螺母已经拧紧，即确保是螺母受力，而不是千斤顶受力之后，再进行索力监测。当全桥索挂索并一次张拉完毕后，进行二次张拉，张拉方法同一次张拉一样，只是在张拉精度上要较一次张拉严格，并且，在二次张拉的过程当中，进行各个斜拉索的调索工作。

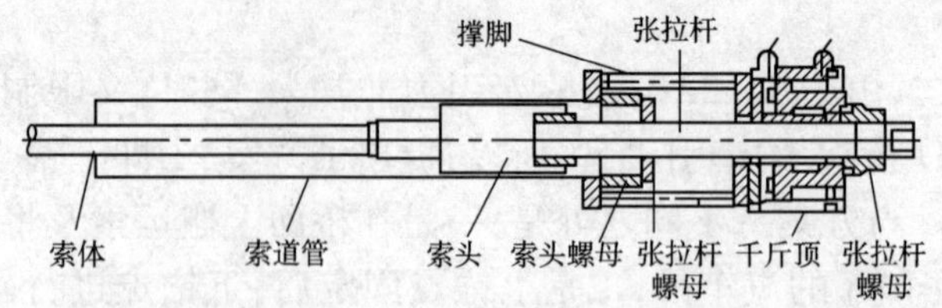

图5　张拉示意图

斜拉桥的缆索张拉施工完全按照监控单位的指令执行。在张拉之前，有监控单位提供张拉值给施工单位，施工单位通过千斤顶的标定证书进行张拉值千斤顶油表读数的换算，然后通知施工人员按照该值进行张拉，最后，有监控单位进行索力监测，给出索力微调值，再反馈回施工人员进行索力微调，如此反复直至达到监控要求。张拉过程中需要的千斤顶、油表及油泵配套标定，在使用时配套使用，并且，在使用一定时间后，进行重复标定校核。

张拉过程中要详细记录油表读数、索力、张拉伸长量及索头在锚垫板外的长度值，而且这些值要一一对应，通过对数据的汇总及总结，进行张拉前油表张拉值的调整，使整个张拉过程监控单位尽可能的少进行索力的调整，进而节省时间及人力、物力等。

5.2　张拉注意事项

(1)开油泵的人员要与拧螺母的人员时刻保持着沟通，禁止出现千斤顶出缸量超行程的情况。

(2)张拉过程采用同步分级张拉的方式，4个张拉点同级内索力误差控制在2%以内。

(3)在索力监控前，可以超张拉2mm，然后将索头螺母拧紧，再进行千斤顶回缸及索力监控，这样可以减小张拉构件的变形量对索力的影响。

(4)张拉用设备的油表、千斤顶及油泵必须配套标定及使用，禁止一表多用。

5.3　全桥调索

在成桥以后，如需整体调整桥面高程，则需进行整体调索，其工艺同张拉工艺。由于缆索张拉施工单位及监控单位施工过程中配合密切，桥型达到预期要求，最终无需进行调索。

6 结语

伴随我国经济的不断发展,斜拉桥的建设在我国也在不断地增加,并且逐渐朝着跨度大、索长、索重等方向发展。与此同时,为斜拉桥的缆索施工带来了较大的技术性及风险性难题。因此,要求施工人员具有高素质,且组织分工明确,确保施工质量和施工安全。

京新高速上地斜拉桥目前已经于 2011 年底建成通车。实践证明,本文方法切实可行,采用多功能施工操作平台进行塔端张拉安全、可靠,进行梁端软牵引力计算合理、钢绞线受力均匀。在保证工程安全和工程质量的情况下,又满足了工期计划,仅用了 49 天就完成了全部 88 根索的安装任务,为全桥的按期通车提供了保证。

参考文献

[1] 林元培. 斜拉桥[M]. 北京:人民交通出版社,1994.

[2] 刘士林. 斜拉桥设计[M]. 北京:人民交通出版社,2006.

[3] 周孟波. 斜拉桥手册[M]. 北京:人民交通出版社,2004.

[4] 刘志辉,姜剑峰,罗勇强. 荆州长江公路大桥斜拉索挂索工艺[J]. 湖南交通技术,2006,32 卷第 3 期,第 118 页.

[5] 毕桂平,钟永新,马勇. 上海长江大桥斜拉索施工工艺[J]. 世界桥梁,2009,增刊 1,第 42 页.

[6] 宋贵林,陶猛,罗勇强. 抚顺永安桥斜拉索施工[J]. 辽宁省交通高等专科学校校报,2009,11 卷,2 期,第 5 页.

独塔斜拉桥实心、双曲塔柱液压爬模系统设计及应用

于兴亮[1]　陈　涛[2]　李成双[3]

（1. 涿州市三博桥梁模板制造有限公司　涿州　072750；

2. 北京首发公路养护工程有限公司　北京　102613；

3. 北京市首发高速公路建设管理有限责任公司　北京　100071）

[摘　要]　本文根据上地桥主塔液压爬模施工实践加以总结归纳，从液压爬模系统的设计、组拼、施工等方面较全面地介绍了爬模系统在工程中的应用，对于各种不同截面形式的大倾角高塔、高墩建筑的施工，具有一定的参考价值。

[关键词]　实心大倾角双曲塔柱　液压爬模　设计　应用

1　概述

随着桥梁建筑技术的飞速发展，桥梁建筑已不仅仅满足其实用性，更加注重其景观效果和人文意识。跨度更大、高度更高、线性变化更复杂的建筑结构越来越多，传统的施工工艺无论在安全还是在工期方面都不能满足。液压自动爬模以其施工安全、确保质量、缩短工期、经济环保的特点，成为该类建筑结构的施工首选。

京新高速上地桥全长510m，为五跨混凝土斜拉桥，主跨230m。主塔外形为水滴形，由上塔柱（斜拉索锚固区）、中塔柱、下塔柱组成，塔柱为偏心受压受力构件，塔柱均为实心钢筋混凝土结构。主塔承台以上高99m，桥面以上高88m，上塔柱高47.115m，为拉索锚固区，刻槽矩形变截面，上缘面为6m×5m，下缘截面14.236m×6.595m，直线＋圆曲线变化。中塔柱高38.25m，分为双斜柱，矩形变截面。下塔柱高13.635m，为整体箱型结构（图1）。

主塔施工地处闹市，场地狭窄。前有地铁站及密集的居民区，后又有加油站及密集的居民区，两侧各有一个地下通道，中间夹有13号城铁线及京包线，施工环境复杂，施工安全及安全防护十分重要。

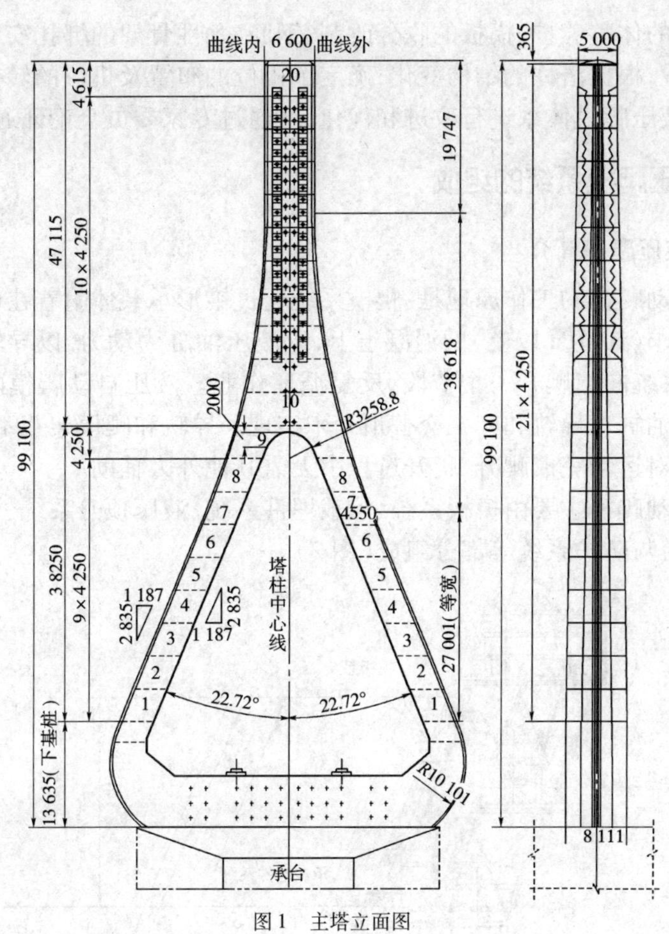

图1　主塔立面图

2　总体设计思路

本工程主塔外形为水滴形，造型优美，线条流畅，规模宏大，结构复杂，为北京地区标志性建筑。因局限于塔柱高度（99m），中塔柱倾斜角度大（22.72°），上塔柱斜拉索锚固区索管密集，为同类工程罕见。塔柱曲线内外均为直线 + 圆曲线变化，四面收坡，这是该工程相对于其他爬模施工独有的特点。工期紧，工程量多，施工难度大，安全防护要求严格，这一系列因素给液压爬模的设计和施工加大了难度。

根据塔柱的高度，合龙段的位置，及线性变化的起始点确定了施工节段高度为 4.25m；塔柱倾斜角度大，对模板的刚度要求及整体稳定性要求严格，确定使用全钢大模板；根据塔柱的施工工艺，确定工作平台的设置：共设 5 层，塔柱混凝土表面的休整养护、模板的收分改制、钢筋、劲性骨架的绑扎安装能平行作业,互不干扰;根据塔柱的结构变化,确定了机位的布置及机位的转换。针对以上问题,对液压爬模体系进行改进和优化,并通过专家委员会论证通过。

3 液压爬模系统的组成

3.1 液压爬模简介

液压自动爬模的工作原理是:爬模系统通过锥形承载体附着在已浇筑好的强度达到要求(10MPa 以上)的混凝土上,以液压油缸为动力,以导轨为爬升轨道,将爬模系统向上爬升一个节段,反复循环作业。液压自动爬模的顶升运动是通过液压油缸对导轨和爬架交替顶升来实现。导轨和爬模架互不关联,两者之间进行相对运动完成爬升,爬升过程中无需其他外力辅助。

液压自动爬模主要由模板系统、承载埋件系统、液压顶升系统、三角承力系统、工作平台与防护系统等部分组成(图 2)。

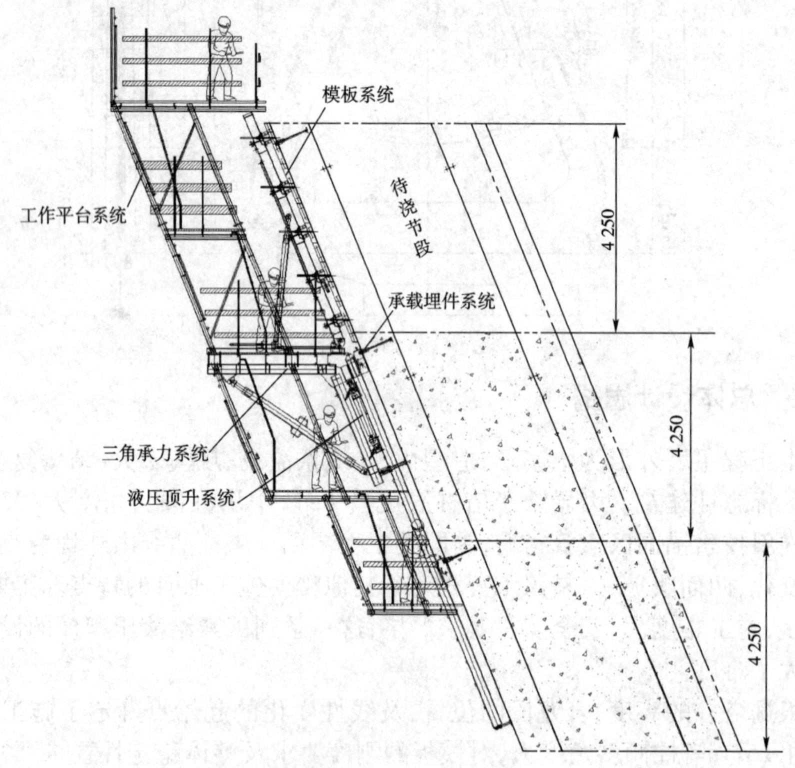

图 2　内侧爬模结构图

3.2 模板系统的组成

3.2.1 组成

模板系统由组拼式大钢模板、钢背楞、对拉螺栓、螺母、铸钢垫片等组成。面板采用6mm厚钢板，强度与刚度均满足使用要求，并且收分改制方便快捷。曲线内外侧模板，圆弧段经割口调弧，可调为双曲面模板；平面段模板背面机加工V形槽，每上升一个节段，可轻松去掉一个接节。主肋采用10号槽钢，背楞采用双14号b槽钢，整体刚度大，稳定性好。模板分块合理，拼缝少并且严密（图3）。

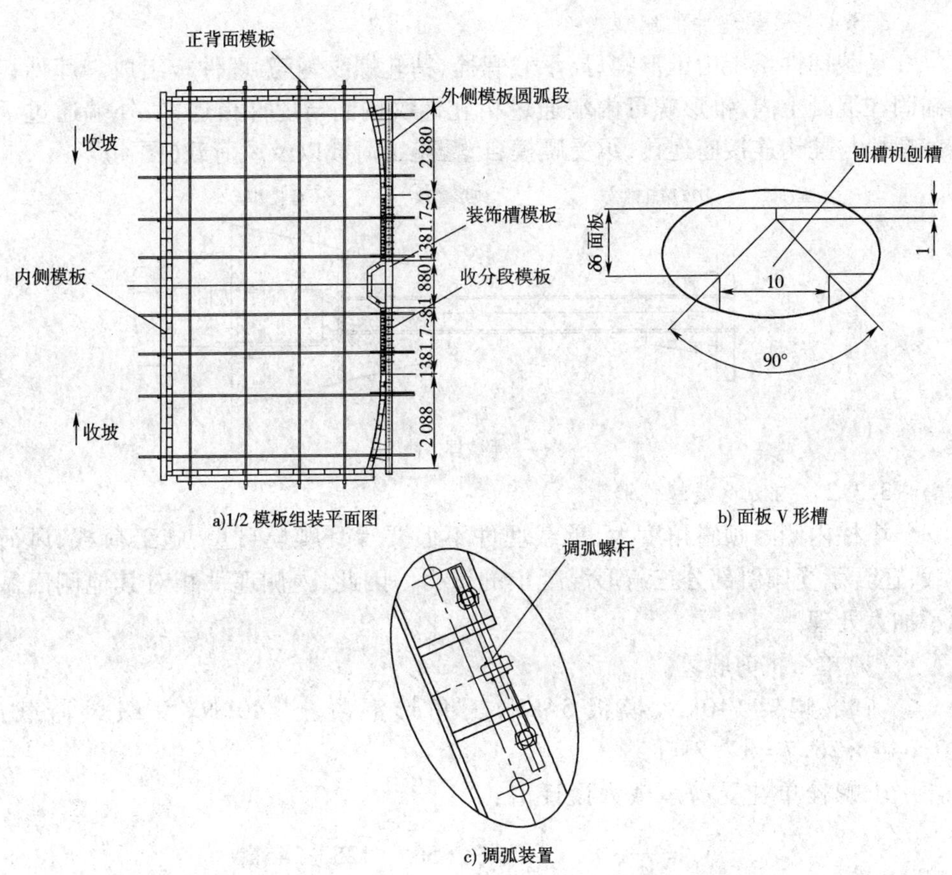

图3 模板系统

3.2.2　模板系统的特点

(1)强度好,刚度大,满足模板多次循环使用及收分改制的要求。

(2)可竖向曲线调节,双曲塔柱曲线线型美观。

(3)组模方便、快捷,整体开合,减少人工。

(4)定位精确,保证塔柱外形及线条变化。

(5)混凝土成型效果好,表面光滑,色差小。

(6)一次投入,多次使用。模板经改造可用于其他施工。

(7)节能环保,模板残值高。

3.3　承载埋件系统

3.3.1　承载埋件的组成

承载埋件系统由锥形螺母、承载螺栓、精轧螺纹钢筋、埋件板组成。埋件板锚固在混凝土内,锥形螺母内端通过精轧螺纹钢筋与埋件板连接,外端通过承载螺栓与挂钩连接座连接,承受爬模自重,施工荷载以及风荷载(图4)。

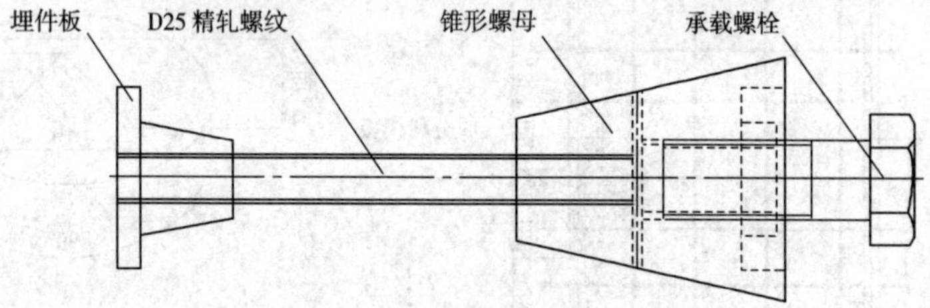

图4　承载埋件简图

3.3.2　内侧承载埋件验算

塔柱内侧因倾斜角度大,承载埋件不但要承受爬模自重、施工荷载、风荷载,还要承受倾斜部分三角形混凝土的重力。因此,内侧埋件相对其他侧面做了加大处理。

(1)单个抗剪验算。

荷载:爬架140kN,模板54kN,三角形混凝土740kN。9级风荷载:$0.644\times26.7=17.2$kN。

求螺栓单纯受剪承载力设计值:

$$N_{vb}=\frac{\pi}{4}\cdot d^2\cdot f_{vb}=\frac{\pi}{4}\cdot 50^2\cdot 125=245\text{kN}$$

螺栓单纯受剪计算值,沿纵桥向有6个螺栓,考虑荷载不均匀性,按照4个来承受竖向荷载;侧向风荷载按照1个来承受,所以每个受剪力为:$N_v=$

$\sqrt{\left(\frac{54+140+740}{4}\right)^2+17.2^2}=234.6\text{kN}<N_{vb}$,所以单纯抗剪承载力满足要求。

(2)单个抗拔计算。

根据《建筑施工计算手册》,按锚板锚固锥体破坏计算,埋件的锚固强度如下:

假定埋件到基础边缘有足够的距离,锚板螺栓在轴向力 F 作用下,螺栓及其周围的混凝土以圆锥台形从基础中拔出破坏(图5)。分析可得:

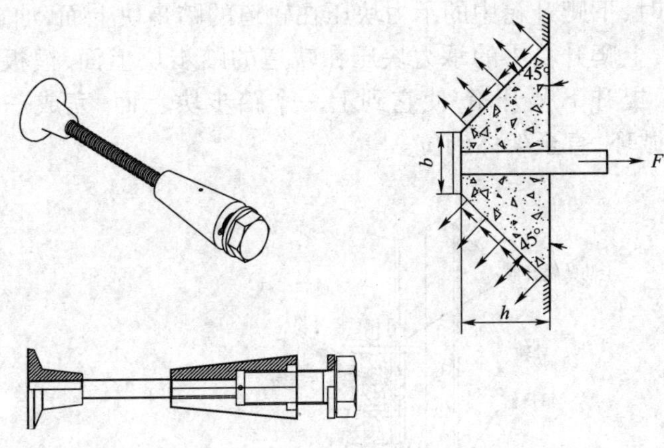

图5 承载埋件抗拔计算示意图

$F=A\tau_s=1.123\times1.2\times10^6=1\ 347\text{kN}>$ D32 精轧螺纹钢筋抗拔力 $N_t^b=$ 400kN,所以取小值为主要控制因素。

单个计算抗拔力为 $N_t=650.3/6=108.4\text{KN}<N_t^b$,所以单纯受拉满足要求。

(3)验算同时受拉又受剪。

$$\sqrt{\left(\frac{N_v}{N_{vb}}\right)^2+\left(\frac{N_t}{N_t^b}\right)^2}\leqslant1$$

$$\sqrt{\left(\frac{234.6}{245}\right)^2+\left(\frac{108.4}{400}\right)^2}=0.995<1$$

所以承载螺栓满足使用要求。

3.4 液压顶升系统

液压顶升系统由液压控制台，液压油缸和上、下防坠爬升器组成。液压控制台控制油缸，上下防坠爬升器分别于油缸两端相连，通过具有升降和防坠功能的承力机构，实现导轨与架体相互转换爬升。

爬升轨道时，上爬升箱不动，油缸伸出，使下爬升箱中的承力块支撑在轨道的踏步块下面。收缩油缸，提升轨道。到位后，上爬升箱中的承力块支撑轨道，完成一个工作循环（图6）。如此循环，直至轨道到位。

爬升架体时，下爬升箱中的承力块压在轨道的踏步块上面，油缸伸出，顶升模板。到位后，上爬升箱中的承力块压在轨道的踏步块上面，模板上升一个高度。油缸收缩，提升下爬升箱，使它到上一个踏步块上面，完成一个工作循环（图7）。如此循环，直至架体到位。

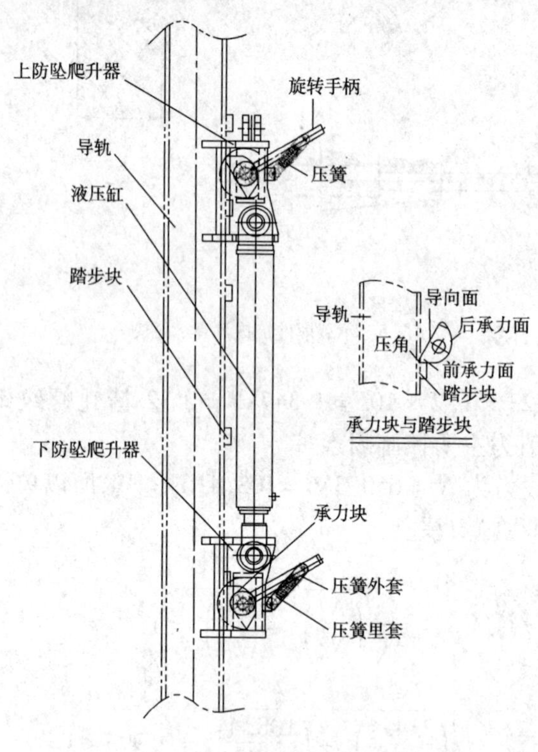

图6 轨道爬升状态图

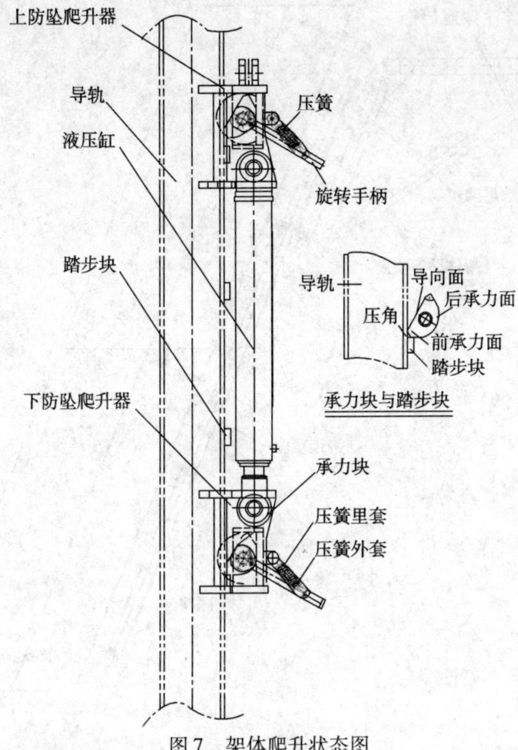

图7　架体爬升状态图

3.5　三角承力系统

3.5.1　三角承力系统的组成

三角承力系统由承重梁、承重架、调整支撑、架体防倾支腿和轨道等部分组成(图8)。施工工况承力系统将爬模自重、施工荷载以及风荷载传递给已浇筑好的塔体。爬升工况,轨道承担爬模自重及风荷载。本工程与普通爬模不同之处,在于普通爬模只是在爬升工况轨道参与受力,而本工程中因塔柱内侧大倾角,轨道也参与受力。

3.5.2　三角承力系统验算

承重系统主要部件采用材料及材料几何特性见下表。

材料及其几何特性

部　件	材　料	$A(\mathrm{cm}^2)$	$W(\mathrm{cm}^3)$	$I(\mathrm{cm}^4)$
支撑	D160 圆管	38.2	138.3	1 106.3
主支架	双 20 号槽钢	32.837×2	191×2	1 910×2
承重架	双 28 号槽钢	45.634×2	366×2	5 130×2
轨道	20 号 H 型钢	64.3	477	4 770

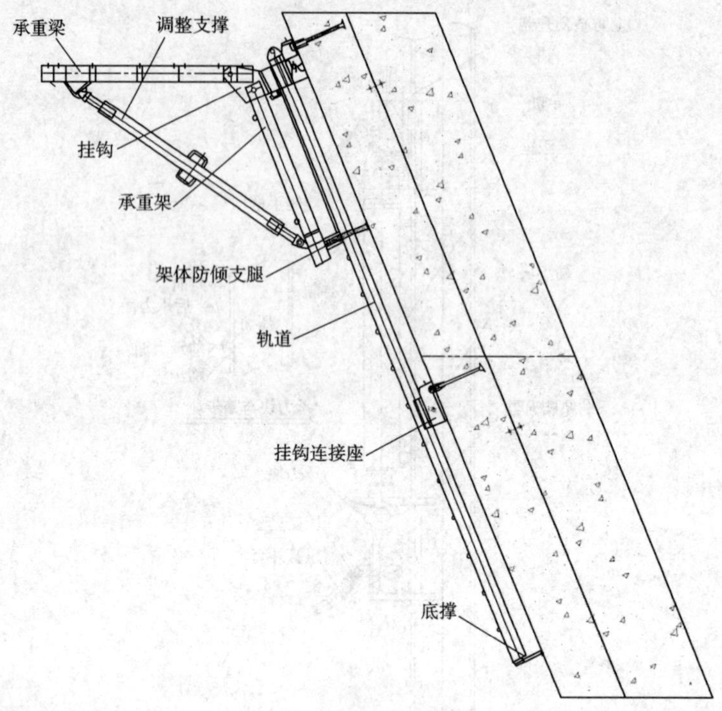

图8　三角承力系统

(1)施工状态验算 。

荷载:模板 54kN;爬架自重 140 kN; +2 层 ~ -2 层施工荷载,纵向按照 2.6m计算, +2、+1、0 层施工荷载为 4 ×2.6 = 10.4kN/m, -1、-2 层施工荷载为 1 ×2.6 = 2.6kN/m。

按照荷载横向分配原则,单片承重结构最大承担总重的 35.3% 。

①强度验算。

图 9、图 10 为施工工况下结构应力图。

从图 9,图 10 可以看出杆件最大应力均小于[σ] = 215MPa,所以主承重结构在施工状态强度满足要求。

②压杆稳定验算。

调整丝杠为压杆,需验算其稳定性。

$$\frac{N}{\varphi A}\leqslant f$$

回转半径: $r=\sqrt{\frac{I}{A}}=\sqrt{\frac{1\ 106.3}{38.2}}=53.8\text{mm}$

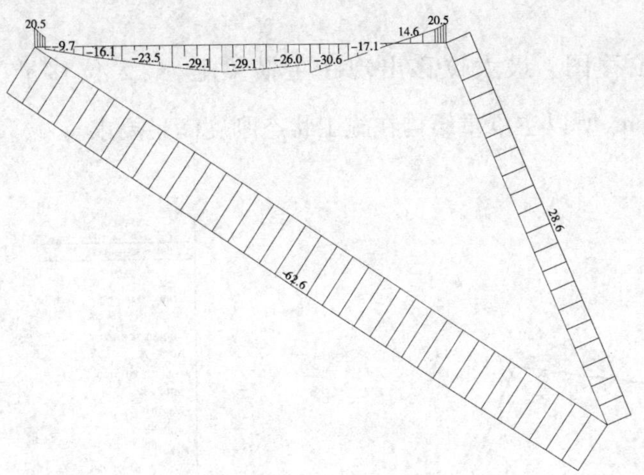

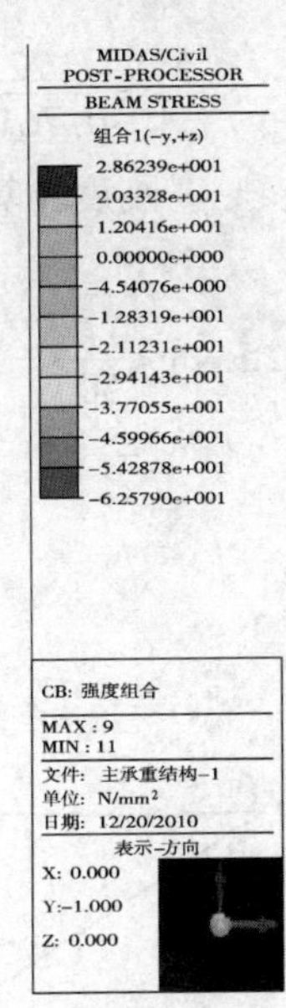

图9　上缘应力图最大压应力 62.6 MPa

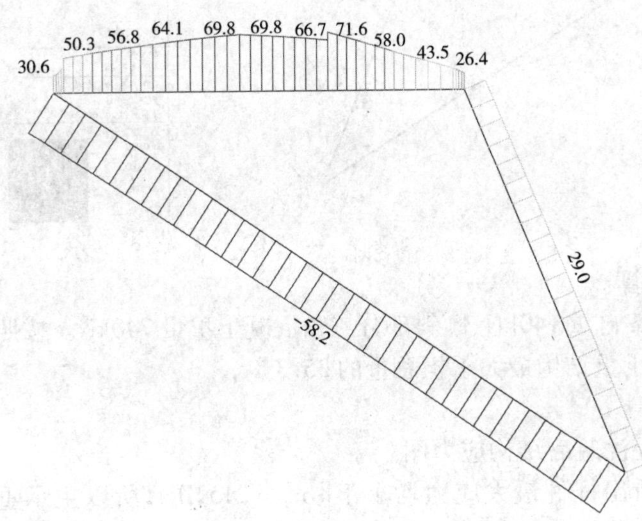

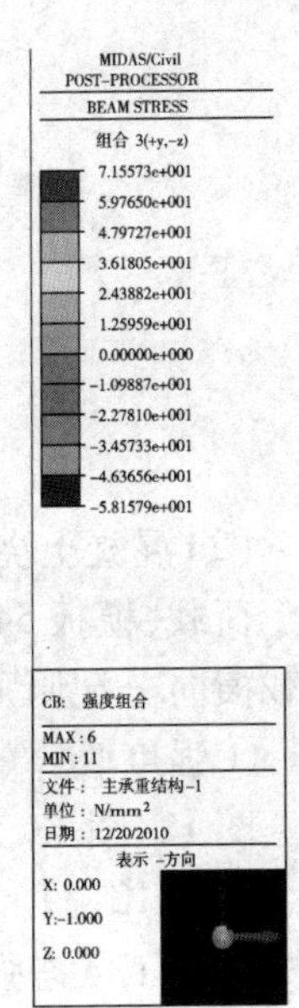

图10　下缘应力图最大拉应力 71.6 MPa

长细比：$\lambda = \frac{L_0}{r} = \frac{3\ 329}{53.8} = 61.9$，查表得 $\varphi = 0.761$。

$$\frac{N}{\varphi A}=\frac{222\ 173}{0.761\times 3\ 820}=76.4\text{MPa}<f=205\text{MPa}$$，所以稳定性满足要求。

③刚度验算。

图 11 为主承重结构位移图。最大位移出现在主横梁上，最大位移量 $2.5\text{mm}<\frac{L}{500}=\frac{1\ 880}{500}=3.8\text{mm}$，所以主承重结构在施工状态刚度满足要求。

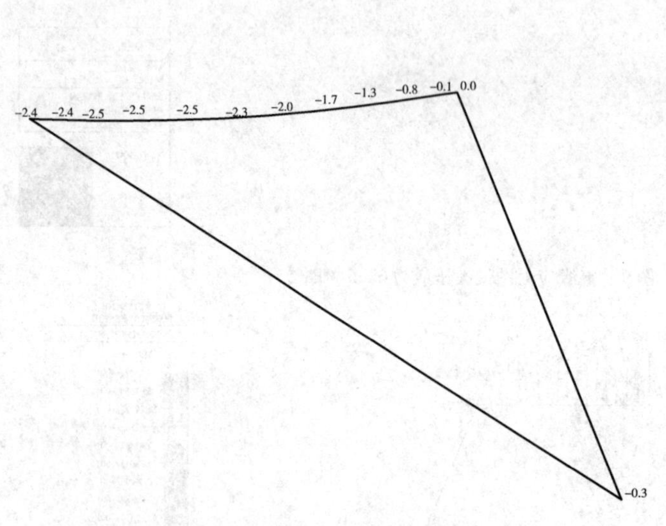

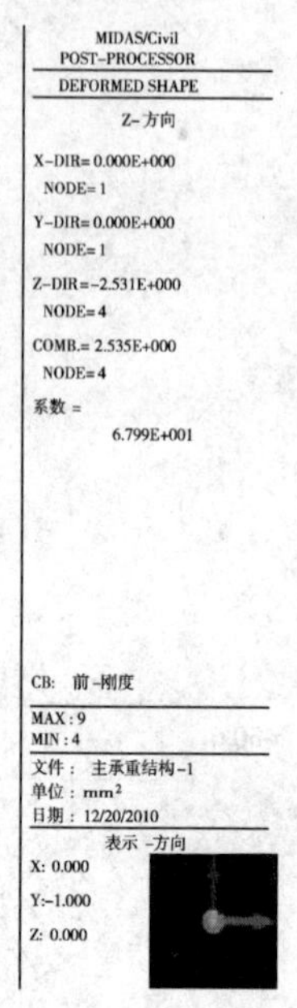

图 11　主承重结构位移图

(2)混凝土浇筑后验算。

荷载：模板 54kN、爬架自重 140kN、倾斜部分三角混凝土重量 740kN。按照荷载横向分配原则，单片承重结构最大承担总重的 35.3%。

①强度验算。

图 12、图 13 为混凝土浇筑后结构应力图。

从图 12、图 13 可以看出杆件最大应力均小于[σ] = 215MPa，所以主承重结构在施工状态强度满足要求。

②压杆稳定验算。

调整丝杠为压杆，需验算其稳定性。

$$\frac{N}{\varphi A}\leqslant f$$

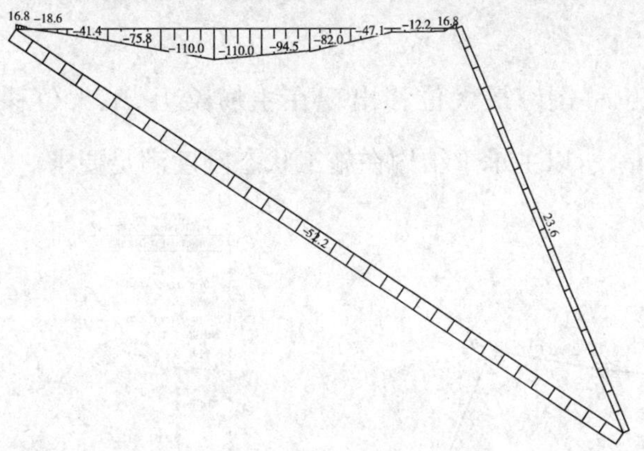
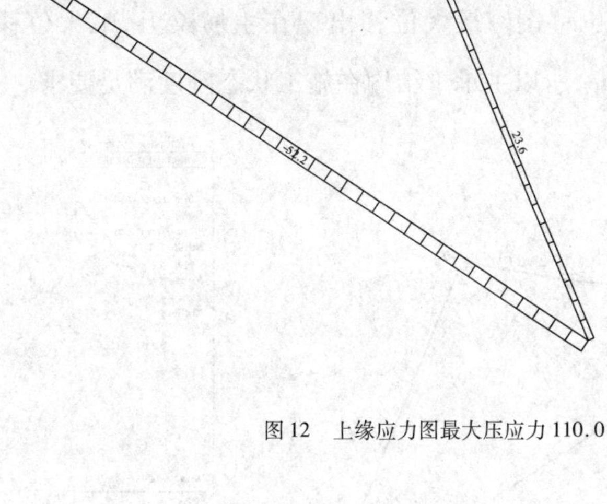

图 12　上缘应力图最大压应力 110.0 MPa

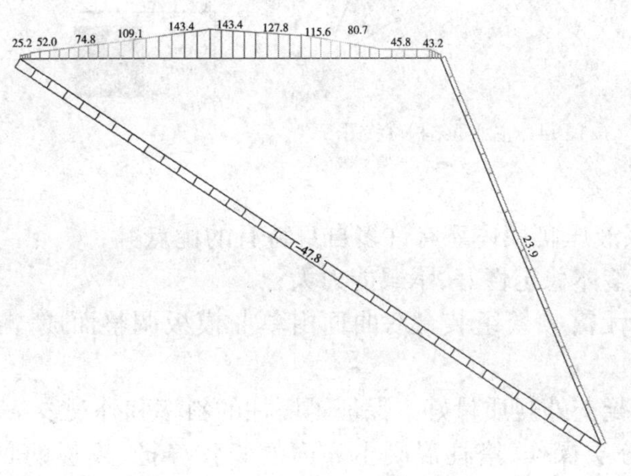

图 13　下缘应力图 最大拉应力 143.4 MPa

回转半径：$r=\sqrt{\dfrac{I}{A}}=\sqrt{\dfrac{1\ 106.3}{38.2}}=53.8\text{mm}$，

长细比：$\lambda = \frac{L_0}{r} = \frac{3\ 329}{53.8} = 61.9$，查表得 $\varphi = 0.761$。

$\frac{N}{\phi A} = \frac{182\ 646}{0.761 \times 3\ 820} = 62.8\text{MPa} < f = 205\text{MPa}$，所以稳定性满足要求。

③刚度验算。

如图 14 为主承重结构位移图。最大位移出现在主横梁上，最大位移量 $3.3\text{mm} < \frac{L}{500} = \frac{1\ 880}{500} = 3.8\text{mm}$，所以主承重结构在施工状态刚度满足要求。

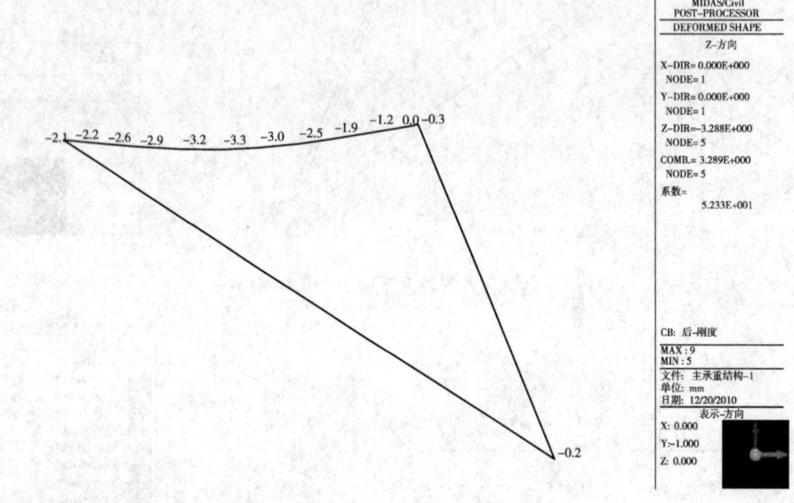

图 14　主承重结构位移图

4　液压爬模的优点

相对于传统的爬模，该液压爬模体系有许多自身特有的优点：

（1）爬架系统强度大、整体稳定性好，承载能力大；

（2）模板的收分简易，无需频繁组装。双曲面由单曲模板调整而成，减少了模板吊装、组装时间；

（3）模板定位准确，混凝土外观质量好。保证了塔柱的斜率和外观线条；

（4）由于爬模体系为分层操作，塔柱混凝土表面的修整养护、模板的收分改制、塔柱钢筋劲性骨架的绑扎安装能平行作业，互不干扰，大大缩短了工期；

（5）经济效益显著，爬模系统一次投入可多次周转使用，且工程适用范围宽；

（6）爬模系统的体系转换简单、安全；

（7）弧形轨道的应用，确保弧面爬升快捷、安全。

5　液压爬模施工工艺流程

液压爬模施工工艺流程如图 15 所示。

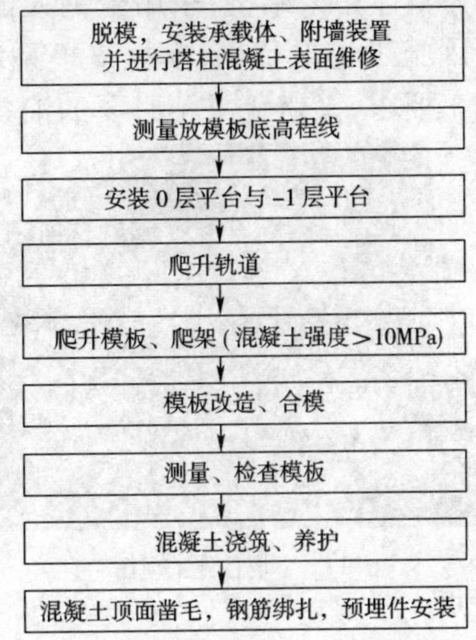

图 15　液压爬模施工工艺流程

6　液压爬模拆除工艺流程

液压爬模拆除工艺流程如图 16 所示。

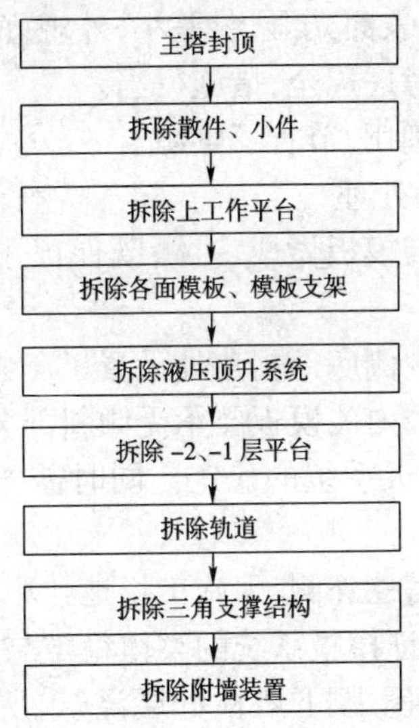

图 16　液压爬模拆除工艺流程

7 液压爬模施工应用

7.1 下塔柱施工

下塔柱高 13.635m,为整体箱梁结构,采用全钢大模板一次整体浇筑,顺桥向采用穿墙拉杆,横桥向因施工场地狭小,模板支模系统由施工方根据实际情况现场处理,既满足了施工要求,又避免了不必要的浪费(图 17)。

图 17 下塔柱施工现场

(1)下塔柱模板的特点

①模板刚度、强度大,满足大体积混凝土浇筑要求。

②操作简单、快捷。提高施工效率。

③采用对拉拉杆(D25 精轧螺纹),确保不胀模,保证外形尺寸。

④充分利用通风孔。

⑤全钢大模板,混凝土表面光滑、色差小,外观好。

⑥对特殊部位的处理考虑周全,措施得当。

⑦平面模板可充分再利用,节省了资源。

(2)下塔柱特殊部位的处理

①锚穴的处理。锚穴与模板做成一体,既保证了锚穴位置精确,又保证了模板刚度。

②压浆板的设置。在内侧底部拐角处设置了压浆板。

③内侧模板的支撑。因内侧模板要承受倾斜部分混凝土的重力,所以在内侧增设了调整支撑,保证模板系统的稳定。同时需方加现场加支撑,保证系统的稳定与模板的刚度。

④外侧模板的支撑。塔柱外侧,因施工场地狭小,在底部设置了调整支撑,与需方现场支撑相结合,保证模板系统的整体稳定与刚度。

⑤活动式振捣器的布置。因下塔柱分层浇筑,所以置了活动式振动器,减少了振动器的数量,节省了资金。振动器采用高频振动器,体积小、重量轻,方

便操作,节省人工。同时,高频振动器,振动范围大,振动效果好,充分保证混凝土实体质量。

7.2 中塔柱施工

中塔柱包括1号节段至8号节段,总高34m,为双斜柱,直线+圆曲线变化,顺桥向逐层收坡,横桥向自7号段由直线过渡为圆曲线,并且逐层加宽。塔柱的线性变化与结构调整,要求爬模模板不但要有收分功能,还要能够调弧。中塔柱由外向内大角度倾斜,由混凝土自重和其他施工荷载等产生的水平分力会在中塔柱根部形成较大的弯矩。再加上混凝土分段浇筑,每段塔柱混凝土及施工荷载产生的弯矩会叠加。为防止中塔柱根部外侧混凝土出现较大的拉应力而引起开裂,需要间隔一定间距设置一道水平撑杆。中塔柱施工现场如图18所示。

图18 中塔柱施工现场

7.3 合龙段施工

合龙段一次整体浇筑,除单加接节模板、拱形模板及支撑外,其他模板完全利用中塔柱模板。拱形模板及支撑在地面组拼,检查合格后,整体吊装,缩短了工期,减少了高空作业。合龙段模板组装如图19所示。

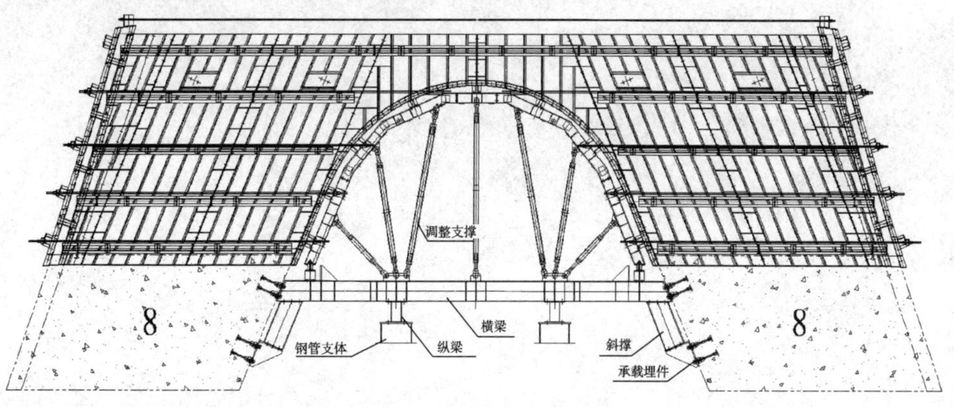

图19 合龙段模板组装图

7.4 上塔柱施工

上塔柱高 47.115m,包括 10 ~ 20 号节段,为拉索锚固区,刻槽矩形变截面。上塔柱不单独制作模板,利用中塔柱内侧拆下的模板改制,减少了模板的投入。上塔柱布置有索道管,塔身施工采用液压爬模施工,爬模施工要避开索道管位置,其施工工艺与中塔柱相同。上塔柱施工现场如图 20 所示。

图 20　上塔柱施工现场

8　结语

京新高速公路(五环路—六环路段)上地铁路分离式立交桥塔柱采用液压爬模体系施工,与传统的翻模施工和普通的爬模施工工艺相比,在工期、质量、成本、安全等方面具有明显的先进性和可靠性。同时体现了该爬模系统适用于大角度倾斜的各种截面的柱状混凝土结构的施工。随着桥梁建筑技术的发展,结构更合理、施工更安全、操作更便捷的液压爬模技术将在各类工程中得到更广泛的应用。

上地斜拉桥斜拉索制造工艺

张海良　冯军　顾庆华

（上海浦江缆索股份有限公司　上海　200120）

［摘　要］　本文介绍了京新高速上地桥斜拉索制造工艺，阐述了此工程斜拉索的基本技术条件，包括斜拉索主要组成部分的性能参数，如镀锌钢丝、高密度聚乙烯 PE、锚具、绕包带，同时详细地介绍了斜拉索制造工艺细节。

［关键词］　斜拉索　锚具　绞制　挤塑　缠绕　制锚

1　概述

京新高速公路北京上地斜拉桥，为独塔单索面半漂浮体系，五跨预应力钢筋混凝土曲线斜拉桥，主跨 230m，塔高 99m，索塔高度与中跨的比为 0.38，主梁主跨的高跨比为 1/65。主塔每侧设斜拉索 22 对，主梁上斜拉索间距主跨侧为 10m、8m，边跨侧为 10m、8m 和 5m，塔上斜拉索间距为 2m、1.6m、1.5m。

斜拉索采用平行钢丝拉索，横向每根斜拉索由 2 根拉索组成，每根拉索由 337 根钢丝到 409 根钢丝组成，最长索约 222m，最大索重 25t，张拉端设在主梁上，锚固端设在塔上。斜拉索在塔上套筒内设置橡胶圈减振器，在梁端设置永磁调节式磁流变阻尼器达到减振效果。

本桥斜拉索规格为 PES7-91（弹性索）、PES7-337、PES7-349、PES7-367、PESFD7-379、PES7-409，共计 6 种规格，全桥共 92 根斜拉索（弹性连接索 4 根）。斜拉索除 PES7-91 规格为一端固定端冷铸锚具、另一端为张拉端冷铸锚具外，其他规格两端均为张拉端冷铸锚具。斜拉索工程斜拉索规格见表 1。斜拉索外挤双层高密度聚乙烯（HDPE），内层为黑色 HDPE，外层为彩色 HDPE，两次成形。

斜拉索护套外表面有双螺旋线，使其具有良好的抗风雨共致振动的效果及外观。拉索表面的双螺旋线采用与外层彩色 HDPE 相同的材料制作而成，拉索表面挤塑双螺旋线后，不仅具有较好的抗风雨振效果，并具有较小的风阻系数，风阻系数 Cd≤0.8。不同尺寸螺旋线风洞试验对应的风阻系数如图 1 所示，索体缠绕螺旋线实体相片如图 2 所示。

京新高速公路大桥斜拉索工程斜拉索规格表 表1

斜拉索型号	拉索直径(mm)	全数钢丝总截面积(mm^2)	标称破断载荷(kN)	每米全数钢丝理论质量(kg)	配用锚具规格	全桥斜拉索根数
PES7-91	93	3 504	5 851	27.5	LZM7-91	4
PES7-337	164	12 975	21 667	101.8	LZM7-337	14
PES7-349	166	13 437	22 439	105.4	LZM7-349	8
PES7-367	171	14 130	23 596	110.8	LZM7-367	20
PES7-379	174	14 592	24 368	114.4	LZM7-379	12
PES7-409	180	15 740	26 286	123.5	LZM7-409	34

注:表中拉索直径为挤包双层PE后的拉索外径,不包括双螺旋线高度。

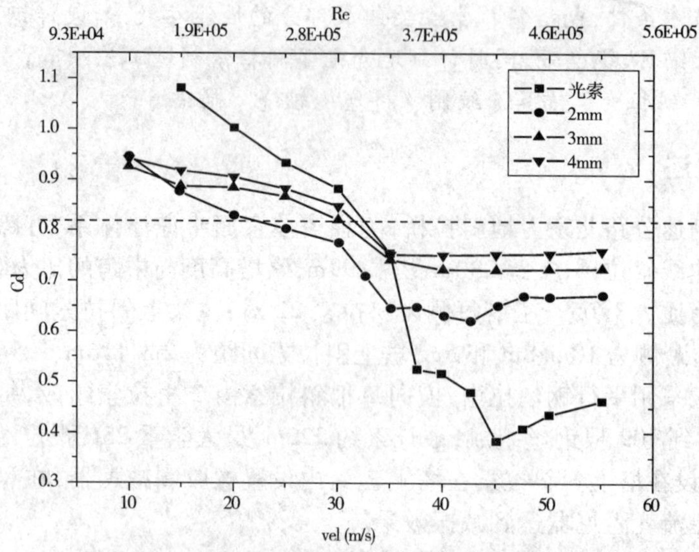

图1 不同尺寸螺旋线风洞试验对应的风阻系数

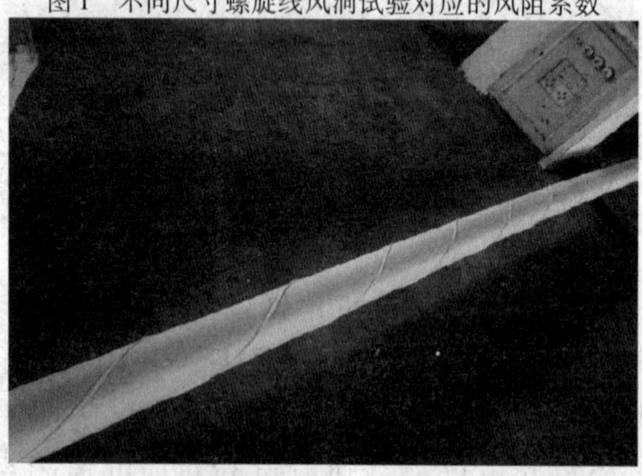

图2 索体缠绕螺旋线实体相片

斜拉索抗风雨振双螺旋线的参数为：

双螺旋线的直径是 ϕ6mm；

双螺旋线在拉索表面的凸起高度为 2 ~ 3mm；

双螺旋线螺距为 8 倍拉索直径 ±40mm。

2 原材料

2.1 高强度钢丝

钢丝强度等级为 1 670MPa，低松弛，镀锌后钢丝直径为 7mm。镀锌钢丝符合《桥梁缆索用热镀锌钢丝》（GB/T 17101—2008）的规定，详细参数见表 2。

斜拉索用高强度钢丝技术要求　　表 2

序　号	项　目	技 术 指 标
尺寸大小	公称直径	ϕ7.0（±0.07）mm
	不圆度	≤0.07mm
	横截面积	38.5mm^2
	理论重量	301（g/m）
机械性能	抗拉强度	≥1 670MPa
	屈服强度	≥1 410MPa
	延伸率	≥4.0%（L_0 = 250mm）
	拉伸试验	按 GB228 规定进行
	弹性模量	（1.90 ~ 2.10）×10^5 MPa
	反复弯曲	≥4 次（R = 20mm，180°）
	缠绕	3d ×8 圈（按 GB2976，缠绕速度不大于 15 圈/min，应无任何损坏，无裂纹）
	松弛	≤2.5%（0.7G.U.T.S，1 000h，20℃）
	自由圈升高度	≤150mm
	疲劳应力	360MPa（200 万次 $0.45\sigma_b F_m$ ~ $(0.45F_m - 2\Delta F_a)$ 的载荷后不断裂，其中 $2\Delta F_a / S_m$ = 360MPa）
度锌层	锌层附着	≥300g/m^2
	锌层附着性	5d ×2 圈，不起层，不剥落
	锌纯度	≥99.95%
	硫酸铜试验	≥4 次（每次 60s），表面不产生挂铜现象
伸直性	自然失高（mm/m）	≤25
钢丝应具有连续的镀锌层表面，不应有局部脱锌、露铁等缺陷，不应有超出钢丝直径偏差范围的锌瘤存在，但允许有不影响锌层质量的局部轻微划痕		

注：其余指标参数按《桥梁缆索用热镀锌钢丝》（GB/T17101—2008）标准规定执行。

2.2 锚具

斜拉索锚具选用冷铸镦头锚具，每套锚具由后盖、锚杯、螺母、分丝板、连接筒、挡圈、密封圈、透盖等部分组成。

(1)锚具主要部件锚杯、螺母所用材质40Cr应符合《合金结构钢》(GB/T 3077—1999)的要求，且锻件材料按《冶金设备制造通用技术条件锻件》(YB/T 036.7—92)标准进行验收；

(2)其他各部件的材料的选定应并符合相应国家或部颁标准；

(3)锚具表面镀锌前须进行超声波探伤检验，评定质量按《锻轧钢棒超声波检验方法》(GB/T 4162—2008)中B级要求执行；表面进行磁粉探伤，探伤方法按《承压设备无损检测》(JB/T 4730.4—2005)表7中的Ⅱ级要求执行；

(4)锚具表面电镀锌处理，镀锌厚度20~40μm；

(5)同一规格锚具的相同部件应具有互换性，锚杯和螺母上刻冷铸锚规格型号和产品流水号。

2.3 冷铸填料

冷铸料由环氧树脂、铁砂、矿粉、固化剂、增韧剂等组成，各种物料符合(GB/T 18365—2001)的要求，其使锚具和索体固接。

2.4 密封料

在锚具的连接筒部分填充聚胺酯密封料，使裸露的钢丝与外界隔绝，起保护钢丝及缓冲的作用。

2.5 绕包带

绕包带由双层聚酯薄膜夹一层高强度纤维丝合成，其能很好的固定钢丝束扭绞形状，使钢丝不错位，详细参数见表3。

绕包带技术要求 表3

序　号	项　目	技术指标
1	宽度	40mm
2	厚度	0.15~0.20mm
3	抗裂强度	≥950N/25mm
4	延伸率	≤3%

2.6 高密度聚乙烯

本工程拉索为双护层型，内层为黑色高密度聚乙烯，外层为彩色高密度聚乙烯。技术性能应符合《斜拉桥热挤聚乙烯高强钢丝拉索技术条件》(GB/T

18365—2001)和《桥梁缆索用高密度聚乙烯护套料》(CJ/T297—2008)的要求。其中内层为黑色进口PE,外层为进口原料国内加工彩色PE,以保证斜拉索外层防腐性能和抗老化寿命,详细参数见表4。

斜拉索外包护套内层高密度聚乙烯技术要求　表4

序号	项目	单位	指标	
			黑色PE	彩色PE
1	密度	g/cm²	0.942~0.965	
2	熔体流动速率	g/10 min	≤0.45	
3	拉伸断裂应力	MPa	≥25	
4	拉伸屈服应力	MPa	≥15	
5	断裂标称应变	%	≥400	
6	硬度		≥50	
7	拉伸弹性模量	MPa	≥500	
8	弯曲弹性模量	MPa	≥550	
9	冲击强度	kJ/m²	≥25	
10	软化强度	℃	≥115	
11	耐环境应力开裂 F	h	≥5000	
12	冲击脆化温度	℃	< -76	
13	耐热应力开裂 F_0	h	≥96	
14	耐热老化: 拉伸断裂应力变化率 断裂标称应变变化率	 % %	 ±20 ±20	
15	耐臭氧老化		无异常变化	
16	耐荧光紫外老化: 拉伸断裂应力变化率 断裂标称应变变化率	 % %	 ±25(480h) ±25(480h)	
17	耐光色牢度	级	—	≥7
18	炭黑分散性	分	≥6	—
19	炭黑含量	%	2.5±0.3	—

3 锚具制作工艺

冷铸锚具主要受力部件为锚杯和螺母,其材质分别为40Cr锻件,其制作工艺流程如下:下料→锻造→粗车→热处理→超声波探伤→精加工→钳作→磁粉探伤→表面处理(镀锌)→检验→成品入库。

3.1 下料

根据锚具图纸及其技术要求规定的冷铸锚具,进行备料。

锚杯及螺母采用40Cr,所用材质应符合《合金结构钢》(GB/T 3077—1999)的要求。原材料化学成分及力学性能见表5。

化学成分及力学性能(试样) 表5

钢牌号	力学性能					化学成分(%)			
	抗拉强度 σ_b(MPa)	屈服强度 σ_s(MPa)	断后伸长率 δ_5(%)	断面收缩率 Ψ(%)	冲击吸收功 A_{ku2}(J)	C	Si	Mn	Cr
40Cr	980	785	9	45	47	0.37~0.44	0.17~0.37	0.50~0.80	0.80~1.10

3.2 锻造

由锻件生产厂家自行按锚具图纸规定的尺寸,放工艺余量,进行锻造,锻件材料严格按《冶金设备制造通用技术条件锻件》(YB/T 036.7—92)标准进行验收。

3.3 粗车

锻造完毕后,进行粗车,并为精加工留有余量。

3.4 热处理

锚杯、螺母在粗加工后须进行调质处理,以改善材质的机械性能,锚杯调质硬度为HB=250~290,螺母调质硬度为HB=230~270,严格控制硬度指标。同时,若有必要须对锚杯、螺母进行小样的机械性能测试,确保锚杯、螺母达到理想的机械性能。热处理后进行硬度检测,合格后方可进行下道工序。

3.5 超声波探伤

为保证锚具内部的材质质量,对每套锚具(螺母和锚杯)须进行超声波探伤,其应符合《锻轧钢棒超声波检验方法》(GB/T 4162—2008)中B级要求,探

伤合格方可进行下道工序。超声波探伤如图3所示。

3.6 精加工

锚具外形加工到图纸所标尺寸，特别是螺纹部分，因锚具的传力部位是梯形螺纹部分，故对其要求也特别高，外螺纹的公差带为7e，内螺纹的公差带为7H。其既要保证强度，又要保证装配容易。螺纹按通止规进行检测。锚具螺纹的牙型应符合《梯形螺纹牙型》(GB/T 5796.1—2005)或《普通螺纹基本牙型》(GB/T 192—2003)的规定；螺纹直径与螺距应符合《梯形螺纹直径与螺距系列》(GB/T 5796.2—2005)或《普通螺纹直径与螺距系列(直径1~600mm)》(GB/T 193—2003)的相关规定；螺纹的基本尺寸应符合《梯形螺纹基本尺寸》(GB/T 5796.3—2005)或《普通螺纹基本尺寸(直径1~600mm)》(GB/T 196—2003)的规定。锚具机加工如图4所示。

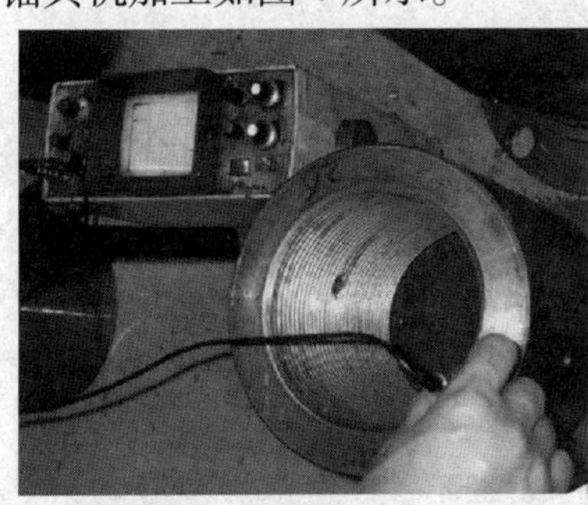

图3 超声波探伤

图4 锚具机加工

3.7 钳作

对精加工后的锚具须进行钳作，特别是螺纹入口部分，这关系到螺母与锚杯装配的难易。

3.8 磁粉探伤

因表面缺陷对受力构件而言同样也是相当危险的，故在精加工后，对每套锚具(锚杯和螺母)的表面进行一次磁粉探伤，探伤检验要求按《承压设备无损检测》(JB/T 4730.4—2005)表7中的Ⅱ级执行。

3.9 表面处理

对锚具各部件进行表面电镀锌处理，镀锌厚度20~40um，锚具电镀锌后如图5所示。

图5 锚具电镀锌后

4　斜拉索制造工艺

拉索的制作工艺流程如图6所示。

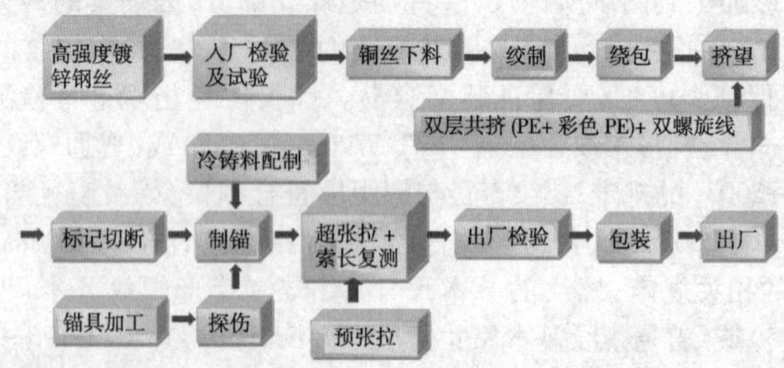

图6　拉索制作工艺流程图

4.1　标准丝制作及下料

根据索长及工况进行配长初下料。

4.2　绞制与绕包

(1)把下料好的钢丝放入储线架,并做好牵引头。

图7　绞制图片1

(2)配以一定的牵引速度、绞笼转速及绕包转速。

(3)启动牵引机、绞笼机及绕包机。

(4)钢丝束应同心左向绞合而成,最外层钢丝绞合角为(3±0.5)°。

(5)钢丝束外右旋缠绕保护带,绕包单层重迭宽度小于带宽的1/3,重叠层数为2层。绞制如图7~图9所示。

图8　绞制图片2

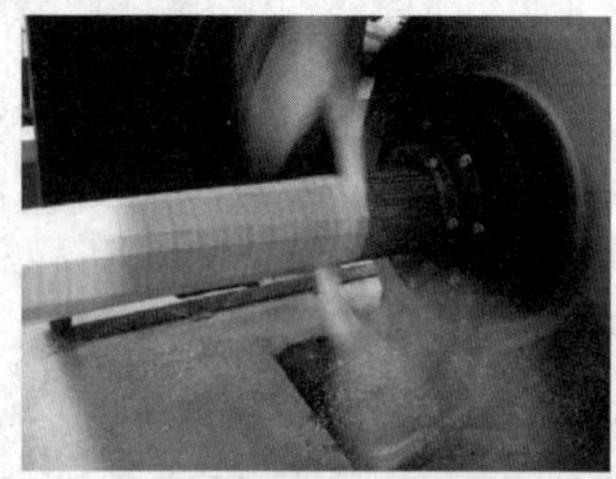

图9　绕包图片

4.3 挤塑

(1)做好一切挤塑的前期工作,包括检查设备、做好牵引头、烘料、预热机头、冷却槽蓄水(冷热水)等。

(2)达到一定机身、机头预热温度,启动挤塑机,挤塑双层 HDPE 护层,并同时缠绕双螺旋线。

(3)调整偏心,启动牵引机。

(4)配以一定的牵引速度和机头转速。挤塑如图 10 所示,缠绕螺旋线如图 11 所示。

图 10 挤塑图片

图 11 缠绕双螺旋线

4.4 标记切断

局部撤除索体外包装布,对拉索作精确切断下料。切割长度偏差 ΔL_0 符合以下规定:

$$L_0 \leqslant 100\text{m}, \Delta L_0 \leqslant \pm 20\text{mm}$$

$$L_0 > 100\text{m}, \Delta L_0 \leqslant \pm L/5\,000$$

式中:L——设计提供的在设计条件下的长度。

切断时,采用带齿钢链条或砂轮精确切割。

4.5 制锚

(1)按工艺卡进行冷铸料的配制。

(2)在索的两端穿好锚具,逐步进行护层剥除、穿丝、镦头;钢丝端头采用液压冷镦,墩头直径不小于钢丝直径的 1.5 倍,高度不小于钢丝直径,头形正规;允许有 0.1mm 的纵向裂缝,不允许有横裂缝;墩头以下不得有削弱端面。镦头机应随时注意调整,每操作一批墩头,应例行检查墩头机一次,确保墩头质量。钢丝镦头如图 12、图 13 所示。

图12 索体钢丝镦头

图13 索体钢丝镦头后

(3)锚具就位,安装振捣器。

(4)吊起拉索,调整起吊高度,使拉索形成弯曲,锚具向下。

(5)开动振捣器,浇铸冷铸料。浇铸的同时制作一组三个尺寸为直径25mm、高30mm的抗压试件同炉固化,经处理后作抗压试验。冷铸体试件强度在常温下超过147MPa,试验结果的取值按《斜拉桥热挤聚乙烯高强钢丝拉索技术条件》(GB/T 18365—2001)规定。

(6)固化,按工艺卡控制加热及保温时间,并控制降温速度。制锚烘箱固化如图14所示。

图14 制锚烘箱固化

(7)密封处理,进行三重防护,密封料+密封圈+热收缩套管;高密度聚乙烯防护层和锚具连接处,保护层深入连接套筒内,两者直接的间隙用密封料填充,确保密封,防水侵入。

4.6 超张拉和预张拉

(1)配长,使若干根制好锚的索过连接箱、工具索相连。

(2)在锚具铸体表面取三个不在同一直线上的点,用深度游标卡尺测其距锚杯端面的深度,作好记录和油漆标记。

(3)对每根拉索行超张拉试验,超张拉力取0.55倍拉索破断载荷。超张拉力允许调整到最接近的50kN的整数倍上,并分为五级加载。

(4)超张拉完毕,用深度游标卡尺复测三点标记的深度,前后差的平均值作为该锚具的锚板回缩值,锚板回缩值应不大于6mm。锚杯和螺母的旋合不受影响。拉索预张拉如图15所示。

图 15　拉索预张拉

(5)预张拉。

对已完成超张拉的斜拉索，再次进行张拉，以消除其非弹性延伸值和斜拉索受力后延伸不一致的影响。预拉时预拉力取 0.55 倍拉索破断载荷，施力持续时间 10 ~ 15min。

4.7　索长复测

经超张拉检验后的成品拉索，卸载至 20% 的超张拉力时，用精度为 3mm/500m 的激光测距仪测量长度，再换算成零应力时的拉索长度；设计拉索长度温度为 15℃；对斜拉索的无应力长度 L_0 进行测量和标记工作，长度测量和标记工作在非常稳定的均匀温度条件下避开阳光或在晚间下进行。

按下列公式换算零应力时的拉索长度：

$$L_0 = L/(1 + P/EA) + \Delta$$

式中：L_0—— 零应力时的拉索长度(mm)；

L——工作长度，即 20% 的超张拉力时拉索长度(mm)；

P—— 20% 的超张拉力(kN)；

EA——拉索的抗拉刚度(kN)；

Δ——温度修正值(mm)。

将零应力时的拉索长度与设计长度进行对比，其差值 ΔL_0 应符合以下规定：

$$L_0 \leqslant 100\text{m}, \Delta L_0 \leqslant \pm 20\text{mm}$$

$$L_0 > 100\text{m}, \Delta L_0 \leqslant \pm L/5\,000$$

式中：L_0——设计提供的在设计条件下的长度，以 mm 计。

4.8　标志、包装及运输

(1)斜拉索检验合格后，应在每根拉索的两端连接筒上，用红色油漆写上拉索编号与规格型号；每根拉索均挂有合格证，上面注明：制造厂家、工程名称、生产日期、拉索编号、规格、长度和重量，合格证标牌应牢固地系于包装层的两端锚具处。

(2)索体包装：拉索从里到外依次包装上塑料薄膜，毛毡、防水彩条编织布。

图16　成圈包装待运实景

(3)拉索采用卷绕方式包装运输，圈绕内径应不小于20倍的拉索直径，且不小于1.8m，最大外形尺寸应满足相应的运输条件。每圈成品拉索采用不损伤索表面质量的可靠性材料捆扎结实，捆扎不少于6道，然后用麻布条将整个圆周紧密包裹。拉索整齐卷绕，应固定牢固，但要便于拆卸。在拉索两端的锚具用塑料袋包装后，用麻绳或麻布衬底，再用防水编织布包裹。成圈包装待运实景如图16所示。

(4)在运输和装卸过程中，应保护拉索聚乙烯护套和锚具，以免碰伤。斜拉索成品外表面不得有深于1mm的划痕，不应有面积大于300mm^{2}的损伤，锚具外表面镀锌层不得有损伤，螺母得有任何碰伤。

斜拉索牵引力计算分析

吕李青[1] 高艳萍[2] 侯国华[1]

(1. 北京市建筑工程研究院有限责任公司 北京 100039;

2. 中铁六局集团北京铁路建设有限公司 北京 100036)

[摘 要] 针对本工程的特点及难点,提出了一种适合本工程的斜拉索牵引方法。同时,本文探讨了两种方法对牵引力的计算,并且验证了该两种方法的实用性、有效性。最终得出结论:采用公式法方便快捷,采用有限元法更加贴近实际。

[关键词] 京新高速上地斜拉桥 斜拉索 牵引力

1 工程概况

京新高速北京上地独塔单索面曲线斜拉桥全长510m,为五孔不等跨钢筋混凝土预应力连续梁(图1),主跨230m,主塔高99m,主塔每侧设22对斜拉索,全桥共有斜拉索88根,采用半平行钢丝拉索,钢丝采用直径7mm的镀锌高强度低松弛钢丝,钢丝标准强度为1 670MPa。锚具采用冷铸锚,拉索规格分为337、349、367、379、409丝五种,拉索单根长61.047~222.186m不等,单根索重9.2~25.4t不等。主跨斜拉索梁上纵向间距为10m和8m;边跨斜拉索的梁上间距为10m、8m和5m。斜拉索的梁上横向间距为1.0m,塔上锚固点横向间距为1.2m(主跨拉索)和3.4m(边跨)。

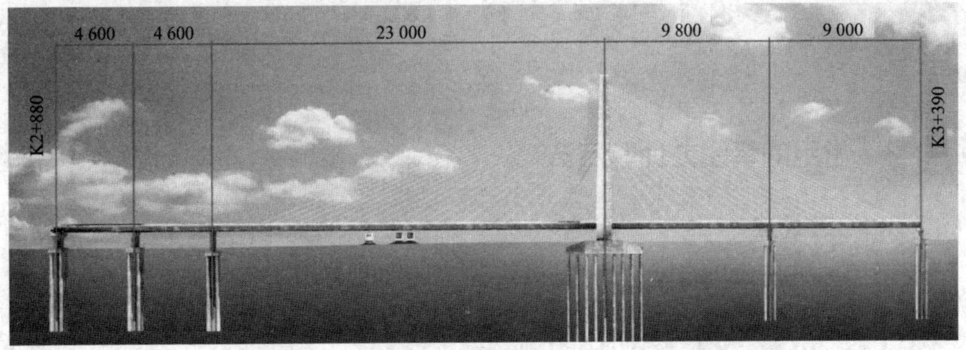

图1 斜拉桥立面图

2　牵引施工简介

牵引施工主要有两种方法:一种为软牵引,另一种为硬牵引。一般软牵引采用钢绞线组将索延长,配合使用千斤顶及工装等设备进行牵引。例如,将塔端固定,利用千斤顶不断的收短钢绞线的长度,进而将索头带动到梁端锚固点,最终将索头固定。钢绞线组内钢绞线的数量可以根据牵引力的大小进行选定,当拉力较大时,可以增加钢绞线的数量以及增加钢绞线的直径,使其满足牵引力的要求。但是,如若牵引力特别大,此时可以采用第二种方法,即硬牵引的方法,即将软牵引用的钢绞线组用其他强度较高的杆代替。

上地斜拉桥拉索的挂索施工采用了以上两种方法:一种是针对牵引力比较小的1~6号索,先进行塔端索头的固定,再进行梁端索头的牵引及固定,即采用软牵引的方式;另一种方法是针对牵引力较大的7~22号索,由于牵引力较大,需要先将塔端索头固定,然后进行梁端索头的牵引,当牵引力达到150t后,将塔端索头接上张拉杆,并进行倒退,根据计算倒退一定距离后,再进行梁端索头的牵引及固定,最后将塔端倒退的距离采用硬牵引的方法牵引到设计位置,此处硬牵引采用的工装及千斤顶同张拉用工装及千斤顶,该种方法即为软硬牵引相结合。采用该种方法的好处是在梁端的软牵引应用一种软牵引工装设备即可,同时,还可以解决梁端厢室空间小,设备工装难放置的难题。图2为硬牵引工装示意图。

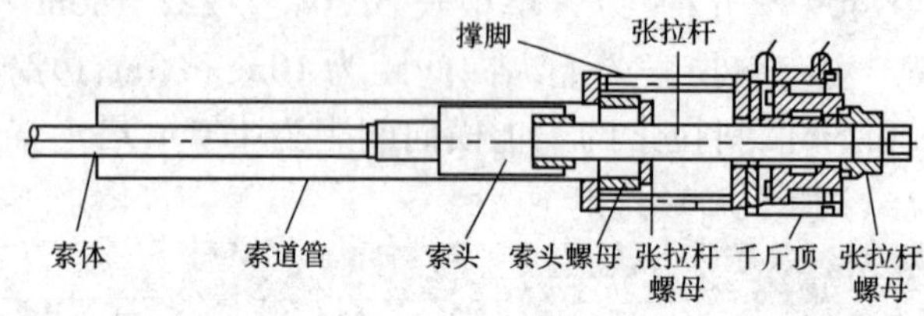

图2　硬牵引工装

3　常用的牵引力计算方法

3.1　公式法

采用如下公式进行牵引力的计算,该公式同时考虑了索的弹性伸长及垂度的影响。

$$\Delta L = L_0 - L + w^2 L_x^2 L_0 / 24T^2 - TL/AE$$

式中:ΔL——牵引力为T时索头距离锚固点之间的距离;

L——斜拉索长度；

L_x——L 的水平投影长度；

A——钢索中钢丝的面积；

E——钢索的弹性模量；

L_0——上下锚垫板之间的距离及锚固点之间的距离；

w——斜拉索的单位长度重量。

3.2 数值分析法

采用有限元软件 ansys 进行数值模拟分析，计算每根索挂索达到设计位置时，所需要的挂索索力。模型中采用 link8 单元模拟索，通过将索分为较多的单元来模拟索在重力下的悬链线状态。

4 结果对比

4.1 计算结果的统计

全桥 88 根五种规格斜拉索，将通过两种方法计算的牵引力值，其最小值为 105kN，最大值为 6 500kN，其单侧索的牵引力值详见表 1。

单侧索面牵引力计算值汇总　　表 1

索　号	公式法(kN)	数值分析法(kN)		
		max	min	avg
C1N	145	168.2	105.8	137.0
C2N	205	238.5	174.2	206.3
C3N	350	387.4	320.7	354.1
C4N	885	911.5	866.1	888.8
C5N	1 500	1 580	1 510	1 545
C6N	1 800	1 830	1 760	1 795
C7N	2 950	3 010	2 930	2 970
C8N	2 600	2 620	2 590	2 605
C9N	3 800	3 820	3 740	3 780
C10N	4 500	4 550	4 470	4 510
C11N	4 600	4 740	4 650	4 695
C12N	5 000	5 030	4 950	4 990
C13N	5 500	5 530	5 450	5 490
C14N	5 900	5 940	5 850	5 895

续上表

索　号	公式法(kN)	数值分析法(kN)		
		max	min	avg
C15N	6 400	6 460	6 370	6 415
C16N	6 300	6 340	6 250	6 295
C17N	6 500	6 520	6 430	6 475
C18N	6 300	6 310	6 220	6 265
C19N	5 900	5 920	5 820	5 870
C20N	6 100	6 150	6 060	6 105
C21N	6 100	6 130	6 040	6 085
C22N	6 070	6 080	5 980	6 030
C1N′	150	190.1	128.0	159.1
C2N′	230	260.5	1 956.0	228.2
C3N′	329	346.9	278.8	313.3
C4N′	480	514.0	445.4	479.7
C5N′	610	639.6	569.1	604.4
C6N′	855	888.3	815.8	852.0
C7N′	950	997.3	922.8	960.0
C8N′	1 310	1 355	1 245	1 300
C9N′	1 620	1 680	1 590	1 635
C10N′	1 730	1 790	1 710	1 750
C11N′	2 300	2 320	2 300	2 310
C12N′	2 850	2 880	2 840	2 860
C13N′	3 400	3 480	3 390	3 435
C14N′	3 850	3 910	3 830	3 870
C15N′	4 440	4 480	4 400	4 740
C16N′	4 710	4 750	4 660	4 705
C17N	5 100	5 110	5 020	5 065
C18N′	4 900	4 950	4 850	4 900
C19N′	4 650	4 680	4 580	4 630
C20N′	4 850	4 870	4 770	4 820
C21N′	4 940	4 950	4 850	4 900
C22N′	4 980	5 070	4 970	5 020

注:在进行有限元计算时,由于重力的作用,对于同一根索的塔端和梁端的索力值是不同的,表中的 max 表示一根索的最大值,min 表示一根索的最小值,avg 表示 max 和 min 的平均值。

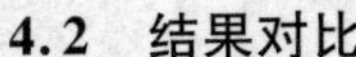

4.2 结果对比

从表 1 中可以看出，通过两种方法计算得到的结果比较接近，并且，计算得出的最大牵引力值接近 6 500kN，所以，采用了第二节当中叙述的两种牵引方案。下面将部分实际软牵引力值同相应的计算值列于表 2 中，从表 2 中可以看出，除个别数据以外，实际值同计算值吻合较好。

软牵引结果对比 表 2

索 号	公式法(kN)	数值分析法(kN)			实际值(kN)	备 注
		max	min	avg		
C1N	145	168.21	105.785	136.9975	129	未采用回退索头法
C3N	350	387.416	320.696	354.056	336	
C4N′	480	514.029	445.436	479.7325	467	
C6N′	855	888.278	815.761	852.0195	840	
C8N	1 200	1 240	1 170	1 205	1 185	回退 62mm
C12N	1 500	1 510	1 430	1 470	1 480	回退 227mm
C14N	1 600	1 630	1 540	1 585	1 450	回退 297mm
C16N′	1 500	1 550	1 460	1 505	1 480	回退 229mm
C21N′	1 600	1 640	1 540	1 590	1 580	回退 372mm

同时，以最长最重的一根索(即 C22N)为例，硬牵引过程中分别记录了相距目标位置 556mm、400mm、250mm、100mm、50mm 和 0mm 的实际测量值，将硬牵引过程的实际测量值与理论计算值进行对比，如图 3 所示。

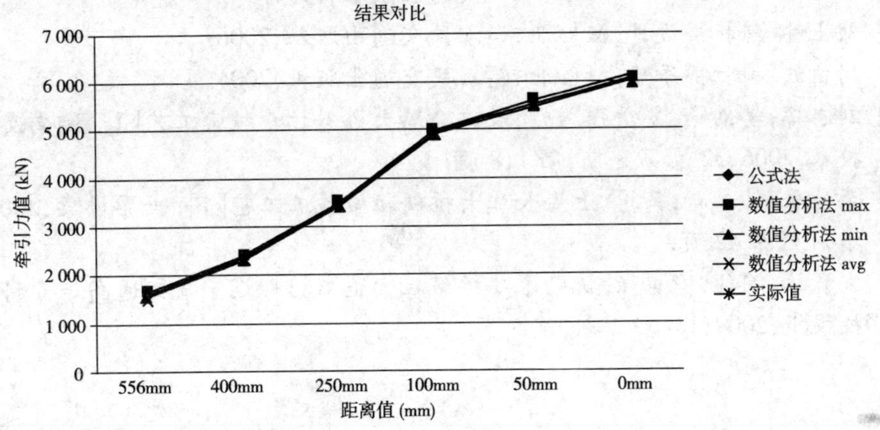

图 3 结果对比

4.3 数据分析

从表2可以看出,大部分的数据与实际测得数据相吻合,但是,也出现了如C14N的数据不符的现象。通过在各个方面查找原因发现,由于在C14N相应的索道管处,出现了索道管内凹的现象,是由于在混凝土的浇筑造成的,实际测量得到内凹值为30mm,重新核算在内凹30mm的情况下的牵引力值为1 460kN,与实际测量值非常吻合。而从图3也可以看出,在硬牵引过程中,实际值同理论值趋势完全一致,误差非常的小。

5 结语

在斜拉桥的施工中,前期的牵引力的计算及张拉杆长度的确定对工程的顺利完成具有非常重要的意义。本文探讨了两种方法对牵引力的计算,并且验证了该两种方法的实用性、有效性。同时,可以得出通过公式法计算得出的牵引力值较实际测得的值大一些,通过有限元数值模拟分析法得出的牵引力值更加贴近实际测量值。但是,对于工程中的应用,采用公式法相对更加方便、快捷、有效。但是,在选用设备时,可以对采用公式法计算值进行1.5倍系数的放大,同时,在实际的牵引施工过程中要对每根牵引的索进行验算、比对,预测下一根索的牵引力的大小、卷扬机的牵引能力等,适当对牵引杆的长度进行调整,保证施工的安全性。

参考文献

[1] 林元培. 斜拉桥[M]. 北京:人民交通出版社,1994.
[2] 刘士林. 斜拉桥设计[M]. 北京:人民交通出版社,2006.
[3] 周孟波. 斜拉桥手册[M]. 北京:人民交通出版社,2004.
[4] 刘志辉,姜剑峰,罗勇强. 荆州长江公路大桥斜拉索挂索工艺[J]. 湖南交通技术,2006,32卷第3期,第118页.
[5] 毕桂平,钟永新,马勇. 上海长江大桥斜拉索施工工艺[J]. 世界桥梁,2009,增刊1,第42页.
[6] 宋贵林,陶猛,罗勇强. 抚顺永安桥斜拉索施工[J]. 辽宁省交通高等专科学校校报,2009,11卷,2期,第5页.

第三篇

工程大事记

2007 年 7 月 9 日　项目建议书获北京市发展改革委员会审批。

2008 年 10 月 27 日　可行性研究报告获北京市发展改革委员会批复。

2009 年 4 月 14 日　初步设计获北京市规划委员会、北京市发展改革委员会批复。

2010 年 2 月 28 日　北京市首都公路发展集团有限公司与中铁六局集团有限公司签订施工合同协议书。

2010 年 6 月 8 日　总监理工程师下达开工令。

2010 年 12 月 2 日　主墩承台施工完成。

2011 年 5 月 8 日　箱梁顶推完成。

2011 年 10 月 3 日　上塔柱施工完成。

2011 年 12 月 1 日　斜拉索施工完成。

2011 年 12 月 28 日　验收通车。

第四篇

技术成果

一、专利

序号	专利名称	类型	专利号	备注
1	索道管三维坐标控制器	实用新型	201120319660.8	授权
2	索道管三维坐标控制器及其制作方法	发明专利	201110250488.X	受理
3	一种适用于斜拉桥缆索施工的多功能平台	发明专利	201210176121.2	授权
4	一种适用于任意起吊吨位的独立防坠系统	发明专利	201210176119.5	授权
5	一种顶推梁横向限位器	实用新型	201220207400.6	授权
6	中心偏位自动显示仪及其在施工过程中的使用方法	发明专利	201210164982.9	受理
7	中心偏位自动显示仪	实用新型	201220238512.8	授权
8	一种曲面可调模板	发明专利	201220317109.4	受理
9	一种曲面可调模板	实用新型	201210225001.7	受理

二、工法

序号	工法名称	备注
1	大吨位长距离混凝土曲线箱梁曲线单点顶推施工工法	公路工程工法
2	斜拉桥主塔曲线爬模施工工法	公路工程工法
3	大体积混凝土承台浇筑施工工法	北京市工法
4	预应力钢铰线整束退锚施工工法	北京市工法
5	现浇箱梁整体浇筑施工工法	北京市工法
6	斜拉索组合平台挂索施工工法	北京市工法

三、QC

序号	课题名称	获奖情况
1	提高顶推过程横向限位精度	第五届全国 QC 小组成果发表赛二等奖
2	加快大直径深桩成桩进度	第五届全国 QC 小组成果发表赛二等奖

图书在版编目(CIP)数据

斜拉桥关键技术文集:京新高速公路北京段上地桥/北京市首都公路发展集团有限公司编.—北京:人民交通出版社,2012.12

ISBN 978-7-114-10233-2

Ⅰ.①斜…　Ⅱ.①北…　Ⅲ.①斜拉桥—工程技术—文集　Ⅳ.①U448.27-53

中国版本图书馆 CIP 数据核字(2012)第 285487 号

书　　名:斜拉桥关键技术文集——京新高速公路北京段上地桥
著 作 者:北京市首都公路发展集团有限公司
责任编辑:戴慧莉
出版发行:人民交通出版社
地　　址:(100011)北京市朝阳区安定门外外馆斜街 3 号
网　　址:http://www.ccpress.com.cn
销售电话:(010)59757973
总 经 销:人民交通出版社发行部
经　　销:各地新华书店
印　　刷:北京市密东印刷有限公司
开　　本:720×960　1/16
印　　张:14.5
字　　数:248 千
彩　　插:4
版　　次:2012 年 12 月　第 1 版
印　　次:2012 年 12 月　第 1 次印刷
书　　号:ISBN 978-7-114-10233-2
定　　价:40.00 元